Bernd Leitenberger

Das ATV und die Versorgung der ISS

Die Versorgungssysteme der Raumstation

Bernd Leitenberger

Das ATV und die Versorgung der ISS

Die Versorgungssysteme der Raumstation

Dritte, ergänzte Auflage

Bibliografische Information der Deutschen Nationalbibliothek. Die Deutsche Nationalbibliothek verzeichnet diese Publikation in der Deutschen Nationalbibliografie; detaillierte bibliografische Daten sind im Internet über http://dnb.d-nb.de abrufbar.

Edition Raumfahrt

© 2008-15: Bernd Leitenberger

http://www.bernd-leitenberger.de

Herstellung und Verlag: BoD - Books on Demand, Norderstedt

3.te Auflage 2015

ISBN-13: 978-3-73476-832-3

Inhaltsverzeichnis

Vorwort

2008 begann ich mit meinem ersten größeren Raumfahrtbuch über den ersten ATV Jules Verne. Dieses erste Buch drehte sich noch um diesen ersten Transporter. Die zweite Auflage schrieb ich primär, weil mich die Rechtschreibfehler ärgerten. Bei der ersten Auflage hatte weder die Unterstützung durch eine Grammatikprüfung noch durch Korrekturleser. Ich nutzte sie aber auch, um das Buch zu ergänzen, indem ich das Thema vom ATV auf die Versorgungssysteme der ISS erweiterte. So erhielt es ein neues Kapitel über die anderen Versorger. Zudem wurde es aktualisiert.

Während der nächsten Jahre ergänzte ich das Manuskript um die Informationen, die es zu den weiteren Flügen gab. Da diese in jährlichem Abstand erfolgten und die Informationsmenge nun deutlich spärlicher wurde, habe ich mit der dritten Auflage gewartet, bis auch der letzte Transporter seine Mission beendet hat.

Dieses Buch enthält daher die gesamte Geschichte des ATV, nachdem sich die ESA gegen den Bau weiterer Raumschiffe entscheiden hat. Aktualisiert wurde das gesamte Buch, auch die Kapitel über die anderen Transporter, die zukünftigen und geplanten Weiterentwicklungen und natürlich auch das persönliche Schlusswort.

Ich schaue traurig auf das Projekt zurück. Das ATV war aufgrund seiner Leistungsfähigkeit und Universalität ein faszinierendes Raumfahrzeug. Doch konnte weder die ESA dies der Öffentlichkeit nahebringen, noch sorgt man dafür, dass die Investitionen sich lohnen; und baut weitere ATV, wenn die ISS länger betrieben wird. Stattdessen investiert man in ein neues Projekt: das Servicemodul der Orion.

Wie immer bei Raumfahrtprojekten gibt es sehr unterschiedliche Zahlenwerte. Beim ATV war die Abweichungen relativ groß zwischen DLR und ESA, zudem gab es Unterschiede zwischen Daten vor den Missionen und in der Retroperspektive. Ich habe, wo es starke Unterschiede gab, beide Daten angegeben, ansonsten mich für eine Quelle entschieden (meistens die ESA). Besonders beim Treibstoff fällt auf, dass wenn man den Treibstoffverbrauch nach den bekannten Reboostmanövern (Impuls eines Manövers und spezifischer Impuls des Treibstoffs sind bekannt) mit der dafür vorgesehenen Treibstoffmenge vergleicht, dass dies erheblich weniger ist als vorgesehen.

Bernd Leitenberger

Die Versorgungssysteme der ISS

Die Internationale Raumstation wird nach den derzeitigen Planungen mindestens bis 2020 in Betrieb bleiben, eine Erweiterung der Nutzung bis 2024 ist wahrscheinlich und es gibt Vorschläge sie bis 2028 zu nutzen. Dann wäre das älteste Modul (Sarja) dreißig Jahre im All. Während dieser Zeit werden sie unzählige Besatzungen besucht haben. Sie brauchen die gleichen Dinge zum Leben, wie wir hier auf der Erde. Daher benötigt man ein Versorgungssystem für die ISS. Um den Bedarf an Fracht zu bestimmen, muss die Menge des Versorgungsgutes bekannt sein. Jeder Mensch braucht:

- Luft zum Atmen
- Nahrung zum Essen
- Wasser zum Trinken und für die Hygiene

Und er produziert:

- Urin
- Fäkalien
- Kohlendioxid
- Abfall

Zu der Station müssen weiterhin laufend Ersatzteile für defekte Teile gebracht, durchgeführte Experimente gegen neue Anlagen ausgetauscht und Proben und Ergebnisse zurück zur Erde gebracht werden. Weiterhin gibt es Müll, der entsorgt werden muss. Das alles zusammen ergibt den Versorgungsbedarf.

Die Bahn der ISS ist ein Kompromiss zwischen leichter Erreichbarkeit von der Erdoberfläche und dem Aufwand, diese Bahn stabil zu halten. Je höher die Bahn ist, desto kleiner die Nutzlast der Raketen, die die Besatzungen und Versorgungsgüter bringen. Je näher ein Körper der Erde ist, desto stärker wird er von der noch dünnen, oberen Atmosphäre abgebremst. In der Bahnhöhe der ISS ist die Luftreibung noch so groß, dass die Station in weniger als zwei Jahren in der Atmosphäre verglühen würde, wenn Sie nicht laufend angehoben würde. Dazu wird Treibstoff benötigt. Der Bahnhöhenverlust ist variabel und hängt von der Sonnenaktivität und der Bahnhöhe ab. Während des Aufbaus befand sich die ISS in 340 bis 378 km Höhe. Danach in 407 km Höhe. Die Extremwerte des Höhenverlustes liegen bei 50 bis 700 m pro Tag. Durchschnittlich verlor die ISS während der Aufbauzeit rund 100-200 m pro Tag an Bahnhöhe. Eine Bahnhöhe von 340 km sollte nicht zu lange unterschritten werden, da dann die Station innerhalb von 90 Tagen ohne Anhebung soweit absinkt, dass danach kein Transporter sie wieder in eine sichere Entfernung anheben kann.

Die Frachtmengen, die zur ISS transportiert werden, sind beträchtlich. Die Mir erforderte noch 10-12 t Nachschub pro Jahr. Würde die ISS wie die Mir betrieben werden, so benötigt sie 32 t allein an Verbrauchsgütern. Dazu kämen noch weitere 10-13 t Fracht pro Jahr, um Experimente und defekte Teile zu ersetzen.

Das Wasser macht dabei den größten Anteil aus. Daher wird an Bord der ISS das Wasser wieder aufbereitet, indem Brauchwasser destilliert wird. Dieser Kreislauf ist geschlossener als bei der Mir. Es gibt also weniger Verluste.

Da kein Raumfahrzeug absolut dicht ist, gibt es Leckverluste – Gas dringt durch die Luken, Wände, Schweißnähte oder bei Außenarbeiten aus der Station. Diese Verluste sind bei der ISS mit ihren vielen Modulen erheblich höher als bei der Mir. Die Luft muss daher laufend ergänzt werden. Dazu kommt der von der Besatzung verbrauchte Sauerstoff. Dieser kann durch die Elektrolyse von Wasser gewonnen werden. Da das Wasser einfacher zur Station gebracht werden kann und keine Druckgasflaschen benötigt, wird diese Vorgehensweise bevorzugt. Das entstehende Kohlendioxid wird durch Molekularsiebe abgetrennt und ins All entlassen.

Die Nahrung wird regelmäßig von der Erde zur ISS gebracht. Der größte Teil ist haltbar gemacht durch Gefriertrocknen, Erhitzen in Dosen oder von sich aus haltbar, wie Kekse oder Dauerwurst. Beliebt bei der Besatzung sind allerdings Frischwaren oder persönliche Gegenstände, die ebenfalls von den Transportern befördert werden.

Pro Astronaut fallen ohne Regeneration 14,6 kg an Verbrauchsgütern pro Tag an, 5,3 Tonnen pro Jahr. Ein Teil ist unvermeidlich, wie der Bedarf an Nahrung oder die Leckverluste, die nur mit einem sehr hohen Aufwand vermindert werden können. Bei anderen Teilen ist es einfacher, Ressourcen einzusparen: Wasser kann zurückgewonnen werden, indem Hygienewasser aufbereitet und erneut einsetzt wird. Das Gleiche gilt für Urin und Fäzes, die erhitzt werden, um das Wasser herauszudestillieren. Verglichen mit der Mir sind die Aufbereitungskreisläufe bei der ISS geschlossener. Ein noch weitgehendes System zur Aufbereitung auf Basis des Sabatierprozesses, das auch den Sauerstoff aus dem Kohlendioxid zurückgewinnt, wurde 2011 installiert, fiel aber in der Folge immer wieder aus.

Für eine Marsexpedition wird mit einem deutlich höheren Verbrauch gerechnet – etwa 30 kg pro Tag und Person. Umgekehrt lag der Verbrauch beim Apolloprogramm mit primitiveren Hygienemöglichkeiten auch schon bei 9-10 kg pro Person und Tag.

Die Versorgung war, solange der Space Shuttle als primäres System für den Mannschaftstransport vorgesehen war, kein Problem. Vier Versorgungsflüge waren pro Jahr geplant. Die Space Shuttles hätten neben der neuen Besatzung bei bis zu 37.600 kg Fracht transportieren können. Dazu wären dann noch vier Progress Transporter mit 8.800 kg Treibstoff und einmal pro Jahr ein HTV/ATV gekommen. Zusammen ergab dies eine Versorgungskapazität von 55-60 t pro Jahr – deutlich mehr als tatsächlich benötigt wird.

Nach der Ausmusterung der Shuttles klafft eine Versorgungslücke. Die erste Maßnahme war ein neues System zur Wasserdestillation im Tranquility Knoten. Es liefert anders als das russische System auch Sauerstoff. Dadurch sinkt der Bedarf an Wasser und Gasen um 2.850 kg pro Jahr. Pro Person werden nur noch 6 kg pro Tag oder 13.100 kg für die Normbesatzung von sechs Personen benötigt. Der zweite Hauptposten ist der Treibstoff. In 350 km Höhe sinkt die Station um 250 m pro Tag ab, so werden 8,6 t Treibstoff pro Jahr benötigt, um die Bahnhöhe aufrechtzuerhalten. Die Anhebung der Bahn von 350 auf 400 km Höhe (vor allem durch das zweite ATV Johannes Kepler) hat den jährlichen Treibstoffbedarf der ISS von 8.600 kg auf 3.600 kg reduziert. Er ist jedoch stark von der Sonnenaktivität abhängig. Steigt sie an, so dehnt sich die Ionosphäre der Erde aus und bremst die Station stärker ab. Weiterhin wurde die Crew von sieben auf sechs Astronauten reduziert. So entfiel ein Siebtel der Nahrungsmenge und des Wassers.

Die NASA hat sich entschlossen, die Lücke durch den Wegfall der Shuttles mit zwei neuen Frachtraumschiffen zu schließen, der Cygnus und Dragon. Jeder der beiden Transporter soll ab 2014 zwei Flüge pro Jahr durchführen.

Die Verträge rund um die ISS

Die Vereinbarungen der einzelnen Nationen über den Bau und den Betrieb der ISS sind komplex. Sie betreffen sowohl die Beiträge, welche die einzelnen Nationen beisteuern, wie auch die Verteilung der Ressourcen und des Raums.

Russland bekam einen Sonderstatus. Russland hat das exklusive Nutzungsrecht an dem von Russland gestarteten Modul Swesda. Sollte Russland noch sein Forschungsmodul Nauka starten, so würde es auch dieses alleine nutzen. Russland nutzt dies aus für die Beförderung von

Weltraumtouristen, die sich nur in Swesda aufhalten dürfen, da die NASA dies auf ihrem Teil der ISS nicht duldet. Die ISS besteht somit aus einem westlichen und einem russischen Teil.

Für den westlichen Teil gibt es einen Verteilungsschlüssel, der sich nach den finanziellen Aufwendungen für die Raumstation richtet. Dieser Schlüssel legt die Verteilung der Ressourcen fest: Strom, Anteil an der Datenrate und Crew Zeit. Er beträgt:

- 76,6% für die NASA (amerikanische Raumfahrtagentur)
- 12,8% für die JAXA (japanische Weltraumorganisation)
- 8,3% für die ESA (europäische Raumfahrtagentur)
- 2,3% für die CSA (kanadische Weltraumagentur)

Dieser Barter Vertrag ist wesentlich älter als die ISS. Der gleiche Verteilungsschlüssel wurde schon für die Raumstation Freedom Ende der achtziger Jahre festgelegt. Entsprechend diesem Anteil müssen die beteiligten Nationen sich am Unterhalt beteiligten. Dies erfolgt nicht durch Zahlungen, sondern durch erbrachte Leistungen. Er wurde nur um Leistungen für Russland erweitert, so war ein Viertel der Fracht von Jules Verne für den russischen Teil der Station bestimmt. Etwas komplizierter ist die Verteilung der Labors, da sie unterschiedlich groß sind. Hier wurden die Racks aufgeteilt. Gezählt wurden nur Racks mit Experimenten. Weitere Racks enthalten Geräte für die Stromversorgung, Klimaanlagen, Computer und Stauraum.

Die Anzahl dieser – für die Forschung verfügbaren – Racks beträgt:

- 10 im Columbus Labor der ESA,
- 10 im Kibō Labor der JAXA,
- 13 im Destiny Modul der USA.

Die NASA kann jeweils die Hälfte der Racks in dem japanischen und europäischen Modul nutzen. Dazu kommen alle eigenen Racks im Destiny Modul. Nach Nationen aufgeteilt, ergibt sich daher folgende Rack Benutzung:

- Europa 5 Racks (15,1%)
- Japan 5 Racks (15,1%)
- USA 23 Racks (69,9%)

Das Missverhältnis zuungunsten der USA beruht auf dem Verzicht auf den Ausbau und den Start des Zentrifugenmoduls mit 10 weiteren Racks. Dieses von der JAXA, als Kompensation für den Start von Kibō, gebaute Modul hätte die NASA exklusiv nutzen können. Die USA müssen von ihren Racks noch Kanada und Italien Raum einräumen. Kanada ist direkt an der Raumstation durch das Manipulatorsystem beteiligt, Italien indirekt durch ein bilaterales Abkommen mit der NASA.

Etwas komplizierter ist die Frage, wie oft und wie lange ein Astronaut an Bord der Raumstation arbeiten darf. Es hat die ESA Anspruch auf einen Aufenthalt alle zwei Jahre über einen Zeitraum von sechs Monaten. Will sie ihr Labor intensiver nutzen, so muss sie bei den anderen Partnern Zeit kaufen oder durch zusätzliche transportierte Fracht eine entsprechende Gegenleistung erbringen.

Nachschubsysteme für die ISS

Die ISS sollte nach den ursprünglichen Planungen von folgenden fünf Systemen versorgt werden, jedes mit eigenen Fähigkeiten:

* Progress Raumtransporter
* Sojus Kapsel
* Space Shuttle
* ATV
* HTV

Bei der Auslegung dieser Systeme gab es verschiedene Aspekte zu berücksichtigen. Zum einen die Beteiligung der Nationen an der ISS. So lastet die Hauptaufgabe für den Nachschub auf den USA, da die USA am meisten zur Finanzierung beitragen. Wichtig ist aber auch, dass jedes Versorgungsgut von mindestens zwei Systemen transportiert werden kann. Damit ist der Ausfall eines Transports nicht kritisch. So teilen sich die Teilaufgaben auf die Transporter auf:

	Space Shuttle	Sojus	Progress	ATV	HTV	Dragon	Cygnus
Treibstoff			+	+			
Reboost	(+)		+	+			
Wasser	+		+	+	(+)	(+)	(+)
Gase			+	+	(+)		
Nahrung	+		+	+	+	+	+
Racks	+				+	(+)	+

	Space Shuttle	Sojus	Progress	ATV	HTV	Dragon	Cygnus
Personen	+	+					
Abfallentsorgung	+		+	+	+	+	+
Fracht zur Erde	+					+	
Paletten	+				+	+	

(+) Transport möglich, aber unter Einschränkungen.

Die NASA plante, nachdem die Raumfähren ins Museum wandern, den Transport durch drei neue Systeme sicherzustellen:

- Das Cygnus Raumschiff von OSC ist ein reiner Frachttransporter. Er ist für den Transport von Fracht unter Druck vorgesehen.
- Die Dragon Kapsel soll Fracht unter Druck und ohne Druckausgleich transportieren. Sie kann auch als erstes System nach Ausmusterung des Space Shuttles größere Mengen an Fracht zurück zur Erde bringen.
- Das Orion Raumschiff sollte das Space Shuttle bei dem Transport von Mannschaften zur ISS ersetzen und die Sojus ergänzen. Mittlerweile ist das Programm nicht mehr für ISS Transporte vorgesehen. Stattdessen soll im Rahmen des CCDev Programms (Commercial Crew Development) ein „kommerzieller" Transport erfolgen.

Die Menge der von den US-Transportern gebrachten Fracht steigt in den nächsten Jahren an, auch weil HTV und ATV in die Bresche gesprungen sind, als es nach dem Ausmustern des Shuttles eine Lücke gab. Bis 2018 soll es 5-6 CRV-Flüge pro Jahr geben. Diese Frequenz soll dann beibehalten werden. Von 2017 bis 2024 geht die NASA nach den derzeitigen Ausschreibungen für den nächsten Versorgungsvertrag von 14.750 bis 16.750 kg Fracht im Druckmodul und in etwa derselben Menge an Müll und Rückkehrfracht aus. Dazu kommt noch Fracht ohne Druckausgleich.

Alle Frachter sind flexibel in der Art und Menge des mitgeführten Frachtguts. Die maximale Zuladung wird diktiert durch das Startgewicht, das die Trägerrakete vorgibt. Wie die Nutzlast jedoch verteilt wird, ist variierbar.

Es gibt meistens zwei Sektionen: einen druckstabilisierten Teil und einen Teil, der nicht unter Druck steht. Die Besatzung kann den ersten Bereich betreten und Fracht entladen. Der zweite Teil dient zur Versorgung mit Wasser, Treibstoff und Gasen. Diese werden durch Überdruck in die Tanks der russischen Module gepumpt. Gase werden direkt in die Atmosphäre entlassen. Die ISS hat ein Innenvolumen von rund 900 m³. Erlaubt man ein Ansteigen des Drucks um 50 hPa, das ist in etwa die maximale Schwankung des irdischen Luftdrucks, so kann man 50 kg Gase auf einmal entlassen. Die ISS hat eine normale Atmosphäre wie auf der Erde, bestehend aus 20% Sauerstoff und 80% Stickstoff. Als Gase werden daher Druckluft und reiner Sauerstoff mitgeführt. Da der Sauerstoff von der Besatzung „verbraucht" wird (umgesetzt zu Kohlendioxid) muss der Gehalt regelmäßig erhöht werden.

Das HTV, die Dragon und das Space Shuttle können auch Paletten transportieren. Diese müssen dann vom Arm der Station an der Außenseite der Station oder dem Kibō Labor befestigt werden. Ein Transporter ganz ohne Druckbehälter wäre denkbar, eine solche Option war ein Ausbauszenario des ATV (siehe S.204).

Unterteilt können die Transporter auch nach Ankopplungspunkt werden. Bedingt durch die unterschiedlichen Systeme haben beide Methoden Vor- und Nachteile:

- Die russischen Adapter wurden schon bei Mir verwendet. Sie haben Leitungen, durch die Wasser und Treibstoff transferiert werden können. Weiterhin befinden sich an den Kopplungsadapter aktive Radartransponder des Kurs-Systems. Damit ist eine automatische Kopplung möglich und diese wird auch bei den bemannten Missionen bevorzugt (ab 150 m Entfernung von der Station übernimmt die automatische Ankopplung mittels Kurs die Steuerung auch bei den Sojus Flügen). Ihre für Besatzungen ausgelegten Luken haben aber einen geringen Durchmesser, was die Größe der sperrigen Teile limitiert. Durch sie passen keine Standardracks. Ein Kopplungspunkt am Ende von Sarja erlaubt den Reboost der Station, da der Schubvektor durch den Schwerpunkt geht. An sie docken Progress, Sojus und ATV an.

- Der Hauptvorteil der CBM (**C**ommon **B**ethering **M**echanism) Anschlüsse auf dem US-Teil ist, dass der Durchmesser der Luke 1,27 anstatt 0,70 bis 0,80 m beträgt. Sperrige Ausrüstung kann so zur Station gebracht werden. Nur durch diese Luken passt ein Rack. Sie wurden ursprünglich entwickelt, um die einzelnen Module miteinander zu verbinden. Diese Anschlüsse haben keine Möglichkeit Wasser oder Treibstoff zur ISS zu transferieren und ein Reboost ist unmöglich, da alle Kopplungsstellen so liegen, dass der Schubvektor nicht durch den Schwerpunkt der ISS verläuft. Das US-System hat keinerlei Möglichkeit zur automatischen Ankopplung. Die Module müssen in die Nähe (etwa 10 bis 12 m) zum Ankopplungspunkt manövriert und dann vom Canadaarm2 eingefangen werden. Ihn steuern die Astronauten und koppeln dann den Frachter an. Das Abkoppeln erfolgt dann umgekehrt auch hier werden die Verbindungen gelöst, der Arm zieht das Modul weg und entlässt es dann. Dass der Arm durchaus ausfallen kann, zeigte sich schon kurz nach der Installation des Canadarm2, als im Mai/Juni 2001 sich Gelenke nicht bewegen ließen und einen Außeneinsatz zur Reparatur nötig machten. Die CBM haben wie die anderen Kopplungsadapter zwei Bauformen. Auf der ISS sind aktive CBM, an den Transportern dagegen passive.

- Das Space Shuttle hatte einen eigenen Ankopplungspunkt. Der Verbindungsadapter leitete sich von Designs ab, die man schon bei Apollo-Sojus verwendete und in ähnlicher Weise auch die Sojus einsetzt (er wurde schließlich für die Ankopplung an die Mir entwickelt). Auch durch ihn passen keine sperrigen Gegenstände. Die Position war aber so, dass das Shuttle die ISS anheben kann. Das wurde jedoch nur während der Anfangszeit so gemacht. Später war dies zu ineffektiv und Treibstoff verbrauchend.

Abbildung 1: Größenvergleich ATV - Progress und Apollo Raumschiff © der Grafik: ESA

Der Progress Raumtransporter

Die Progress (russisch: Прогресс für „Fortschritt") Raumtransporter sind heute in der vierten Generation im Einsatz. Die UdSSR setzte sie erstmals 1978 ein, um bei Saljut 6 die Arbeitsdauer zu erweitern. Die ersten Raumstationen, Skylab und Saljut 1-5 waren mit einem Vorrat an Verbrauchsgütern gestartet worden. Das war unwirtschaftlich. Waren sie verbraucht, so war die Raumstation nutzlos. Daher markiert der Start von Progress 1 auch eine Wende im russischen Raumfahrtprogramm. Immer längere Aufenthalte auf den Raumstationen wurden möglich. Gastbesatzungen konnten Saljut und später Mir besuchen. Die Raumstationen wurden nun größer und aus mehreren Modulen aufgebaut. Die Progress Transporter lieferten auch den Treibstoff, um den Orbit regelmäßig anzuheben.

Der Progress Transporter ist ein umgebautes Sojus Raumschiff, bei dem alle Systeme entfernt wurden, die für eine Besatzung erforderlich sind. Kein Teil des Raumschiffs übersteht einen Wiedereintritt. Der Transporter besteht aus drei Sektionen:

Der vorderste Teil von Progress ist das unter Druck stehende **Frachtmodul** (Progress GO russisch: Грузовой отсек) mit der Luftschleuse und dem Kopplungsadapter zur ISS. Hier befindet sich die Fracht, die unter Druck stehen muss, also Nahrung, Kleidung, Werkstoffe, aber auch Wasser und Gase in Behältern. Der aktive Docking-Adapter vom Typ „SSWP-M 8000" koppelt an einen passiven des Typs „SSWP G4000" an. Es ist der gleiche Typ, den auch ATV und Sojus einsetzen. Diese Sektion ist aus der Orbitalsektion der Sojus Kapsel entstanden. Sie besteht aus einer Kugel mit zwei vorne und hinten angebrachten Zylinderstümpfen. Der Vordere enthält die Systeme zum Ankoppeln und hat eine Länge von 0,50 m bei einem maximalen Durchmesser von 1,35 m.

Der hintere Zylinder ist kürzer und verbindet das Frachtmodul mit der folgenden **Tanksektion** (Progress OKD, russisch: Отсек компонентов дозаправки). Diese enthält die Treibstoffe, welche zur ISS umgepumpt werden. Diese Trennung verhindert eine Kontamination des Druckteils mit den giftigen Treibstoffen, falls es ein Leck gibt. Bei dem Sojus Raumschiff befindet sich hier die Wiedereintrittskapsel. Auch wenn die Form identisch ist, so handelt es sich bei der Tanksektion um eine leichtgewichtige Struktur, anders als die massive Kapsel der Sojus. Sie muss weder einen Innendruck aufrechterhalten, noch enthält sie einen Hitzeschutzschild. Daher wiegt sie nur 800 anstatt 2.900 kg. Durch diese Gewichtseinsparung ist es möglich, die Fracht zu befördern. Die Tanksektion verfügt über sechs Triebwerke, welche zur

Lageregelung und als Back-up für die Steuertriebwerke in der Servicesektion dienen. Sie werden durch die katalytische Spaltung von Wasserstoffperoxid angetrieben.

Der letzte Teil ist das von der Sojus weitgehend unverändert übernommene **Servicemodul**. Es befördert den Progresstransporter zur ISS und bringt ihn nach beendeter Mission zum Verglühen. Diese Sektion (Progress PAO, russisch: Приборно- агрегатный отсек) enthält auch die Solarzellen, welche den Strom liefern, und Batterien für den Betrieb im Erdschatten. Das Servicemodul besteht aus einem Zylinder mit einem Durchmesser von 2,15 m an der Basis und einem Adapter zur Trägerrakete, welcher einen maximalen Durchmesser von 2,72 m aufweist. Verändert wurde die Befestigung. Da das Servicemodul nicht vor dem Wiedereintritt abgekoppelt wird, wurde der Gitterrohradapter, der bei der Sojus eingesetzt wird durch eine feste Verbindung ersetzt.

14 Triebwerke dienen der Feinsteuerung der Bewegung, vier weitere Triebwerke der Veränderung der Rollachse. Der Hauptantrieb ist das Triebwerk KTDU-80 mit 3,92 kN Schub. Alle Systeme sind redundant ausgelegt. Von den 2.654 kg, welches das Servicemodul wiegt, entfallen alleine 305 kg auf die beiden Haupttriebwerke. Mit dem Servicemodul kann der Frachter die Bahn der Station anheben, allerdings verfügt er über nicht sehr viel Reboosttreibstoff.

Bei den Progresstransportern entfällt das Rettungssystem SAS der Sojus, so kann die Trägerrakete mehr Nutzlast zur ISS bringen.

Ankopplung

Die Ankopplung der Progress geschieht mit dem Kurs System. Das Kurs System sendet Radarimpulse von verschiedenen Antennen aus. Eine parabolische Richtantenne empfängt die reflektierten Impulse. An den Ankopplungsstellen gibt es einen passiven Teil, der dafür sorgt, dass Interferenzen minimiert werden und sich die Signalqualität erhöht. Aufgrund der Laufzeitunterschiede, Signalstärke und Empfangsrichtung kann der Bordcomputer die relative Position, Ausrichtung und Geschwindigkeit von Progress und Kopplungsstelle berechnen.

Das erste System, das zur Ankopplung eingesetzt wurde, war Igla. Es arbeitete auch mit Radiowellen um Abstand und Geschwindigkeit zu bestimmen, war aber noch nicht fähig, automatisch anzukoppeln und musste manuell gesteuert werden. Kurs wurde für die Ankopplung von Buran an die Mir entworfen. Es wurde ab 1985 eingesetzt. Es arbeitet vollautomatisch, auch bei den Sojus Flügen. Nachdem es sich bei den Sojus Raumschiffen über vier Jahre bewährte, wurde es auch bei den Progressfrachtern eingesetzt.

Als Back-up gibt es eine manuelle Steuerung im Swesda Modul, das TORU-System (**T**elerobotically **O**perated **R**endezvous **U**nit). Bisher wurde zweimal ein Frachter manuell an die ISS angekoppelt. An dem Swesda Modul gibt es eine Zielmarkierung mit einem Kreuz. Eine Videokamera im Frachter nimmt die Markierung auf, wobei das Kreuz in der Mitte gehalten werden muss. Dieses Bild, ergänzt durch eingeblendete Informationen, über die mittels Kurs ermittelte Geschwindigkeit und Position, wird über UHF Funk zur ISS übertragen, wo in der Swesda ein Kosmonaut an dem Kontrollpult von TORU die Annäherung verfolgt und gegebenenfalls korrigiert. Die ersten Versuche das Kurs System durch TORU zu ersetzen führten zur Kollision von Progress M34 mit dem Spektr Modul der MIR. Seitdem ist TORU nur ein Backupsystem.

Abbildung 2: Progress M-52 vor der Ankopplung an die ISS © des Fotos: NASA

Progress	
Länge gesamt:	7,20 – 7,48 m
Maximaler Durchmesser:	2,72 m
Startgewicht ohne Fracht:	4.920 kg
Fracht:	2.230 kg (typisch) 3.200 kg (maximal)
Startgewicht:	7.020 – 7.450 kg
Frachtmodul	
Länge:	2,98 m
Durchmesser:	2,70 m
Volumen:	6,50 m³
Trockengewicht:	1.180 kg
Maximales Startgewicht:	2.520 kg
Fracht:	Maximal 1.340 kg
Tanksektion	
Länge:	2,05 m – 2,20 m
Durchmesser:	2,17 m
Trockengewicht:	780 kg
Maximales Startgewicht:	2.480 kg
Fracht:	Maximal 1.700 kg
Triebwerke:	6 Lageregelungstriebwerke mit je 98 N Schub
Servicemodul	
Länge:	2,17 m
Durchmesser:	2,72 m Spannweite, 10,60 m mit Solarzellen
Stromversorgung:	Solarzellen (10 m²) + Batterien 600 W Dauerleistung
Trockengewicht:	2.054 kg
Maximales Startgewicht:	2.934 kg
Triebwerke:	14 Korrekturtriebwerke mit je 98 N Schub 4 Steuertriebwerke für die Rollachsenregelung 2 Haupttriebwerke mit je 3,92 kN Schub

Progress (erste Generation)

Es gibt mehrere Generationen von Progress-Transportern. Die erste Generation wurde von 1978-1990 eingesetzt und diente zur Versorgung der Saljut 6, 7 und Mir. Diese Transporter hatten eine aktive Betriebsdauer von lediglich drei Tagen und konnten maximal einen Monat angedockt an der Raumstation bleiben. Die aktive Betriebsdauer ist die Zeit vom Start bis zur Ankopplung und vom Abkoppeln bis zum Verglühen. Insgesamt 43 Raumschiffe dieser Serie wurden von 1978-1990 gestartet.

Die ersten Progress-Raumschiffe wurden mit Batterien betrieben, die eine Kapazität von 50 kWh aufwiesen. Der durchschnittliche Verbrauch betrug 500 W. Daraus ergab sich die Begrenzung der Betriebsdauer auf wenige Tage.

Das Servicemodul setzte ein Triebwerk vom Typ KTDU-53 mit 4,03 kN Schub ein, das mit der Treibstoffkombination Salpetersäure/Hydrazin arbeitete. Die erste Generation hatte rund 500 kg Treibstoff für eigene Bahnmanöver an Bord, der spezifische Impuls war mit 2765 m/s geringer als bei den folgenden Generationen. Damit war nur die Versorgung der Saljut und Mir mit Treibstoff im Frachtraum möglich, aber nicht ein Reboost der Station mit dem Frachter. Die Ankopplung erfolgte gesteuert durch das Igla System.

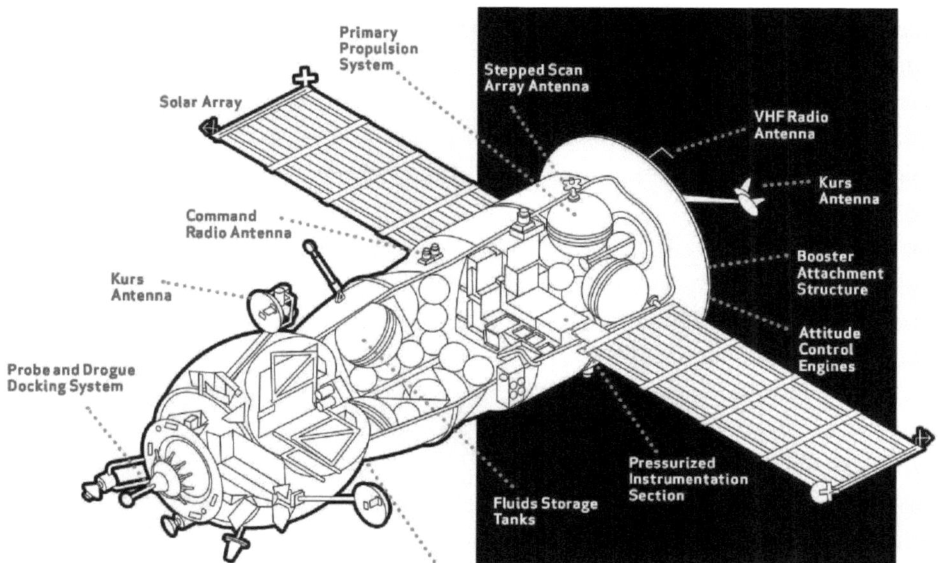

Abbildung 3: Subsysteme der Progress © der Grafik: NASA

Progress M

Die Progress M-Transporter der zweiten Generation verfügten über zwei zusätzliche Solarpanel zur Stromversorgung. Die Panels waren leichter als die Batterien. Dadurch stieg die Lebensdauer auf 180 Tage an. Modernisiert (dafür steht die Abkürzung „M") wurde die Steuerung. Das Flugkontrollsystem „Kurs" ersetzte Igla. Das neue Haupttriebwerk KTDU-80 hatte mit 3,942 kN etwas weniger Schub. Es war aber leichter und setzte die leistungsfähigere Treibstoffmischung UDMH/NTO ein. Der interne Treibstoffvorrat wurde auf 900 kg erhöht. Zusammen mit dem höheren spezifischen Impuls von 2991 m/s konnten die Progress M nun die Bahn der Mir anheben. Für die Versorgung dieser Raumstation wurden die Progress M entwickelt.

Eine Reihe von Progress M wurden mit einer Rückkehrkapsel ausgestattet, welche sich innerhalb des Frachtmoduls befand. Sie wurde beim Wiedereintritt in 110-130 km Höhe abgestoßen. Nur wenige Kapseln wurden allerdings wiedergefunden. Als Folge wurde danach auf die Kapseln verzichtetet. Die Progress M-Transporter wogen 400 kg mehr als die erste Generation. Sie wurden von 1989 bis 2009 eingesetzt.

Mit Progress M-34 geschah der bisher gravierendste Vorfall mit einem Progress Raumtransporter. Bei der ersten Generation machte vor allem das Ankoppeln mit dem Igla-System Probleme. Die Progress M Serie war bis dahin von diesen Problemen verschont geblieben. Dann beschloss Russland Kosten einzusparen und „Kurs" durch eine manuelle Steuerung der Ankopplung durch die Kosmonauten zu ersetzen. Dies geschah mit einem Vorläufer von TORU. Der Grund war, dass „Kurs" von einem Kombinat in der Ukraine produziert wird und nach dem Zerfall der Sowjetunion der Hersteller den Preis für das System drastisch erhöhte.

TORU wurde zum ersten Mal bei Progress M-33 erprobt, bevor der Transporter mit dem Müll verglühen sollte. Das Manöver gelang nicht. Die Videoübertragung, mit der die Kopplung überwacht werden sollte, riss immer wieder ab. Schließlich flog die Progress mit hoher Geschwindigkeit nahe der Mir vorbei. Obgleich die Besatzung sich über die riskante Vorgehensweise bei der Bodenkontrolle beschwerte, wurde derselbe Test mit Progress M-34 erneut angesetzt. Diesmal war der Frachter kaum vor den Wolken auszumachen und reagierte nicht oder verzögert auf Steuerungssignale. Das Raumschiff kollidierte mit hoher Geschwindigkeit mit dem Spektr-Modul. Dieses war danach dauerhaft beschädigt und musste aufgegeben werden.

Seitdem finden alle automatischen Kopplungen wieder durch das Steuersystem Kurs statt, und es gab keine weiteren gravierenden Vorkommnisse. In der Folge bauten die Kosmonauten die Elektronik von Kurs nach dem Ankoppeln an die ISS aus und brachten es bei einer Space Shuttle Mission zurück zur Erde, um so Kosten einzusparen.

Progress M1

Die vorletzte Generation Progress M1 unterscheidet sich von der vorherigen darin, dass es möglich ist, mehr Treibstoff mitzuführen. Ihre primäre Aufgabe ist es, die Bahn der ISS regelmäßig anzuheben. Dafür wurden die Progress M modifiziert. Für die Änderungen wurden die beiden Wassertanks aus der Tanksektion entfernt. Das Wasser muss bei diesen Transportern in der Frachtsektion untergebracht werden. Die Anordnung der Tanks in der Tanksektion wurde umgestaltet, um mehr Treibstoff mitzuführen. Die Progress M1 führt acht anstatt vier Treibstofftanks mit. Die optionalen zwölf kugelförmigen Drucktanks für Gase umgeben in einem äußeren Ring die Frachtsektion. Bei den Progress-M befinden sie sich im Inneren der Frachtsektion.

Der Treibstoff wird von der Progress in das Swesda Modul umgepumpt, welche die Station dann mit den eigenen Triebwerken anhebt. Ein zweiter, größerer Tank befindet sich im Sarja Modul.

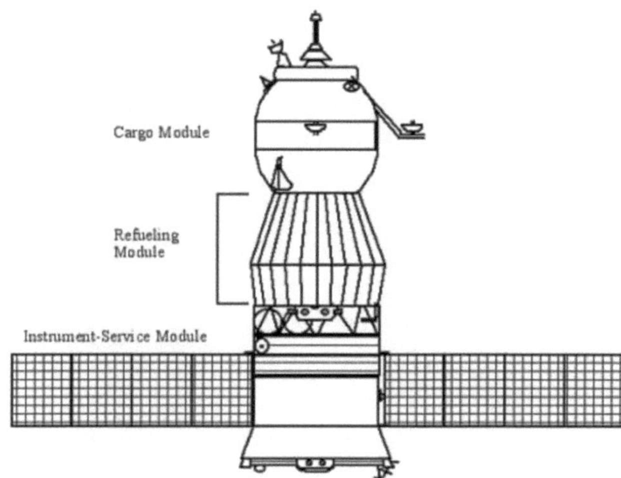

Abbildung 4: Aufbau der Progress © der Grafik: NASA

Die Progress M1 waren die ersten Frachtraumschiffe, welche die ISS besuchten. Die beiden ersten Exemplare halfen die Mir zu deorbitieren. Danach waren sie die häufigsten Transporter bis zum Januar 2004. Seitdem erfolgte kein weiterer Einsatz mehr.

Progress M+M

Die Progress M+M ist die derzeit letzte Version des Transporters. Sie flog erstmals am 26.11.2008. Sie ist der Nachfolger der Progress M. Ein Einsatz als „Tanker" wie bei den Progress M1 gab es bisher nicht. Von dem Progress M1 unterscheidet er sich durch ein modernisiertes Kontrollsystem. Es setzt den R3081 Prozessor ein, eine weltraumtaugliche Variante des MIPS R3000 Prozessors von IDT. Dieser Prozessor ist schon weltraumerprobt. Der erste Einsatz fand 1994 an Bord der Raumsonde Clementine statt. Er wurde in den letzten Jahren in den USA durch leistungsfähigere Modelle ersetzt, da er nur eine Taktfrequenz von maximal 40 MHz aufweist. Verglichen mit dem, seit 1974 auf allen Sojus und Progressschiffen eingesetzten Argon-16 Computer ist der Sprung allerdings enorm. Der Argon-16 ist ein 16-Bit-Rechner mit nur 32 Instruktionen und nur 2 KByte RAM und 16 KByte ROM (dreifach redundant). Er benötigte rund 5 ms für eine Addition und 45 ms für eine Multiplikation. Verglichen damit sollte das neue Modell tausendmal schneller sein.

Abbildung 5: Blick über eine Progress auf die Atlantis die sich der Raumstation nähert (Mission STS-115, Expedition 15) © des Fotos: NASA

Auch die Telemetrieeinheit verwendet nun Glasfasern für die Datenleitungen und noch mehr Systeme wurden von analogen auf digitale Systeme umgestellt. Das System wird auch in den neuesten Sojus Raumschiffen eingesetzt werden. Russland erhofft sich durch das neue System deutliche Kosteneinsparungen bei einer zukünftigen Raumschiffgeneration. Gleichzeitig ist ein Test schon auf den derzeit sich im Einsatz befindlichen Typen möglich. Geplant ist auch der Ersatz von Kurs durch ein in Russland entwickeltes System (Kurs-N).

Die neue Elektronik ist 75 kg leichter als die Alte und hat fünfzehnmal weniger Einzelteile. Auch der Stromverbrauch ist gesunken. Somit können Batterien mit einer kleineren Kapazität eingesetzt werden. Dadurch ist die beförderte Nutzlast angestiegen. Die Progress M+M hat eine 150 kg niedrigere Leermasse als die Progress M.

Auch bei der Sojus Trägerrakete gab es Nutzlaststeigerungen. Es gibt zwei neue Versionen, die Sojus 2a und 2b. Die Sojus 2a hat einem um 300 kg größere Nutzlast als die bisher eingesetzte Sojus-U und die Sojus 2b eine um 1.100 kg höhere Nutzlast (8.250 kg anstatt bisher 7.130 kg beim Start von Baikonur aus). Sie werden ab 2016 die bisher eingesetzten Sojus-U ersetzen. Schon vorher erlaubt die Übernahme einiger Modifikationen für die Sojus 2 in die Produktion der Sojus U die Nutzlast zu steigern. Aufgrund von Gewichts- und Volumenbeschränkungen in der Fracht- und Tanksektion ist es derzeit nur möglich, mehr Treibstoff in der Serviceeinheit mitzuführen, bis das strukturelle Limit von 3.200 kg Gesamtfracht erreicht ist. Dadurch kann die Tankerversion (Progress M1) entfallen. Die höhere Performance wird genutzt damit Progress und Sojusraumschiffe schneller (nach wenigen Umläufen anstatt zwei bis drei Tagen) ankoppeln, da nun die Rakete die Fähigkeit hat, die Bahnebene beim Aufstieg leicht zu drehen.

Die Steigerung der Frachtkapazität aller Transporter zur ISS wurde als primäres Ziel bei der letzten Konferenz der teilnehmenden Weltraumorganisationen im März 2010 in München beschlossen.

Einsatz

Es erfolgen drei bis vier Einsätze der Progress pro Jahr. Von 2009 bis 2011 gab es fünf Einsätze pro Jahr, da die Besatzung nun Normstärke hatte, aber die neuen US-Versorger noch nicht einsatzfähig waren. Mit steigendem Gewicht der Station und mehr Besatzungsmitgliedern stieg der Versorgungsbedarf nach Fertigstellung deutlich an. Bei allen Einsätzen gab es nur einen Fehlstart. Das war der von Progress 12M am 24.8.2011, als der Bordcomputer die Oberstufe Block I nach einer Fehlfunktion des Triebwerks nach 325 s abschaltete. Progress 12M ging dann im Altai Gebirge nieder.

Die Progress-Transporter sind bewährte und robuste Frachtraumschiffe. Da Russland aufgrund des geringen Lohnniveaus alle Dienstleistungen auf dem Gebiet der Raumfahrt zu niedrigen Preisen anbieten kann, sind sie auch sehr preiswert. Aber wegen der kleinen Kapazität von 2 t Fracht werden viele Progress-Transporter benötigt, um die ISS zu versorgen. Für die Kosten eines Versorgungsflugs wurden sehr unterschiedliche Summen genannt. Oft findet man 40-60 Millionen Dollar. Beim Verlust von Progress 12M kostete der Transporter alleine 650 bis 700 Millionen Rubel (21-22 Millionen Dollar). Der Schaden, der durch den Ausfall hervorgerufen wurde, wurde dagegen von der NASA mit 100 Millionen Dollar beziffert.

	Progress	Progress M	Progress M1	Progress M+M
Länge:	7,48 m	7.23 m	7.40 m	7,20 m
Startgewicht:	7.020 kg	7.450 kg	7.150 kg	>7.150 kg
Fracht (typisch):	2.315 kg	2.350 kg	2.230 kg – 2.500 kg	2.260 – 2.677 kg
Trockene Fracht:	1.340 kg	<1.800 kg	<1800 kg	<1.320 kg
Wasser:		<420 kg	0	420 kg
Luft:		<50 kg	<40 kg	<50 kg
Refülltreibstoff:	975 kg	850 kg	1.700 – 1.950 kg	880 kg
Reboosttreibstoff:		250 kg	185-250 kg	>250 kg
Müllzuladung:		1.400 – 2.000 kg	1.000 – 1.600 kg	2.000 kg
Flüge zur ISS:	0	23	9	21
Flüge zu Saljut / Mir:	12 × Saljut 6 13 × Saljut 7 18 × Mir	44 × Mir	2 × Mir	Keine
Einsatz von:	20.1.1978 – 5.5.1990	23.8.1989 – 24.7.2009	1.2.2000 – 29.1.2004	26.11.2008 – heute

Abbildung 6: Anflug von Progress MRM-1 an die ISS © des Fotos: NASA

Abbildung 7: Ansicht einer Progress schräg von oben © des Fotos: NASA

Die Sojus-Kapsel

Das Sojus (Sojus = Union, russisch: Союз) Raumschiff dient dem Besatzungstransport. Auch dieses Raumschiff durchlief evolutionäre Verbesserungen. Derzeit ist die vierte Generation, Sojus TMA, im Einsatz. Die Sojus ist ein echter Oldtimer: der Jungfernflug erfolgte schon 1967. Der Grundaufbau der Sojus entspricht der Progress, welche aus der Sojus entwickelt wurde.

Das Frachtmodul bei Progress entspricht bei der Sojus dem **Orbitalmodul** (Russisch: бытовой отсек БО). Ursprünglich war das Raumschiff für Einzelmissionen entwickelt worden. In dieser kugelförmigen Sektion sollten die Kosmonauten maximal drei Wochen lang leben. Bei den Zubringerflügen zur ISS kann dieser Platz genutzt werden, um maximal 350 kg Fracht zur Station zu bringen. Vorne ist der aktive, „männliche" Kopplungsadapter zum Ankoppeln an die ISS. Hinten befindet sich eine Luke, welche das Orbital- oder Wohnmodul mit dem Wiedereintrittsmodul verbindet. Eine dritte Luke an der Seite erlaubt Ausstiege. Bei den ersten Missionen bis Sojus 11 befanden sich dort Experimente. Durch diese Luke steigt auch die Besatzung vor dem Start ein. Bei einem Weltraumausstieg fungiert das gesamte Orbitalmodul als Luftschleuse. Weiterhin befindet sich in ihr eine Toilette und ein Fenster.

Anstatt des Tankmoduls verfügt die Sojus über die **Wiedereintrittskapsel** (russisch: спускаемый аппарат СА). In ihr befinden sich die Kosmonauten beim Start und bei der Landung. In ihr können auch kleinere Mengen an Fracht zur Erde zurückgebracht werden, maximal 30-50 kg. Sofern die Besatzung auf zwei Kosmonauten reduziert wird, sind es 150 kg.

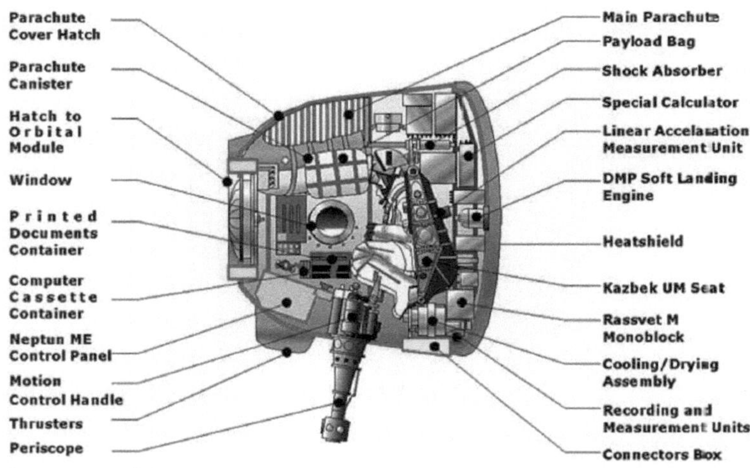

Die Wiedereintrittskapsel hat glockenförmige Form, ist mit einem Hitzeschutzschild ausgerüstet und druckdicht. Daher ist sie relativ schwer. Sie hat die Form eines sich selbststabilisierenden Auftriebskörpers. Das bedeutet: Wenn sie beim Wiedereintritt fehlorientiert ist, sie sich durch die aerodynamischen Kräfte so dreht, dass der Boden nach unten schaut. Da die gesamte Oberfläche mit einem Hitzeschutzschild überzogen ist, stellt die Kapsel eine sehr sichere Konstruktion dar. Die Form wurde gewählt, um bei einer gegebenen Oberfläche das maximale Volumen nutzen zu können. Da die Kugel, die dies erfüllt, aber keinerlei Auftrieb erzeugt und somit der Wiedereintritt rein ballistisch erfolgt (mit hoher Bremsbeschleunigung und ohne Korrekturmöglichkeit), hat man den Boden abgeflacht. Dadurch ist die Kapsel durch den aerodynamischen Auftrieb in Grenzen steuerbar und die Landung erfolgt langsamer mit geringeren Verzögerungskräften.

Die einzige Möglichkeit nach außen zu sehen, ist ein ausfahrbares Periskop. Drei Personen finden in der Kapsel Platz. Die Sitze sind für jedes Besatzungsmitglied individuell gefertigt. Sie können ausgetauscht werden. So kann eine andere Besatzung zur Erde zurückkehren, als die, welche mit dem Raumschiff startete. Die Besatzung liegt, um die Belastungen zu minimieren, auf dem Rücken mit angewinkelten Knien. Die Kontrollen sind so angebracht, dass Kommandant und Bordingenieur auch bei hohen g-Belastungen sie gut sehen und die wichtigsten Systeme bedienen können.

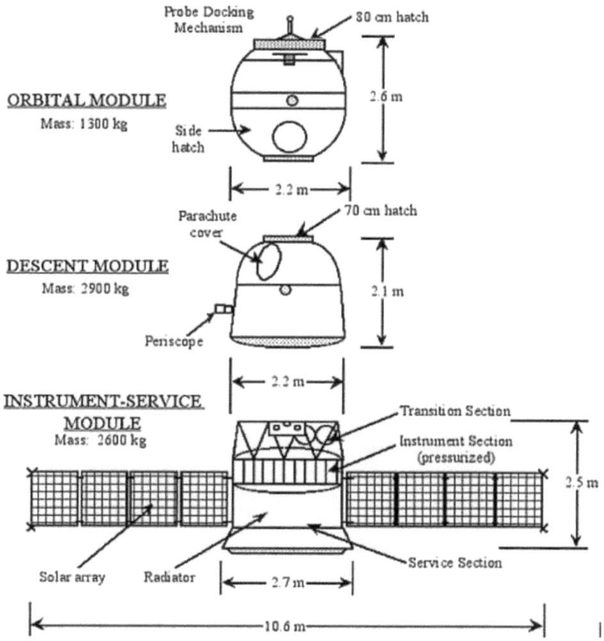

Die Wiedereintrittskapsel enthält das Umweltkontrollsystem, das eine Temperatur von 18-20 °C aufrechterhält. Die Luftfeuchtigkeit beträgt 40%. Dabei setzt die Sojus eine Atmosphäre wie auf der Erde ein, die einen Sauerstoffgehalt von 20% und einen Druck von 1 bar aufweist. Kohlendioxid wird durch Kaliumoxidkanister chemisch gebunden und aus der Luft entfernt.

Abbildung 8: Komponenten des Sojus Raumschiffs
© des Diagramms: NASA

Acht Triebwerke, die Wasserstoffperoxid katalytisch zersetzen, werden genutzt, um die Kapsel vor dem Wiedereintritt abzubremsen und ihre Ausrichtung zu regulieren. Nachdem bei der Mission TM-5 die Retroraketen zuerst nicht zündeten und die Landung um einen Tag verschoben werden musste, erfolgt heute die Abtrennung des Wohnmoduls erst nach erfolgter Abbremsung, auch wenn dies mehr Treibstoff erfordert. Damals konnte die Besatzung in letzter Sekunde die Abtrennung des Servicemoduls abbrechen. Da sich Wasserstoffperoxid langsam autokatalytisch zersetzt, begrenzt die Wahl dieses Treibstoffs bis heute die maximale Betriebsdauer auf sechs Monate. Bei der Landung, die nur ungefähr 23 Minuten dauert, wird die Kapsel zuerst passiv abgebremst. 15 Minuten vor der Landung, nun schon in der unteren Atmosphäre, werden zuerst zwei Pilotfallschirme entfaltet. Sie stabilisieren die Kapsel und drehen sie in die richtige Position. Der zweite Pilotfallschirm zieht dann den ersten Landefallschirm mit einer Fläche von 24 m² heraus. Er reduziert die Fallgeschwindigkeit von 230 auf 80 m/s. Der Hauptfallschirm, mit einer Fläche von 1000 m², senkt sie dann auf 7,3 m/s ab. Kurz vor dem Boden, wird gesteuert durch einen Radarhöhenmesser, ein Bremstriebwerk gezündet, das die Geschwindigkeit auf unter 3 m/s reduziert. Gelandet wird in einer 33 km² großen Landezone in der Steppe Kasachstans.

Weitgehend identisch zur Progress ist das **Servicemodul** (russisch: приборно-агрегатный отсек ПАО). In ihm befindet sich der größte Teil des Lebenserhaltungssystems, die Avionik, Batterien, Solarzellen und der Antrieb mit den Triebwerken.

Das Servicemodul besteht aus drei Segmenten. Das vorderste, PkhO, oder

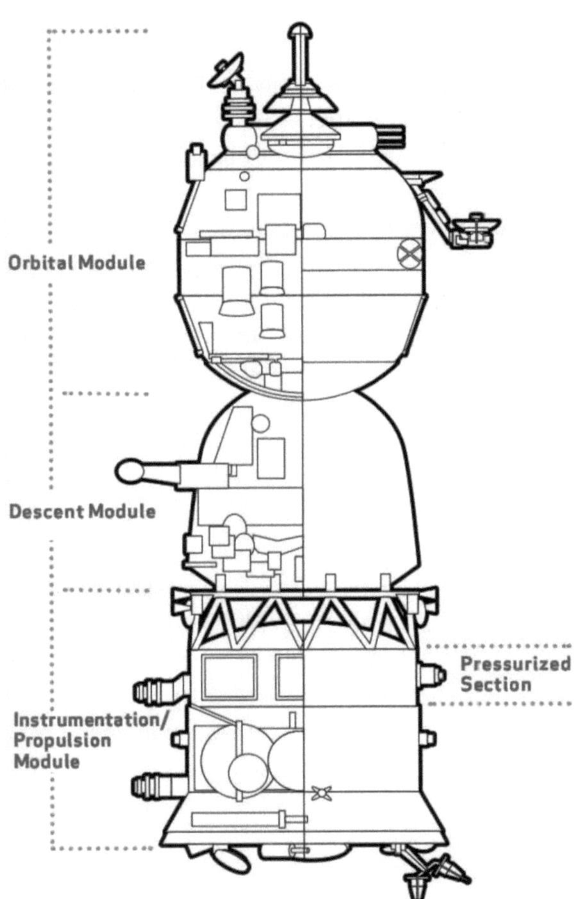

Abbildung 9: Aufbau der Sojus © der Grafik: NASA

Perekhodnoi Otsek „Zwischenabteilung" verbindet das Servicemodul mit der Wiedereintrittseinheit. Es ist mit dieser an zehn Punkten verbunden, davon fünf mit pyrotechnischen Sprengbolzen und fünf mit Federn, die bei der Trennung die beiden Module voneinander separieren. Diese Sektion enthält die Sauerstofftanks für die Bordatmosphäre und die Triebwerke zur Kontrolle der räumlichen Lage.

Die zylinderförmige Instrumentensektion PO, oder Priborniy Otsek enthält den Großteil der Bordelektronik. Wie in Russland üblich, wurde eine einfache Methode gewählt, um diese weltraumtauglich zu bekommen: Sie befindet sich in einem druckdichten Behälter, in dem Stickstoff durch Lüfter umgewälzt wird – er kühlt die Elektronik und diese muss nicht im Vakuum arbeiten. Hier befindet sich der Bordcomputer, die Steuerung der Annäherung, die Telemetrieausrüstung. In der Wiedereintrittskapsel befindet sich nur eine abgespeckte Version, ausreichend für die Steuerung nach Abtrennung von dem Servicemodul und die Anzeige- und Bedieneinheiten. Das ist ein Designunterschied zum Westen, wo die Avionik in der Mannschaftskabine untergebracht ist. An der Instrumentensektion befinden sich zwei Solarpaneele aus je vier Segmenten. Sie werden sofort nach Abtrennung von der Trägerrakete entfaltet und laden die Batterien für den Betrieb im Erdschatten auf. Sie haben eine Fläche von 10 m².

Der letzte Teil ist die Antriebseinheit AO, Agregatniy Otsek. Sie enthält das redundant vorhandene Haupttriebwerk des Typs KTDU-80, die Treibstofftanks und die Triebwerke zur Feinjustage bzw. Kurskorrektur bei der Annäherung. Je zwei Tanks nehmen UDMH und Stickstofftetroxid auf. Die Treibstoffzuladung stieg von 500 kg bei Sojus 1 auf 880 kg bei der Sojus TMA-Serie, auch weil die Sojus immer schwerer wurde und so mehr Treibstoff zum Erreichen des endgültigen Orbits benötigt wird. Die Sojus-Trägerrakete bringt das Raumschiff in eine elliptische Bahn von 195 km × 250 km Höhe. Mit dem Haupttriebwerk wird der Orbit dann sukzessive angehoben, bis der Rendezvouskurs erreicht ist. Für die Ankopplung werden nur die Steuertriebwerke eingesetzt.

Beim Start umgibt das Rettungssystem SAS (система аварийного спасения) die Kapsel. Es ist über der Nutzlastverkleidung angebracht und unterhalb des Wiedereintrittsmoduls befestigt. Im Falle einer Havarie brennen seine Raketen je nach Höhe 2 bis 6 s lang. SAS beschleunigt die Nutzlastspitze um 50-150 m/s. Dazu dienen mehrere Feststofftriebwerke, die kurz nacheinander gezündet werden. Dabei werden Wiedereintrittskapsel, Wohnmodul und Nutzlastverkleidung abgetrennt. Das Servicemodul verbleibt auf der Trägerrakete. Die Beschleunigung reicht aus, um bei einem Startabbruch auf der Startrampe die Kapsel in 1-1,5 km Höhe zu befördern. Angekommen in dieser Höhe kann die Kapsel sicher mit den Fallschirmen landen.

Sobald eine sichere Entfernung von der explodierenden Rakete erreicht ist, werden Rettungssystem und Wohnmodul mit der Nutzlastverkleidung abgetrennt.

SAS ist aktiv bis 112 s nach dem Start. Vier Sekunden später wird der Fluchtturm von der Rakete abgetrennt. Dazu wird derselbe Antrieb genutzt, der sonst die Kapsel abtrennen würde. Mit SAS wird auch die Nutzlastverkleidung abgetrennt. Zu diesem Zeitpunkt ist das Raumschiff schnell genug, um bei einem Abbruch eine normale Landung durchzuführen. Es würde bei einer Havarie der Brennschluss der Trägerrakete ausgelöst werden. Dann würde die Kapsel sich von Wohneinheit und Servicemodul trennen, eine suborbitale Bahn durchlaufen und landen.

Auch wenn der Fluchtturm abgetrennt ist, überwacht SAS weiterhin die Rakete und trennt beim Vorliegen einer gravierenden Anomalie die Sojus von der Oberstufe Block I ab. Dies geschah einmal bei Sojus 18A, als nach Trennung von Zentralblock und Oberstufe nicht alle Verbindungen zwischen beiden Stufen rissen und dadurch eine Abweichung im Schubvektor resultierte. In diesem Falle wird das ganze Sojus-Raumschiff abgetrennt, wozu das Haupttriebwerk eingesetzt wird. Erst danach werden Wohnmodul und Servicemodul abgetrennt.

SAS wurde wie die Sojus verbessert. Dies rettete der Besatzung von Sojus T-10-1 das Leben. Das erste System konnte weder vom Kontrollzentrum ausgelöst werden, noch hätte es auf der Startrampe die Besatzung in Sicherheit bringen können. Am 26.9.1983 explodierte die Trägerrakete von Sojus T-10-1 nur 108 s vor dem Start. Vom Kontrollzentrum aus wurde SAS per Funksignal ausgelöst, weil die Kabel, die SAS mit der Steuerung verbanden, durch die Explosion durchtrennt waren. Die Besatzung landete vier Kilometer vom Launchpad entfernt. Es war der einzige Einsatz des Rettungsturms während der Einsatzgeschichte der Sojus. SAS wurde ursprünglich auch zum Start der Progress eingesetzt. Um die Nutzlast zu maximieren, wird es seit der Progress M+M1 Generation weggelassen. Die schwerer werdende Sojus führte auch zum Verschieben des Abtrennungszeitraums von 166 s bei der ersten Generation auf derzeit 112-114 s nach dem Start.

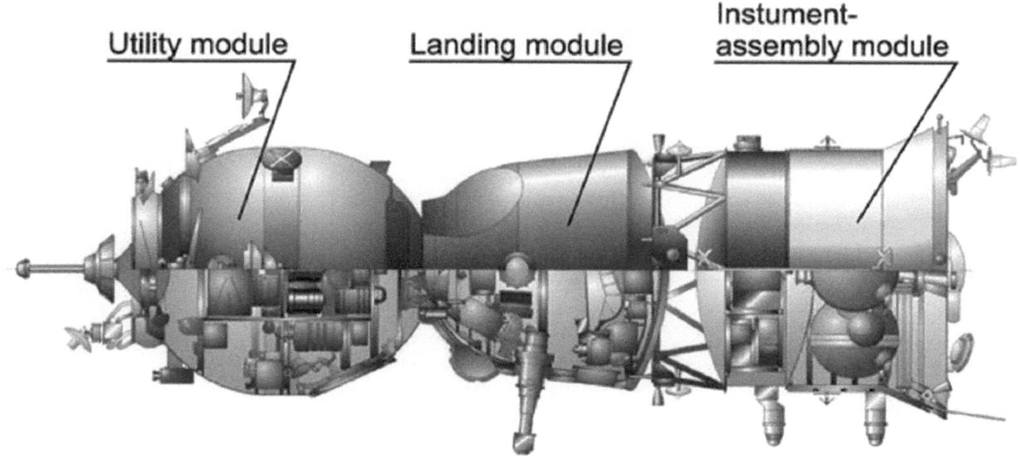

Abbildung 10: Wichtigste Subsysteme des Sojus Raumschiffs © der Grafik: ESA

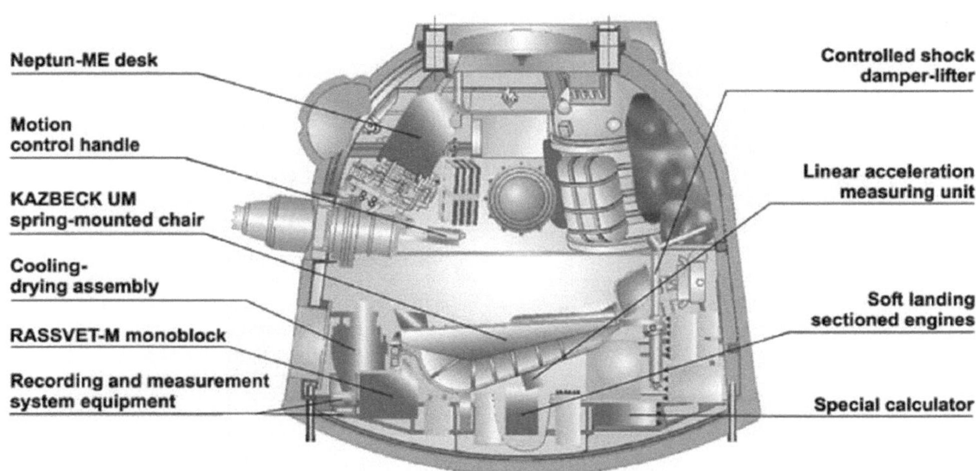

Abbildung 11: Subsysteme der Wiedereintrittskapsel © der Grafik: ESA

Sojus TMA	
Länge:	6,98 m
Durchmesser:	2,72 m Rumpf, 10,60 m Spannweite
Startgewicht:	7.220 kg
SAS	
Länge:	6,62 m
Gewicht:	7.635 kg
Schub:	450-713 kN über 2-6 s
Beschleunigung:	10-17 g
Abtrennung:	nach 112-114 s
Wohneinheit	
Länge:	2,98 m
Maximaler Durchmesser:	2,20 m
Volumen:	6,6 m³
Gewicht:	1.370 kg
Wiedereintrittseinheit	
Länge:	2,10 m
Maximaler Durchmesser:	2,20 m
Volumen:	4 m³
Gewicht:	2.950 kg
Triebwerke:	6 × 98 N
Serviceeinheit	
Länge:	2,50 m
Maximaler Durchmesser:	2,70 m (10,6 m mit Solarzellen)
Minimaler Durchmesser:	2,20 m
Gewicht:	2.600 kg, davon 800 kg Treibstoff
Triebwerke:	2 × 3.962 N 16 × 98 N (Kurskorrekturen) 8 × 98 N (Änderung der räumlichen Lage)

Sojus (erste Generation)

Ursprünglich entwickelt als Teil des russischen Mondprojektes, fanden mit dem Sojusraumschiff zuerst Langzeit-Missionen in der Erdumlaufbahn statt. Der erste Einsatz scheiterte, als sich die Fallschirme aufgrund eines Designfehlers des Behälters nicht sauber entfalteten, sich verhedderten und die Kapsel hart auf dem Boden aufschlug. Der Kosmonaut Wladimir Komarow kam am 24.4.1967 bei dieser Landung von Sojus 1 ums Leben. Die folgenden Missionen führten Kopplungen zwischen mehreren Sojus-Raumschiffen sowie Formationsflüge durch und dehnten die Verweildauer auf 18 Tage im Orbit aus.

Danach wurde die Sojus zum Start der Besatzung der Saljut-Raumstationen eingesetzt. Bei der ersten Mission zu Saljut 1 (Sojus 11) kam die Besatzung bei der Landung ums Leben, als die Luft bei der Landung aus der Kapsel entwich. Die Besatzung trug keine Raumanzüge, weil kein Ausstieg aus dem Raumschiff geplant war. Als Folge mussten die Raumfahrer nun auch bei Start und Landung Raumanzüge anlegen. Durch die sperrigen Anzüge reichte der Platz in der engen Wiedereintrittskapsel nicht mehr für drei Raumfahrer aus. Technisch gesehen können von der ersten, von der UdSSR nur als „Sojus" titulierte Generation, vier Unterversionen unterschieden werden:

- Die für das russische Mondprogramm entworfene, niemals bemannt geflogene, aber unbemannt getestete.
- Sojus 1-11 für drei Raumfahrer.
- Sojus 12-40 für zwei Raumfahrer.
- Sojus 16 und 19 mit einem Docking-Adapter für das Apollo **S**ojus **T**est**p**rojekt.

Bei Sojus 12-40 wurde auf die Solarzellen verzichtet, da die Flüge zu Saljut Raumstationen erfolgten. Die ersten Raumschiffe hatten Solarpaneele zur Stromversorgung und waren für Missionen von bis zu drei Wochen Dauer ausgelegt. Die Zubringer zur Saljut bezogen den Strom aus Batterien und hatten eine Betriebszeit von zwei Tagen. Beide setzten das KTDU-53 Haupttriebwerk mit der Kombination Salpetersäure/Hydrazin ein. Ein Hauptproblem der frühen Sojus war der auf 550 kg beschränkte Treibstoffvorrat. Beim Apollo-Sojus-Testprojekt musste das Apollo-Raumschiff daher die meisten Kurskorrekturen vornehmen. Wenn die Ankopplung an die Raumstation nicht bei den ersten Versuchen klappte, musste die Mission wegen zu knapper Treibstoffreserven abgebrochen werden. Das kam mehrmals vor.

Sojus T

Die Sojus T versorgte die Saljut 6+7 Raumstationen. Die Abkürzung „T" steht für „Transporter". Die Sojus T war eine umgestaltete Sojus, die von 1975-1978 entwickelt wurde. Das nutzbare Volumen in der Wohneinheit stieg von 5,0 auf 6,6 m³ durch Umgestaltung der Inneneinrichtung. Verwendet wurde für die Ankopplung aber noch das Igla System.

Die Wiedereintrittseinheit erhielt verbesserte Fallschirme und Landetriebwerke. Durch Umgestaltung des Kapselinneren konnten erneut drei Kosmonauten in Raumanzügen pro Mission starten. Mit ihr begann die Tradition, als dritten Kosmonauten einen Gast zu befördern. Zwei Kosmonauten wurden für die Bedienung der Bordsysteme benötigt – der Kommandant und der Bordingenieur. Das dritte Besatzungsmitglied kann auf einer Raumstation eigene Experimente durchführen und wird als Testingenieur bezeichnet. Dieser dritte Platz wurde zuerst an Gastkosmonauten aus sozialistischen „Bruderländern" vergeben, dann an westliche Astronauten und Weltraumtouristen als zahlende Kunden.

Eine weitere Neuerung war der erneute Einsatz von Solarzellen, wodurch die Sojus bis zu vier Tage autonom arbeiten kann. Die Verwendung von Stickstofftetroxid/UDMH anstatt Salpetersäure/Hydrazin als Treibstoff steigerte die Verweildauer im Orbit auf 180 Tagen, weil die Korrosion minimiert wurde. Das neue Triebwerk KTDU-426 und eine erhöhte Treibstoffzuladung erhöhten die Manövrierfähigkeit. So stand erstmals genügend Treibstoff zur Verfügung, um eine Station zur Inspektion zu umrunden und auch anzudocken, wenn die Saljut nicht Kompensationsmanöver durchführte, um die systembedingten Abweichungen des Igla-Systems zur Seite und in der Vertikalen auszugleichen. Damit war die Ankopplung von Sojus T-15 an Saljut 7 möglich, obwohl die Station schon deaktiviert war.

Sojus TM

Die nächste Generation Sojus TM verfügte erstmals über das automatische Kopplungssystem Kurs, leichtere Fallschirme und leistungsfähigere Triebwerke. Sie kam bei Transporten zur Mir zum Einsatz. Die Mir hatte einen neuen Kopplungsadapter. Sie machte eine Anpassung der Sojus notwendig, da die Sojus T nicht an dem für die Sojus vorgesehenen Dockingport an der Mir andocken konnte. Die erste Besatzung kam trotzdem mit der Sojus T-15 zur Mir. Sie musste an einem Kopplungsadapter für die Progress ankoppeln, da dieser noch den alten Adapter verwandte. Dies erlaubte es der Besatzung von Sojus T-15 auch Saljut 7 zu besuchen, dort Ausrüstung zu demontieren und zur Mir zu bringen.

Anders als bei dem Übergang von der Sojus zur Sojus T, löste die Sojus TM die Sojus T ohne Übergang ab. Die Sojus TM („M" steht für modifiziert) bildet auch die Basis für die Entwicklung des Shenzhou Raumschiff der Volksrepublik China.

Weitere Verbesserungen waren eine leichtere Wiedereintrittseinheit aus einer belastbareren Metalllegierung und einem leichteren Hitzeschutzschild sowie verbesserte Landetriebwerke. Durch das Kurs Annäherungssystem waren keine Kompensationsmanöver der Station nötig, die beim Igla System noch nötig waren, um unerwünschte Translationsbewegungen zu kompensieren. Erstmals war die Besatzung damit auch nicht mehr für die Ankopplung der Sojus verantwortlich. Sie griff nicht mehr ein, sobald die Sojus sich bis auf 150 m an die Mir genähert hatte.

Die Serviceeinheit setzte das leistungsfähigere KTDU-80 Triebwerk ein. Die Astronauten konnten die Schubimpulse über Schalter, die Ventile schlossen oder öffnen, wählen. Verfügbar waren Schübe von 6.000 N (Haupttriebwerk), 0,7 N und 0,3 N (Feinjustagetriebwerke). Die Treibstoffzuladung stieg durch die leichtere Wiedereintrittskapsel und einen leichteren Rettungsturm auf 880 kg an.

Da die ISS die gleichen Kopplungsadapter wie die Mir verwendet, flogen die letzten vier Sojus TM Missionen (Sojus TM-31 bis 34) zur ISS, bis 2002 der Nachfolgetyp Sojus TMA zur Verfügung stand. Alle anderen bemannten 30 Starts koppelten an die Mir an.

Sojus TMA

Die Annäherung von Russland und den USA führte in der zweiten Hälfte der neunziger Jahre zu Gastaufenthalten von NASA-Astronauten auf der Mir. Problematisch für die NASA waren die russischen Restriktionen hinsichtlich Größe und Gewicht der Raumfahrer, da die Wiedereintrittskapsel nur sehr wenig Platz bot. Die Körpergröße durfte 1,82 m und das Gewicht 85 kg nicht überschreiten. Russland löste das Problem, indem alle Kandidaten, die größer oder schwerer waren, keine Chance hatten, Kosmonaut zu werden.

Da die Sojus als Rettungskapseln für alle Raumfahrer vorgesehen waren, galten die Einschränkungen der Sojus auch für Astronauten, die mit dem Shuttle zur ISS kamen. Die Sojus TMA, („A" für Anthropometrisch), hat daher eine weitgehend umgestaltete Landekapsel mit neuen Kontourensitzen, die nun auch Astronauten bis 1,90 m Größe und 95 kg Gewicht aufnehmen kann. Dieser Typ war von 2002 bis 2011 im Einsatz.

Die Wohneinheit und die Serviceeinheit wurden von der Sojus TM übernommen. Die Landeeinheit verfügt über ein leistungsfähigeres Bremstriebwerk. Dieses wird durch einen neuen Radarhöhenmesser gesteuert und kurz vor dem Aufsetzen gezündet. Das neue Triebwerk SLA-M reduziert die Landegeschwindigkeit von 2,6-3,7 m/s bei der Sojus TM auf 1,4-2,6 m/s bei der Sojus TMA. Auch bei Einsatz der Reservefallschirme wird ein Wert von 4,0 m/s nicht überschritten. Das entspricht dem freien Fall aus 82 cm Höhe.

Das Instrumentenpanel wurde in der Höhe verkürzt und mit einem neuen digitalen Bordcomputer mit bernsteinfarbenen CRT Bildschirmen ausgestattet. Das Innere wurde umgestaltet, um mehr Raum für größere Astronauten zu gewinnen.

Die Sojus TMA kam während der ersten Einsätze in negative Schlagzeilen. Die Besatzungen landeten weitab vom Zielgebiet, oder wurden größeren Belastungen beim Wiedereintritt ausgesetzt, als normal. Bei drei der ersten elf Sojus TMA Flüge gab es Probleme, davon zwei in Folge bei Sojus TMA-10 und 11. Die Ursache sind nach russischen Angaben elektrische Entladungen nach Ankopplung an die ISS sein, die durch die neuen Solarpaneele der Station verursacht werden. Eine bessere Isolation des Raumschiffs löste dieses Problem und die folgenden Flüge verliefen ohne besondere Vorkommnisse.

Der letzte Einsatz einer Sojus TMA war der Flug von Sojus TMA-22 am 14.11.2011.

Abbildung 12: Sojus TMA-7 © des Fotos: NASA

Abbildung 13: Frontansicht einer Sojus TMA vor der Ankopplung © des Fotos: NASA

Sojus TMA-M

Ursprünglich sollte die Sojus durch ein neues, wiederverwendbares Raumfahrzeug ersetzt werden. Russland untersuchte verschiedene Konzepte. Am intensivsten wurde das Konzept des Raumgleiters Kliper untersucht. Russland hoffte, das Projekt zusammen mit der ESA durchführen zu können. Doch es gab Differenzen bei der Aufgabenverteilung. Nach russischen Vorstellungen sollte die ESA sich zwar finanziell stark engagieren, alle technologisch interessanten Entwicklungen aber von Russland durchgeführt werden. Dies führte dazu, dass die ESA aus dem Projekt ausstieg. Alleine war Kliper aber für Russland nicht finanzierbar. Danach wurde beschlossen das Sojus-Raumschiff zu modernisieren, um vor allem die Herstellungskosten zu verringern. Seit 2002 wurde an der Sojus TMA-M gearbeitet.

Seit 2010 wird der neue Typ Sojus TMA-M (Цифровая [модификация], russisch für „digitale Modifikation") eingesetzt. Er wurden weitere analoge Systeme durch digitale ersetzt (wie bei den Progress M+M). Zudem weist er ein geringeres Leergewicht und geringere Herstellungskosten auf:

- neuer Bordcomputer ZVM-101 (derselbe wie bei der Progress M+M),
- neues russisches Dockingsystem Kurs-N,
- neues, zentrales Funksystem (dasselbe wie bei der Progress M+M),
- neues Treibstoffkühlsystem.

Verbesserungen bei der Kühlung der Treibstoffe und neue Elektronikkomponenten ermöglichen nun eine Aufenthaltsdauer bis zu einem Jahr. Es wird eine Flüssigkeitskühlung mit einem Wärmeaustauscher an einer Kältefalle an der Außenwand eingesetzt.

Die wichtigste und umfangreichste Änderung war der Austausch von 36 obsoleten Elektronikbauteilen durch neue. Alleine dies reduzierte das Gewicht um 59 kg. Der neue Bordcomputer wiegt nur noch 26 kg, leistet 8 Millionen Operationen pro Sekunde und hat einen Hauptspeicher von 2048 KByte (das sind in etwa die Leistungsdaten eines 386-er PC aus dem Jahre 1987). Der Stromverbrauch sank drastisch von 402 auf 105 Watt ab.

Im OMS (OnBoard Measurement System) wurden noch mehr Bauteile ausgetauscht: 14 neue ersetzen 30 alte, dabei sank die Masse von 70 auf 28 kg. Auch hier konnte der Stromverbrauch, vor allem zum Senden der Telemetrie deutlich gesenkt werden.

Die Gewichtseinsparungen erlaubten es Teile der Struktur, die aus Magnesiumlegierungen bestanden, durch Aluminiumlegierungen zu ersetzen, obwohl diese etwas schwerer sind.

Insgesamt ist die Sojus TMA-M 80 kg leichter als die Sojus TMA. Neben der Senkung der Kosten (es ist ab September 2010 nicht mehr möglich, das ukrainische Kurs-System zur Erde zurückzubringen und erneut zu verwenden, was die Haupttriebfeder für die Entwicklung von Kurs-N war) hat die Sojus TMA-M einen weiteren Vorteil: Es reicht nun ein Besatzungsmitglied für die Steuerung des Raumschiffs aus. Das erlaubt es Russland zwei der drei Sitze zu verkaufen, anstatt bisher nur einem. Russland besteht darauf, dass die Person die die Sojus steuern Kosmonauten sind, auch wenn der Rest der Besatzung nicht aus Weltraumtouristen, sondern europäischen oder amerikanischen Astronauten mit mehreren absolvierten Shuttle-Flügen und umfangreicher Weltraumerfahrung besteht. Das bringt vor allem den Juniorpartnern einen Vorteil. Ab 2014 wird ständig ein Japaner oder Europäer an Bord der ISS sein. Zwischen Mai 2014 und November 2016 werden vier der sechs neuen ESA-Astronauten zur ISS fliegen.

Weiterhin hat Russland eine Verlängerung der Aufenthaltsdauer einiger ISS Besatzungen von 180 auf 360 Tagen erreicht. Das erlaubt den erneuten Transport von Weltraumtouristen den Roskosmos einstellen musste, als die Stammbesatzung von drei auf sechs Besatzungsmitglieder stieg. Der Erstflug der Sojus TMA-M erfolgte am 7.10.2010. Die ersten beiden Einsätze waren offiziell Entwicklungsflüge und der Dritte ein Qualifikationsflug.

Bis zum Ende von 2011 wurden Sojus TMA und TMA-M abwechselnd eingesetzt. Seitdem ist die Sojus TMA-M der einzige Transporter. Verbesserungen der Sojus, aber auch eine Steigerung der Performance der Trägerrakete, erlauben es nun acht Stunden nach dem Start, anstatt nach zwei bis drei Tagen an die ISS anzudocken. Das freut bestimmt die Besatzung, denn die Kapseln sind sehr eng. Diese schnelle Route nehmen nun auch die Progresstransporter.

Der zukünftige Einsatz

Seit 1999 befördern die Sojus die Stammbesatzungen der ISS. Diese Aufgabe sollte im Endausbau das Space Shuttle übernehmen. Die Sojus sollte nur als Rettungsschiff für drei Personen dienen, ergänzt durch ein US-System, das CRV. (Crew Rescue Vehicle). Nach dem Verlust der Columbia wurde das CRV gestrichen und die Sojus transportieren alle Astronauten/Kosmonauten. Daher wurde die ISS soweit erweitert, dass neben einem Progress-Transporter zwei Sojus-Raumschiffe andocken können. Dadurch ist eine Stammbesatzung von sechs Personen möglich. Nun müssen trotz einer Verlängerung der Aufenthaltsdauer von drei auf sechs Monate mehr Raumschiffe produziert werden. Daher musste Russland den Weltraumtourismus einstellen, da nun alle Sitze durch die ISS-Stammbesatzung belegt sind. Für Europa und Japan ist es daher auch schwerer, einen Astronauten an Bord der ISS zu haben, als es mit der Kombination Space Shuttle und Sojus möglich gewesen wäre.

Weltraumtouristen zahlten in den vergangenen Jahren immer mehr für einen Flug mit der Sojus. Die ersten Flüge erfolgten noch für einen Preis von 10 Millionen Dollar. Der letzte Gast musste schon 30 Millionen Dollar bezahlen. Die NASA hat einen Vertrag mit der russischen Weltraumagentur Roskosmos, in welchem sie „Sitze" für Astronauten kauft. 2013 betrug der Preis eines Sitzes für NASA-Astronauten schon 70 Millionen Dollar.

Die Sojus TMA-M erlaubt es Russland nun zwei der Sitze zu verkaufen, die Einnahmen verdoppeln sich. Aufgrund dessen dürfte die Sojus sicherlich solange im Einsatz bleiben, wie die ISS im Orbit ist, auch weil Russland derzeit nicht die Mittel hat, einen Ersatz zu finanzieren. Beschlossen wurde ein weiteres Upgrade der Sojus, die Sojus MS und die Progress MS. Ziel ist im wesentlichen eine Modernisierung. Der Erststart ist von 2016 auf März 2017 gerutscht. Die Veränderungen umfassen:

- neue und effizientere Solarpaneele
- neues Dockingsystem
- modifizierte Verniertriebwerke mit einer höheren Zuverlässigkeit
- Vereinheitlichtes Kommunikationssystem, das das Senden von Telemetrie und den Empfang von Steuersignalen außerhalb des Kontakts mit einer Bodenstation über Satellit erlaubt.
- Nutzung von GLONASS/GPS und Cospas-Sarsat für die Landung bei Such- und Rettungsoperationen.

	Einsatz von	Einsatz bei	Startgewicht	Flüge
Sojus	23.4.1967-14.5.1981	Erdorbit-Missionen, Saljut 1,3-6	6.800 kg	40 bemannt, 16 unbemannt
Sojus T	16.12.1979-13.3.1986	Saljut 6+7	6.850 kg	16 bemannt, 2 unbemannt
Sojus TM	21.5.1986-25.4.2002	Mir, ISS	7.250 kg	34 bemannt
Sojus TMA	30.10.2002-14.11.2011	ISS	7.220 kg	22 bemannt
Sojus TMA-M	7.10.2010 - heute	ISS	7.150 kg	14 bemannt, 20 geplant

Das Space Shuttle

Das Space Shuttle spielte bei der ursprünglichen Planung nicht nur eine zentrale Rolle beim Aufbau der Raumstation, sondern auch bei der Versorgung. Während der Aufbauphase konnte das Space Shuttle nicht sehr viel Fracht transportieren, es ist seine Hauptaufgabe die Module, Inneneinrichtung und Bauelemente zu befördern.

Später sollte das Space Shuttle alle 3-6 Monate die ISS anfliegen. Die normale Besatzung eines Space Shuttle besteht aus maximal sieben Personen, davon sind zwei der Commander und der Pilot. Bis zu fünf Passagiere wären dann die neue Besatzung für die ISS und die alte Crew kehrt wieder zurück. Zusammen mit einem Sojusraumschiff ergab sich so eine Stammbesatzung von sieben Personen.

Das Space Shuttle verfügt über einen sehr großen Frachtraum von 4,80 m Durchmesser und 18,38 m Länge. Dessen Aufteilung ist variabel. Es können mehrere Paletten, ein MPLM oder ein Spacehab Modul transportiert werden. Es kann auch ein Bauteil zur ISS und eine Palette transportiert werden, abhängig von dessen Gewicht und Größe. Weiterhin können die Treibstoffvorräte des Shuttles zum Anheben der Station genutzt werden. Davon wurde nicht oft Gebrauch gemacht. Die Anhebung der ISS mit den Triebwerken des Space Shuttle ist aus zwei Gründen ineffektiv: Das Shuttle braucht selbst dann mehr Treibstoff zum Landen und es wird nicht nur die ISS, sondern auch das 104 t schwere Shuttle mit angehoben. Anders als Progress und ATV kann das Space Shuttle nicht die räumliche Lage der Station verändern. Das war nur während der Anfangsphase möglich, als der Schwerpunkt des Gespanns noch näher beim Shuttle lag.

Die Höhe der Nutzlast des Space Shuttle zur ISS ist stark abhängig von ihrer Bahnhöhe. Für die Transporte zur Raumstation wurde der Super-Lightweight-Tank (SLWT) eingeführt, der 2,7 t leichter als der alte Tank war und die Nutzlast von 15.876 kg auf 18.600 kg anhob (für eine Bahn in 407 km Höhe). Von dieser Nutzlast gehen 1.800 kg für den Dockingadapter und meistens noch 260 kg für zwei EVA-Anzüge mit ihren Subsystemen ab, sodass die Maximalnutzlast bei etwa 16.500 kg liegt.

Die Kosten einer Shuttle-Mission werden seit zwei Jahrzehnten nicht mehr publiziert. Wird der Quotient gebildet, aus den Haushaltsmitteln für das Programm und den durchgeführten Flügen, so betragen diese etwa 600-700 Millionen Dollar pro Start ab 2006 und rund 400-480 Millionen Dollar vorher. Trotzdem ist das Space Shuttle, wenn man die Nutzlast voll ausnutzt, das günstige Transportmittel. Jeder Shuttle Start hätte in 407 km Höhe rund 9.000 kg Fracht in einem MPLM und noch rund 2.800 kg Fracht in Form einer Palette oder verstaut im Mitteldeck transportieren können. Geht man nur von 9 t Fracht pro Flug aus, so wären dies bei vier Flügen pro Jahr 36 t gewesen. Von der Besatzung wären jeweils vier Personen auf der ISS geblieben. Bei rund 3.200 Millionen Dollar, die das Programm in den letzten Jahren kostete, sind das 800 Millionen Dollar pro Flug.

Im Rahmen des CRS (Commercial Resupply System) Vertrages bezahlt die NASA für 40 t Fracht rund 3,5 Milliarden Dollar. Sie muss zusätzlich noch für den Rücktransport von Fracht durch die Dragon zahlen und für den Start ihrer Astronauten durch Russland. Würde sie wie mit dem Space Shuttle pro Jahr 12 Astronauten zur ISS befördern, so wären das zusätzliche Kosten von 840 Millionen Dollar für den Personentransport, dazu kommen noch 3,15 Milliarden Dollar für die Versorgung durch Cygnus und Dragon. Zusammen addiert sind dies 3,98 Milliarden Dollar. Das bemannte System ist also ausnahmsweise preiswerter als eine unbemannte Lösung. Die Tragik des Shuttle Programms liegt darin, das es mit der Intention entwickelt wurde, um eine Raumstation aufzubauen und zu versorgen. Jahrzehntelang wurden seine Vorteile nicht ausgenutzt und nur Satelliten transportiert oder Kurzzeitmissionen durchgeführt. Nun, wo endlich die Raumstation vollendet wird, wird es ausgemustert, weil es nicht mehr sicher genug erscheint.

Da das Versorgungsniveau durch Shuttleflüge nicht mit den anderen Transportern finanzierbar ist und auch Russland nicht so viele Sojusraumschiffe bauen kann, wurde die Besatzung von sieben auf sechs Personen reduziert und die Aufenthaltsdauer von 90 auf 180 Tage erhöht. Weiterhin wurden zwei ISS-Module nicht gestartet und die Entwicklung des Rettungsbootes CRV (ein kleiner Raumgleiter, ähnlich der X-38, welche von der USAF genutzt wird) wurde eingestellt.

Space Shuttle	
Länge:	37,20 m
Durchmesser:	6,60 m
Spannweite:	23,80 m
Höhe:	17,30 m
Nutzlastraum:	4,80 m Durchmesser, 18,38 m Länge
Leergewicht:	78.400 – 79.200 kg
Startgewicht:	104.000 kg
Fracht:	18.600 kg zur ISS, 14.500 kg von der ISS zurück zur Erde
Triebwerke:	2 × OAMS mit je 26,7 kN Schub Maximal 5.100 kg Treibstoff für ISS Bahnanhebungen

Abbildung 14: Blick auf den Nutzlastraum des Space Shuttles © des Fotos: NASA

Die MPLM

Für den Frachttransport setzte das Space Shuttle drei Frachtmodule ein, die von Italien stammen, und den Namen **M**ulti-**P**urpose **L**ogistics **M**odule (MPLM) tragen. Es handelt sich um zylindrische Module. Sie werden vom Canadarm des Space Shuttle aus dem Frachtraum gehoben und dann an die ISS angedockt. Die MPLM wurden von der italienischen Raumfahrtagentur ASI in Auftrag gegeben. Auf ihnen basiert die Struktur des Columbus Moduls, das von der gleichen Firma, Thales Alenia Space, gefertigt wurde. Die Frachtmodule sind fähig, Strom an die Fracht vom Start bis zur Kopplung an die ISS zu liefern (wichtig für tiefgefrorene oder gekühlte Lebensmittel und Proben). Ursprünglich sollte Boeing diese Frachtmodule entwickeln, doch Italien offerierte mit Entwicklungskosten von 400 Millionen Dollar ein weitaus preiswerteres Angebot.

Die Ursprünge der MPLM gehen bis ins Jahr 1991 zurück, als sie noch Mini Pressurized Logistics Modules hießen. Der Vertrag zwischen ASI und NASA wurde 1997 unterzeichnet. Für die Lieferung von drei Modulen erhält die ASI 0,85% der NASA-Ressourcen der Station. Als Bestandteil der Vereinbarung sollte die NASA drei italienische Astronauten als Bestandteil einer Space Shuttle Besatzung (Kurzzeitmissionen) und drei weitere als Bestandteil der ISS Stammbesatzung (Langzeitmissionen) befördern. Später trat die ASI die Rechte an die ESA ab.

Die Fracht wird in Standard-Racks untergebracht. Das MPLM hat CBM-Kopplungsadapter an beiden Stirnseiten. Das MPLM basiert in der Basiskonstruktion auf dem Spacelab, ist jedoch erheblich leichter als dieses. Jedes MPLM hat genug Platz, damit zwei Astronauten darin arbeiten können. Es verfügt über eigene elektrische Leitungen um einzelne Racks zu kühlen, Anschlüsse für ein Lebenserhaltungssystem und einen Rauchmelder. Von den Racks besitzen fünf einen Anschluss für Kühlflüssigkeiten und Strom. Sie können genutzt werden, um Fracht in Kühlschränken zu transportieren und tiefgefrorene Humanproben zurück zur Erde. Die Stromversorgung und die Versorgung mit Kühlflüssigkeit erfolgt durch das Space Shuttle oder die ISS. Das MPLM hat ein optionales, eigenes Lebenserhaltungssystem und eine interne Stromversorgung. Diese ist jedoch nur für kurze Betriebszeiten ausgelegt, um während Start, Landung und der Kopplungsmanöver die Stromversorgung der Fracht zu sichern. Allerdings wurde nur das Modul „Donatello" für solche Missionen mit aktiver Stromversorgung ausgerüstet.

Jedes MPLM kann sechs Monate lang an der ISS angekoppelt bleiben, bevor es von einem Shuttle wieder zurückgeholt wird. Bisher wurde jedes MPLM aber nur kurzfristig an die Station angedockt und vor der Rückkehr des Space Shuttles wieder in die Nutzlastbucht transferiert und zur Erde zurückgebracht.

Die Produktion der MPLM ging sehr schnell und preiswert. So wurde mit der Herstellung des ersten Moduls „Leonardo" im April 1996 begonnen und schon im August 1998 konnte es an die NASA übergeben werden. „Raffaello" folgte im August 1999 und das Modul „Donatello" am 1. Februar 2001.

Die drei Module sind von Italien nach berühmten Künstlern benannt worden:

- „Leonardo" nach Leornardo da Vinci (1452-1519),
- „Donatello" nach Donato di Niccolo Di Betto Bardi (1386-1466),
- „Raffaello" nach Raffaello Sanzio (1483-1520).

Insgesamt zehn Flüge der MPLM wurden durchgeführt. Spezifiziert ist jedes für 25 Flüge in zehn Jahren. In der ursprünglichen Planung wären die MPLM nach Aufbau der ISS zur Frachtversorgung eingesetzt worden. Sie brachten den Hauptteil der Inneneinrichtung zur ISS. Alle Module sind beim Start so schwer, dass sie nur teilweise mit Experimenten ausgestattet waren. Der Rest wurde mit den MPLM transportiert. Dazu kamen Werkzeuge und Einrichtungsgegenstände zur ISS. Zuletzt versorgten die MPLM die Besatzung mit Nahrung und Trinkwasser. Als einziges System waren die drei MPLM in der Lage, sperrige Fracht von der ISS wieder zur Erde zurück zubringen. Experimente können so ausgetauscht werden. Das MPLM Leonardo wurde umgebaut, um als **P**ermanent **M**ultipurpose **M**odule (PMM) endgültig an der Station verbleiben. Es wurde dazu mit einem zusätzlichen Meteoritenschutzschild ausgerüstet.

MPLM	
Länge:	6,40 m
Durchmesser:	4,60 m
Leergewicht:	4.100 – 4.500 kg
Fracht:	9.100 – 9.400 kg
Racks:	16, davon 5 mit Stromversorgung (nur Donatello)
Volumen:	31 m³
Eigenstromversorgung:	3 kW Leistung (nur Donatello)

Abbildung 15: Ein MPLM im Shuttle Nutzlastraum und im inneren des MPLM. © der Fotos: NASA

Spacehab-Module

Älter als die MPLM sind die Spacehab-Module, die schon bei den Shuttle-Mir Kopplungen zum Einsatz kamen. Die Firma Spacehab bietet verschiedene modulare Frachtmodule an, die kombiniert werden können. Für die Flüge zur ISS kamen die **L**ogistic **D**ouble **M**odule (LDM) und einmal ein **L**ogistics **S**ingle **M**odule (LSM) zum Einsatz. Es handelt sich dabei um Module, die an der Shuttle Luftschleuse fest angebracht sind. Die Fracht muss daher vom Modul über den am Ende des Verbindungstunnels angebrachten Kopplungsadapter in die ISS transportiert werden, bevor das Space Shuttle ablegt. Eine Ankopplung der Module an die ISS ist nicht möglich. Gleichzeitig gibt es dieselben Einschränkungen bezüglich der Größe der Ausrüstung wie bei den russischen Kopplungsadaptern, da der PMA-Adapter auch auf ein russisches Design zurückgeht und schon bei der Shuttle-Mir Ankopplung eingesetzt wurde.

Das Spacehab-Modul ist von quaderförmiger Form, wobei beim Double Module zwei Module hintereinander gesteckt sind. Die Fracht wird in standardisierten Shuttle **M**idd**d**eck **L**ockern (MDL) verstaut, die auch auf der ISS für kleinere Experimente zum Einsatz kommen. Zusätzlich sind acht Racks an den Wänden angebracht. Verglichen mit dem MPLM bietet das Spacehab-Modul keine Vorteile. Bei fast gleicher Startmasse weist es nur die halbe Nutzlast auf und es ist auch nicht wesentlich kompakter. Zudem bedeutet das manuelle Umladen während der kurzen Zeit, in der das Space Shuttle angedockt ist, eine hohe Arbeitsbelastung für die Besatzung. Es kam daher vor allem bei den ersten Flügen zum Einsatz, bis die MPLM verfügbar waren.

Spacehab	
Länge:	6,10 m (LDM), 3,05 m (LSM)
Breite:	4,26 m
Höhe:	3,41 m
Leergewicht:	4.500 kg
Fracht:	Maximal 4.500 kg
Verstaumöglichkeiten:	61 MDL (0,44 × 0,513 × 0,253 cm), jeweils 57 l Inhalt. Maximal 28 kg pro Schublade. Leergewicht pro Schublade: 5,4 kg 4 doppelt breite Racks
Volumen:	31 m³ (LSM), 62,2 m³ (LDM)

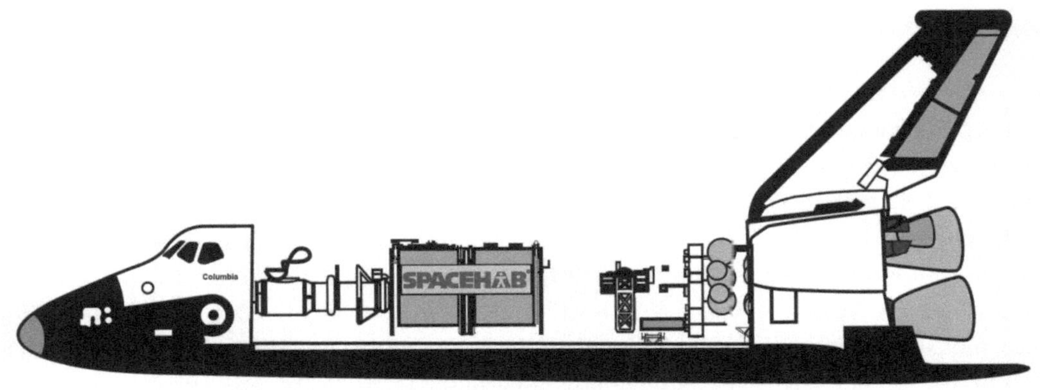

Abbildung 16: Schemazeichnung Spacehab Double Modul im Shuttle © der Grafik: NASA

Abbildung 17: Einbau des Spacehab Double Moduls mit einer ICC-Palette (links) bei der Mission STS-107 © des Fotos: NASA

Paletten

Die zweite wichtige Transportmöglichkeit für Fracht sind Paletten im Nutzlastraum der Raumfähren. Sie nehmen Fracht auf, die nicht unter Druck stehen muss. Es gibt zwei Systeme – die älteren ICC und die neuen Express-Paletten.

ICC-Paletten

Das erste eingesetzte System sind die ICC-Paletten von Spacehab. Die **I**ntegrated **C**argo **C**arrier (ICC) Paletten sind flache Paletten. Sie bieten die Möglichkeit, auf der Oberseite und Unterseite der Palette Nutzlasten anzubringen. Dazu gibt es jeweils sechs Befestigungspunkte pro Seite. Genutzt werden standardisierte Boxen der Firma Spacehab, aber auch eigene Konstruktionen. Die ICC-Paletten sind eine sehr flexible und günstige Möglichkeit, auch weil Spacehab Inc. Subaufträge an andere Unternehmen vergeben hat. Die Struktur der Paletten aus Aluminium stammt von RSC Energija, die Befestigung an der Shuttle-Nutzlastbucht basiert auf der des Spacelabs und wird von EADS/Astrium hergestellt.

Es gibt mehrere Versionen der ICC Paletten. Die Daten in der Tabelle sind die der „Generic Deployable", die bei ISS Missionen eingesetzt wurden. Meistens wurde ihr Transport mit einem Spacehab-Modul kombiniert.

ICC Palette	
Länge:	2,44 m
Breite:	4,20 m
Höhe:	0,26 m
Leergewicht:	875 kg
Fracht:	2.722 kg
Verstaumöglichkeiten:	6 SHOSS Boxen
Fläche:	9,60 m²

Abbildung 18: Eine ICC-Palette im Shuttle Nutzlastraum. Rechts: Ein Spacehab-Modul
© des Fotos: NASA

Abbildung 19: Blick von unten auf die Express Palette beim Einbau in den Shuttle Nutzlastraum
Bei Mission STS-129 © des Fotos: NASA

Express-Paletten

Das zweite System sind die Express-Paletten (**Ex**pedite the **Pr**ocessing of **E**xperiments to **S**pace **S**tation). Sie wurden entworfen, um an der Außenseite der Station dauerhaft befestigt zu werden. Dies vereinfacht den Austausch von Experimenten gegenüber den ICC-Paletten bedeutend und macht keine Außeneinsätze von Astronauten nötig. Sie können vom Shuttle-Kran an ihren Befestigungspunkt an der ISS gehoben werden. Später kann sie die „Hand" der ISS (Dextre) dort aufnehmen und verschieben. Auch das Kibō Labor hat im Exposed Facility die Möglichkeit, Express Paletten aufzunehmen. Sie werden mit dem Strom- und Datennetz der Raumstation verbunden. Verfügbar sind ein Niedrigdatenmodus im MIL-1553 Standard und ein Hochdatenmodus nach dem Ethernetstandard. Kommandos werden nur über den MIL-1553 Bus übertragen. Allerdings benötigt jedes Experiment ein eigenes aktives Thermalkontrollsystem. Dieses wird nicht von den Paletten gestellt. Auf den Paletten befinden sich neben Experimente auch Ersatzteile, die nicht in der Station lagern müssen, sogenannte ORU (**O**rbital **R**eplacement **U**nits). Das sind z. B. Batterien, Gyroskope für die Lageregelung und andere außen angebrachte Teile.

Die Express-Paletten wurden von der brasilianischen Raumfahrtagentur Agência Espacial Brasileira entwickelt und sind der brasilianische Teil der Station. Brasilien hat allerdings keine eigenen Express-Paletten eingesetzt. Heute fertigen EADS und Boeing diese Paletten. Da die NASA auch Racks innerhalb der ISS mit der Abkürzung „Express" belegt, wurden die Paletten inzwischen in „**Ex**PRESS **L**ogistics **C**arrier" (ELC) umbenannt.

Express Palette	
Länge:	2,30 m
Breite:	3,90 m
Leergewicht:	1.350 kg (ohne Befestigung am Shuttle)
Fracht:	4.400 kg
Experimente:	6
Fläche:	8,90 m²
Volumen:	30 m³
Datenverbindungen:	MIL-STD 1553B Bus (1 Mbit/s Daten und Kommandos) Ethernet (6 Mbit/s pro Experiment) High Data Link (Glasfasernetz) 95 Mbit/s für alle externen Experimente zusammen

Die folgende Tabelle führt alle Logistikflüge auf, bei denen Paletten, Spacehab oder MPLM Module eingesetzt wurden:

Datum	Mission	Space Shuttle	Nutzlast
27.05.1999	STS-96	Discovery	Spacehab + ICC
19.05.2000	STS-101	Atlantis	Spacehab + ICC
08.03.2001	STS-102	Discovery	Leornardo
19.04.2001	STS-100	Endeavour	Raffaello
10.08.2001	STS-105	Discovery	Leornardo
08.09.2001	STS-106	Atlantis	Spacehab + ICC
05.12.2001	STS-108	Endeavour	Raffaello
05.06.2002	STS-111	Endeavour	Leornardo + ICC
26.07.2005	STS-114	Discovery	Raffaello + ICC
04.07.2006	STS-121	Discovery	Leornardo
10.12.2006	STS-116	Discovery	Spacehab
8.8.2007	STS-118	Endeavour	Spacehab
15.11.2008	STS-126	Endeavour	Leornardo
29.8.2009	STS-128	Atlantis	Leornardo
18.9.2009	STS-129	Discovery	ELC 1+2
18.3.2010	STS-131	Discovery	Raffaello
14.5.2010	STS-132	Atlantis	Rasswet + ICC
29.7.2010	STS-134	Endeavour	AMR + ELC 3
16.9.2010	STS-133	Discovery	Leornardo PMM + ELC 4
8.7.2011	STS-135	Atlantis	Raffaelo PMM

Das HTV

Das japanische HTV (**H**-II **T**ransfer **V**ehicle) ist Japans Beitrag an den Betriebskosten der ISS. Benannt ist es nach der Trägerrakete H-IIB, mit der es gestartet wird. Im Aussehen ähnelt das HTV dem ATV, nur entfallen die vier Solarzellenausleger. Die Solarzellen befinden sich beim HTV auf der Oberseite des Raumschiffs.

Das HTV gliedert sich in vier Teile – ein Druckmodul, gefolgt von einem Palettenträger, einem Elektronikteil und dem Antrieb. Die Palette wird vom Arm der Station herausgehoben und auf dem Exposed Facility von Kibō angebracht. Nach Ausscheiden der Space Shuttles war das HTV bis zur Indienststellung der Dragon der einzige Transporter, der Paletten transportieren kann.

Die Konfiguration des HTV hat sich während der Designphase geändert. Geplant waren zuerst zwei Konfigurationen: eine mit einem längeren Druckmodul mit zwölf anstatt acht Racks und eine für den ausschließlichen Transport von Paletten. Schließlich wurden beide Konfigurationen kombiniert, um Entwicklungskosten zu einzusparen.

Die eigens für den Transport entwickelte H-IIB Trägerrakete bringt das HTV in eine 200 x 300 km hohe Transferbahn. Danach navigiert das HTV autonom mittels GPS zur ISS. In 23 km Entfernung erfasst es den Kommunikationslink der ISS. Das HTV wird über relative GPS-Navigation 10 m unterhalb von Kibō navigiert. Die Methode ist vergleichbar mit der beim europäischen Raumtransporter eingesetzten und es wird auch derselbe Datenkanal (Proximity Link Carrier) verwendet. Auch das HTV hat Sensoren von Jena Optronik an Bord: Ein Lidarsystem, vergleichbar dem Telegoniometer/Videometer des ATV, wird in der Endphase der Annäherung eingesetzt.

Die Überwachung erfolgt vom japanischen Kontrollzentrum aus, dass ab einer Entfernung von 5 km das HTV durch Kommandos steuert. Dazu gibt es ein gemeinsames, 22 Mann starkes Team von JAXA und NASA im HTV-Kontrollzentrum des Tsukuba Space Center. Im Nahbereich der Station übernehmen die Astronauten die Kontrolle. Sie fangen den Transporter mit dem Canadarm2 ein. Das HTV wird dann an den Harmony Knoten angedockt. Die Endnavigation erfolgt relativ zum Kibō-Labor, das Antennen, Reflektoren und ein Nahbereichskommunikationssystem mit dem HTV enthält. Diese Kopplung wurde bei einem japanischen Technologie-Satellitenpaar im Weltraum erprobt. Das Rendezvous ähnelt in der Anfangsphase dem des ATV, weicht ab einer Entfernung von 5 km jedoch ab, da das ATV in der Achse der Station andockt, die in der Flugrichtung liegt, das HTV aber (wie alle Versorger mit CBM-Anschlüssen) an einer unteren Position am Harmony-Knoten. Es taucht daher zuerst um 500 m nach unten ab, wird schneller und nähert sich so der Station. Unterhalb der Station angekommen, bewegt es sich auf die Station zu, hält bei 300 m Entfernung, dreht sich um 180 Grad, sodass die Steuerdüsen nun gegen die Bahnrichtung weisen. Bei 30 m Entfernung ist ein erneuter Stop vorgesehen. Die Endannäherung erfolgt dann mit 1-10 m/Minute. Die Anforderungen an das Rendezvous-System des HTV sind erheblich geringer als an das ATV, das den Kopplungsadapter mit maximal 10 cm Abweichung treffen muss. Zudem ist die Annäherung von der Station aus viel besser beobachtbar.

Gesteuert wird das HTV mit 32 Triebwerken. Vier schubstärkere Aerojet R-4D dienen zur Beschleunigung und Abbremsung, 28 kleinere Aerojet R-1E verändern die räumliche Lage. Der Treibstoff befindet sich in vier Tanks im Heck. Sowohl Triebwerke wie Treibstofftanks sind redundant vorhanden.

Das HTV hat denselben CBM-Kopplungsadapter wie die Labormodule und kann Racks und andere sperrige Fracht transportieren. Wasser kann mitgeführt werden, es gibt jedoch keine speziellen Tanks und keine Möglichkeit zum Umpumpen. 600 l können in Kanistern im Frachtraum mitgeführt werden kann. Die Behälter müssen von den Astronauten von Hand in die ISS getragen und dort dem Kreislaufsystem zugeführt werden. Der Transport von Gasen und Treibstoff ist nicht möglich. Wie alle Transporter kann das HTV Müll entsorgen.

Der Transporter besteht aus drei Modulen: einem vorderen Teil mit Druckmodul, einem Mittelteil ohne Druckausgleich und dem Avionicsmodul mit den Triebwerken.

Im Druckmodul (**P**ressurized **L**ogistics **C**arrier PLC) gibt es acht Rackanschlüsse, die mit Experimentenracks oder Fracht, dann üblicherweise verpackt in Säcken, bestückt werden. Es sind zwei Reihen. Die Erste kann alternativ mit Standard Racks mit Experimenten/Ausrüstung oder Fracht bestückt werden, die zweite Reihe nur mit Fracht. Der PLC erhält Gleichstrom mit 50 V Spannung vom Avionikmodul und 120 V Spannung von der ISS.

Das Druckmodul ist durch vier Lampen beleuchtet, verfügt über einen Rauchmelder und wird vor der Ankopplung durch ein Heizelement erwärmt. Drucksensoren überwachen den Innendruck. Nach der Ankopplung sorgen die Ventilationssysteme der ISS für den Luftaustausch und steuern auch die Temperaturregelung des PLC. An der Außenseite befinden sich Leuchten, mit denen die Besatzung der ISS den Transporter besser ausmachen und ankoppeln kann.

Es gibt jeweils zwei rote und grüne Lichter, die sich auf der Außenseite auf Steuerbord- und Backbordseite befinden. Sie sind ab 500 m Entfernung erkennbar. Zwei weitere Lichter in Gelb und Weiß befinden sich an der Vorderseite. Sie blinken und sind schon aus 1.000 m Entfernung zu erkennen.

An der Außenseite des UPLC (**Un**pressurised **L**ogistic **C**arrier) kann eine Palette transportiert werden. Sie wird dort vom Canadarm2 entnommen, an den Roboterarm von Kibō übergeben und im **E**xposed **F**acility (EF) des Kibō Labors angebracht. Danach werden die dort angebrachten Experimente und Ersatzteile mit dem Arm von Kibō entnommen, am Exposed Facility, dem Teil an der Außenseite der ISS fixiert und die leere Palette am letzten Tag vor dem Ablegen wieder am UPLC fixiert. Die Palette kann bei einer Größe von 1,2 × 1,2 m maximal 1.500 kg Nutzlast transportieren. Die **E**xposed **P**alette (EP) nimmt zwei größere Experimente oder bis zu sechs ORU (**O**rbital **R**eplacement **U**nits) auf.

Das Avionikmodul bezieht seinen Strom von 57 Solarpaneelen auf der Außenseite des HTV. Zwei nicht aufladbare Batterien und eine wiederaufladbare Sekundärbatterie versorgen den Transporter auf der Nachtseite mit Strom, wenn es keine Versorgung von der ISS erhält.

Die Entwicklung des HTV begann im Jahr 1997. Wie beim ATV gab es Verschiebungen im Projekt und bei der Entwicklung der H-IIB. Ursprünglich sollte das HTV bereits 2001 seinen Jungfernflug absolvieren.

Das HTV hat eine kürzere Mission als das ATV. Es ist für einen Alleinflug von 100 Stunden und einen Betrieb im Wartezustand von bis zu sieben Tagen Dauer ausgelegt. An der ISS kann es bis zu einem Monat angedockt bleiben. Danach wird es mit Müll beladen und verglüht beim Wiedereintritt. Beim ersten Flug koppelte es nach acht Tagen an der ISS an, blieb dort 43 Tage angedockt und verglühte nach weiteren drei Tagen. Wie bei der ersten ATV-Mission dauerte diese erste Mission länger, da sie Demonstrationscharakter hatte. So verfügte der erste HTV über mehr Treibstoff und zusätzliche Batterien.

Das HTV ist ebenso ein Erstlingswerk für die japanische Raumfahrt wie das ATV für die europäische. Es kommt dafür eine neue Version der H-II Trägerrakete zum Einsatz, die H-IIB. Der Jungfernflug des ersten HTV war auch der Jungfernflug der H-IIB. Die H-IIB entstand aus der schon existierenden H-IIA, indem der Durchmesser der ersten Stufe von 4,00 auf 5,20 m vergrößert und ein zweites Triebwerk eingebaut wurde.

Im Juli 2008 gab es Gerüchte, dass die NASA plane, mehrere HTV zu kaufen. Die NASA dementierte dies aber. Es gab nur eine Anfrage an die JAXA, die Frachtkontingente einzufordern, die der NASA nach dem ISS-Verteilungsschlüssel zustehen. Regulär wird pro Jahr ein HTV starten. Ursprünglich waren bis 2013 sieben HTV Starts geplant. Der veränderte Zeitplan des Ausbaus verschob den Erststart. Nun wird von 2009 bis 2016 jedes Jahr ein Flug zur ISS erfolgen. Die JAXA hat insgesamt sieben HTV bestellt. Über zwei weitere Flüge wird derzeit verhandelt. Die im Vergleich zu den ATV höhere Frachtmenge (aller Transporter zusammen) erklärt sich aus der größeren finanziellen Beteiligung Japans an der ISS (so ist das Kibō Labor das größte Modul auf der ISS und es hat als Einziges noch eine Sektion ohne Druckausgleich.

Im November 2006 gab die JAXA bekannt, dass sie untersucht, ob das HTV soweit umgebaut werden könne, dass es Nutzlasten zur Erde zurückführt. Gedacht wurde an zwei Lösungen: eine kleine Kapsel im bisherigen Druckmodul, welche vor dem Wiedereintritt ausgestoßen wird, und das Ersetzen des Druckmoduls durch eine größere Wiedereintrittskapsel. Das Kibō Labor hat nicht nur einen Bedarf an 1.000 kg Versorgungsgütern pro Jahr, sondern es müssen auch rund 350 kg Fracht pro Jahr zur Erde zurückgebracht werden. Wie bei den Ausbauplänen des ATV (siehe S.200) ist es seitdem um diese Pläne still geworden. Das HTV-R genannte Vehikel wird nicht vor 2022 zum Einsatz kommen.

Die JAXA bezifferte die Entwicklungskosten des HTV auf 68 Milliarden Yen (740 Millionen Dollar). Die Baukosten des ersten Exemplars lagen bei 20 Milliarden Yen (240 Millionen Dollar), die folgenden sollten mit 15 Milliarden Yen deutlich preiswerter sein. Dazu kommen noch 15 Milliarden Yen (180 Millionen Dollar) für die Produktion einer H-IIB. Nicht enthalten sind die Kosten für den Start und die Durchführung der Mission. Das ambitionierte Kostenziel von 25 Milliarden Yen für die ganze Mission (davon 14 Milliarden für das HTV) konnte nicht erreicht werden, trotzdem ist der Transporter - gemessen an der transportierten Frachtmenge - preiswert.

HTV und ATV zeigen, wie unterschiedlich Beförderungssysteme für die ISS sein können, obwohl in Dimensionen und Fracht vergleichbar. Das HTV ist viel einfacher aufgebaut, beschränkt auf zwei Frachtarten,, während es beim ATV vier sind. Das HTV wird vom Boden oder den Astronauten aus gesteuert, während das ATV selbstständig navigieren kann und mehr redundante Systeme einsetzt, um besonders sicher zu sein. Auch in der Betriebsdauer an der ISS und der Zeit, in welcher der Transporter autonom agieren kann, unterscheiden sich beide Systeme.

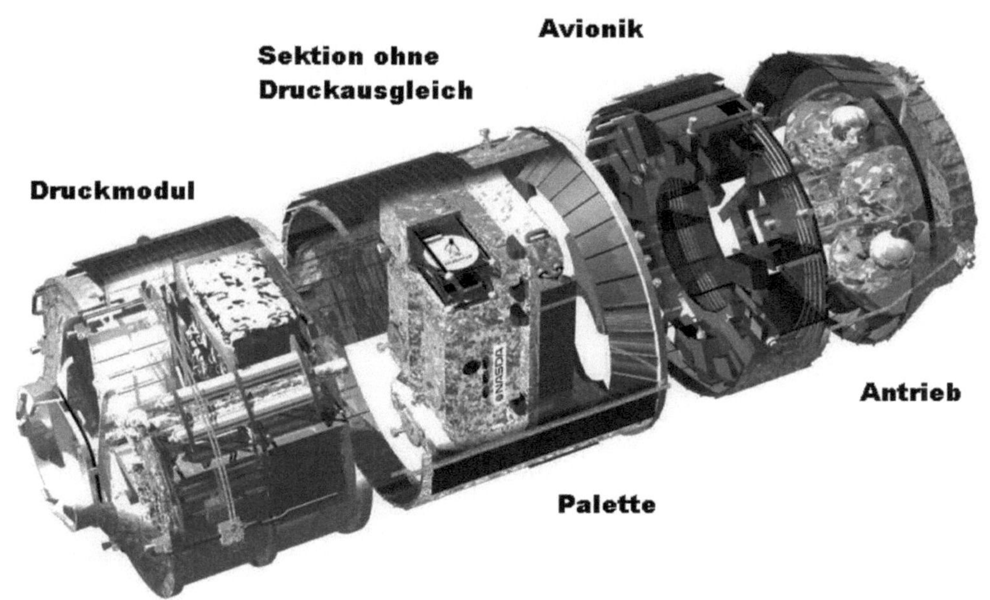

Abbildung 20: Schnittbild HTV © der Grafik: JAXA

	HTV 2 ff.	HTV-1
Länge:	9,80 m	9,80 m
Davon Pressurized Logistic Carrier:	3,14 m	3,14 m
Davon Unpressurized Logistic Carrier:	3,50 m	3,50 m
Davon Avionics Module:	1,25 m	1,25 m
Davon Propulsion Module:	1,27 m	1,27 m
Startgewicht:	16.500 kg	16.500 kg
Gewicht ohne Fracht:	10.500 kg	11.500 kg
Davon Treibstoff MMH:	750 kg	918 kg
Davon Treibstoff NTO:	1.250 kg	1.514 kg
Triebwerke:	4 × 445 N + 28 × 112 N	4 × 445 N + 28 × 112 N
Gesamtfrachtmenge:	6.000 kg	
Fracht im Druckmodul:	Max. 5.200 kg	3.600 kg

	HTV 2 ff.	HTV-1
Davon Wasser:	Max. 300 kg	
Fracht im Modul ohne Druckausgleich:	Max. 1 500 kg	900 kg
Kapazität für Abfall:	Max. 6 000 kg Max 3 EF-Nutzlasten, 8 ORU	6.000 kg
Freies Volumen im Frachtmodul:	14 m³	14 m³
Volumen für Fracht ohne Druck:	16 m³	16 m³
Betriebsdauer Alleinflug:	100 h	184 h
Betriebsdauer im Stand-by Betrieb:	1 Woche	-
Betriebsdauer angekoppelt mit externer Stromversorgung:	30 Tage	43 Tage
Lebensdauer:	6 Monate	

Seitdem erfolgten mit dem HTV alle 18 Monate ein Flug, bei dem folgende Frachtmengen transportiert wurden:

HTV	Start	Nutzlast	Kosten
HTV 1 „Kounotori-1"	10.9.2009	4.500 kg	320 Mill. $
HTV 2 „Kounotori-2"	22.1.2011	6.000 kg	300 Mill. $
HTV 3 „Kounotori-3"	21.7.2012	4.600 kg	310 Mill. $
HTV 4 „Kounotori-4"	4.8.2013	5.400 kg	354 Mill. $

Abbildung 21: Ankopplung des HTV mittels des Canadaarms2 und das HTV vor der Ankopplung
© der Grafik / des Fotos NASA

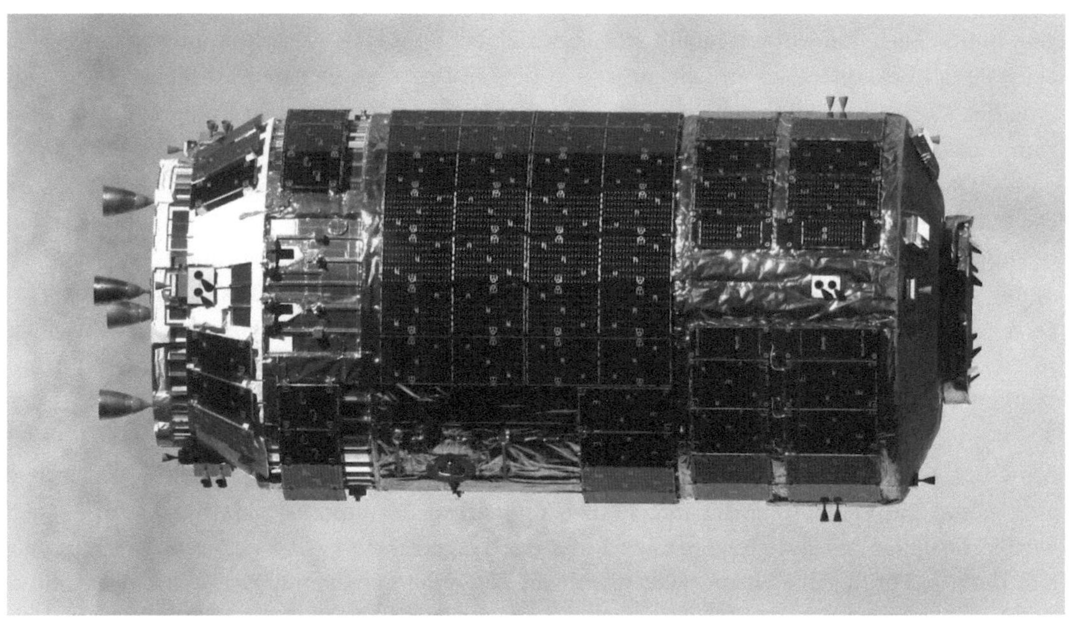

Neue US-Systeme

Das Constellation-Programm, die Rückkehr zum Mond, sollte vor allem durch Einsparungen finanziert werden. So war einer der Beschlüsse auch das Space Shuttle auszumustern, nachdem die ISS fertiggestellt ist. Nun sollte das Space Shuttle aber den Großteil der Versorgung der ISS übernehmen. Dadurch gab es eine Lücke, die bei Raumfahrtberichterstattern auch als „The Gap" tituliert wurde, bis ein Nachfolgesystem zur Verfügung steht. Erst spät kümmerte sich die NASA um die Schließung dieser Versorgungslücke. Im Jahre 2006 schuf die NASA das COTS-Programm (**C**ommercial **O**rbital **T**ransportation **S**ervices – kommerzielle Transportdienste in die Erdumlaufbahn). Es rief die Industrie auf, Vorschläge für den Frachttransport zur ISS zu machen. In einer ersten Runde am 18.8.2006 bekamen zwei Unternehmen einen Entwicklungsauftrag: Kistler Rocketplane erhielt 207 Millionen Dollar und SpaceX 278 Millionen Dollar. Beide Firmen wurden dafür bezahlt, dass sie ein System entwickeln, dass später für den Transport eingesetzt werden könnte. Abgeschlossen sollte die Entwicklung mit Demonstrationsflügen werden.

Kistler Rocketplane wurde der Kontrakt schon im Oktober 2007 wieder entzogen, da die Firma keine ausreichende Finanzierung nachweisen konnte. Die Firma hatte auf Basis der NK-33 Triebwerke (noch unter dem Firmennamen Kistler) eine wiederverwendbare Trägerrakete fertiggestellt, geriet aber in den Sog der „Dot-Com" Blase als Fonds aus der Finanzierung ausstiegen. 2006 übernahm Rocketplane Kistler, um sich bei der COTS-Ausschreibung zu bewerben. Doch auch Rocketplane konnte die auf 150 Millionen Dollar geschätzten Mittel zur Fertigstellung der Kistler K-1 Trägerrakete nicht auftreiben und ging kurz darauf in die Insolvenz. Bis zum Auftragsentzug hatte die NASA 32,1 Millionen Dollar an Kistler-Rocketplane gezahlt.

Das verbliebene Geld wurde dann in einer zweiten Runde erneut ausgeschüttet. Sieben Firmen reichten Vorschläge ein. Am 22.1.2008 bekam **O**rbital **S**ciences **C**orporation (OSC) den Zuschlag über 170 Millionen Dollar für die Entwicklung ihrer damals „Taurus II" genannten Trägerrakete und des Cygnus Raumschiffes. Beide Firmen bekamen in der Folge weitere Zuschüsse. Bei SpaceX sind bis zum Abschluss von COTS 396 Millionen Dollar und bei Orbital 270 Millionen Dollar gezahlt worden.

Am 22.12.2008 wurde dann der CRS-Vertrag mit den beiden Firmen abgeschlossen. Diesmal ging es um die Versorgung der ISS, **CRS** (Commercial Resupply Services) genannt. SpaceX wird zwölf Flüge mit der Dragon-Kapsel und der Trägerrakete Falcon 9 durchführen und erhält dafür 1,6 Milliarden Dollar. OSC führt acht Flüge mit der Cygnus Kapsel auf der Antares

Trägerrakete durch. Diese sind der NASA 1,9 Milliarden Dollar wert. Beide Anbieter sollen innerhalb von drei Jahren für diese Summe mindestens 20 Tonnen Fracht zur ISS bringen. Die Erweiterung eines Vertrags auf das Gesamtvolumen von 3,5 Milliarden Dollar ist möglich.

Das Vergabeverfahren wurde kritisiert. Die Firma PlanetSpace legte eine förmliche Beschwerde ein. Bei PlanetSpace sind mit ATK (Hersteller der Space Shuttle Booster) und Lockheed Martin zwei große US-Raumfahrtkonzerne beteiligt. Auffällig war schon bei COTS, dass die Firmen den Zuschlag erhielten, die im Raumfahrtgeschäft Neulinge waren oder zumindest nicht zu den großen Konzernen gehören. Es gab auch Vorschläge der etablierten Firmen, die nach Ansicht von Experten durchaus eine sinnvolle Alternative gewesen wären. So war Boeings Vorschlag der Start eines ATV mit einer Delta IV und die Idee von Lockheed Martin der Start von ATV und/oder HTV mit der Atlas V. RKK Energija bot sein Progressraumschiff an. Alle Systeme haben einen Vorteil: Träger und Raumfahrzeuge existieren und konnten die Versorgungslücke zeitnah schließen.

Daher wird am COTS-Programm und den Transportverträgen kritisiert, dass es nicht primär um die Versorgung der ISS geht, als vielmehr die NASA ein Interesse hat, dass es wieder mehr Konkurrenz im Aerospacebereich gibt, nachdem in den letzten Jahrzehnten die meisten Konzerne fusionierten oder aufgekauft wurden. Gegenüber der NASA treten zum Beispiel Lockheed Martin und Boeing – die letzten verbliebenen Hersteller größerer Trägerraketen – nur noch gemeinsam im Joint Venture „United Launch Alliance" auf, bilden also ein Monopol. Die NASA selbst bezeichnet COTS als großen Erfolg, denn bei normalen Programmen wäre es nicht möglich gewesen, mit dem Finanzvolumen zwei Transporter zu entwickeln. Beide Firmen investierten eigenes Kapital, das holen sie sich bei dem CRS-Transportauftrag wieder, denn pro Kilogramm bezahlt die NASA erheblich mehr als von Russland, Japan und ESA für ihre Beteiligung an der ISS verlangt.

Möglich wurde COTS nur durch die internationalen Partner. Sie stellten die Versorgung zwischen 2011 und 2014 sicher. So wurden die ATV im Jahresabstand gestartet, der letzte schon 2014 anstatt 2017. OSC und SpaceX müssen die Raumschiffe erst entwickeln und erproben. Beide Firmen lagen bei der ersten Mission um fast drei Jahre hinter den Programmvorgaben zurück. Der Zeithorizont für die Entwicklung eines neuen Raumfahrzeugs und einer neuen Trägerrakete mag zwar ohne dauernde Überwachung und Abstimmung mit einer Raumfahrtbehörde kürzer sein, aber nicht so kurz wie im COTS-Programm vorgesehen – da sollten die ersten Demoflüge schon zwei Jahre nach der Auftragsvergabe erfolgen. Auch beim CRS-Programm konnten sie nicht den Zeitverlust aufholen, das unabhängige Sicherheitspanel der Regierung ASAP schrieb in seinem Bericht 2014, dass die sieben bis dahin erfolgten Missionen im Durchschnitt 23 Monate zu spät stattfanden, wovon 22 Monate durch die beiden Firmen verursacht waren, ein Monat entfiel auf andere Verzögerungen.

Das zweigleisige Fahren gilt auch für den kommerziellen Crewtransport, den die NASA von 2011-2015 mit mindestens 6,1 Milliarden Dollar fördert. Er soll die Nachfolge des am 1.2.2010 eingestellten Ares I/Orion Systems antreten. Ob sich dieses System bewähren wird, muss sich noch zeigen: Freie Ausschreibungen gibt es bei den Trägerraketen schon seit 1998, doch die Startkosten haben sich für die NASA seitdem drastisch erhöht. Bisher fiel das CCDev Programm bisher vor allem durch Unterfinanzierung auf. Bisher hat die NASA in keinem Jahr die Mittel bekommen, die sie beim Haushaltsentwurf beantragt hat. Der erste bemannte Start hat sich so von 2016 auf 2018 verschoben. Die NASA fördert bei CCDev Programm mehrere Firmen, davon zwei mit höheren Geldbeträgen. Bis 2014 erhielten die Firmen folgende Zuwendungen:

- Boeing (CST-100 Kapsel): 620,9 Millionen Dollar in vier Ausschreibungen

- SpaceX (Dragon): 544,6 Millionen Dollar in drei Ausschreibungen

- Sierra Nevada Origin (Dreamchaser): 362,6 Millionen Dollar in vier Ausschreibungen

- Blue Origin (New Shepard): 25,7 Millionen Dollar in zwei Ausschreibungen

- United Alliance (Notfalldetektionssystem): 6,7 Millionen Dollar

- Paragon Space 1.4 Millionen Dollar beide jeweils in der ersten Ausschreibung.

Bisher hat die NASA immer drei Systeme gefördert, SpaceX und Boeing mit etwa gleich hohen Mitteln, den Raumgleiter Dreamchaser mit kleineren Aufwendungen. Bis August 2014 liefen die Kontrakte, welche die Systeme bis zum Ende der Phase B bringen sollen. Bei Raumfahrtprojekten schließt man mit dieser Phase die Entwicklung des Designs ab, hat schon Tests von Hardware durchgeführt, um zu sehen, ob etwas prinzipiell überhaupt umsetzbar ist. Richtig teuer wird aber erst die Phase C, wo dann das Raumschiff als Hardware entwickelt wird und Phase D, wo es dann erprobt und eingesetzt wird.

In die Phase C/D gehen – das ist keine Überraschung, die beiden Firmen die bisher auch die meisten Mittel erhielten: SpaceX wird 2,6 Milliarden Dollar und Boeing 4,2 Milliarden Dollar erhalten. Dies umfasst die Fertigstellung, Flugerprobung und die Flüge im Zeitraum 2018/19 (je zwei pro Firma und Jahr). Sierra Nevada Origin ging leer aus und protestierte förmlich bei der NASA. Ihrer Ansicht nach hätte sie anstatt Boeing den Zuschlag erhalten sollen, da ihr Angebot um 900 Millionen Dollar niedriger lag. Die NASA übernahm die Angebote und bezahlte die Summe, die die Firmen forderten. Das Orion-Raumschiff, das 2014 seinen ersten Testflug absolvierte und inzwischen in MPCV (Multi-Purpose-Crew-Vehicle) umbenannt wurde, wird die ISS nicht anfliegen und ist kein Back-up zu CCDev. Das machte NASA-Administrator Boulden klar. Die NASA setzt voll auf kommerzielle Services.

Zwei Raumschiffe nur für die Versorgung der ISS sind unter wirtschaftlichen Aspekten nicht sinnvoll. 2014 bekommt die ISS Besuch von drei Progress, je zwei Cygnus und Dragon und je einem ATV und HTV, die in ihrer Nutzlast zwei bis drei der kleineren Transporter entsprechen. Dagegen braucht man nur vier Sojusraumschiffe für den Mannschaftstransport, und da die neuen US-Systeme mehr Astronauten transportieren, wird man eher weniger Transporter brauchen. Für vier Starts pro Jahr braucht man aber keine zwei Anbieter.

Die Raumschiffe von Boeing, SpaceX und Sierra Nevada haben trotz unterschiedlicher Konzepte eines gemeinsam: sie können bis zu sieben Personen transportieren. Genutzt werden vier Sitze. Damit kann die Stammbesatzung wieder auf sieben ansteigen. Ein Sitzplatz wird im Durchschnitt 58,5 anstatt 76,5 Millionen Dollar bei den letzten gebuchten Sojusflügen kosten. Russland wird die freien Plätze an Weltraumtouristen vermieten und so die Kosten für Roskosmos senken. Durch die Verzögerungen im CRS-Programm rechnet die NASA damit, bis 2018 noch Flüge bei Roskosmos buchen zu müssen.

Parallel zum CCDev-Programm läuft seit Februar 2014 die Ausschreibung für CRS-2. CRS-2 deckt die Transporte zur ISS ab 2017 ab. Da nun das ATV wegfällt und damit rund 7 t Nutzlast pro Jahr zusätzlich aufgebracht werden müssen, umfasst CRS-2 eine höhere Frachtmenge:

- 14.000 bis 17.000 kg Fracht pro Jahr mit einem Volumen von 55 bis 70 m³.

- 24 bis 30 Standard-Racks pro Jahr die ans Strom- und Kühlnetz angeschlossen werden müssen.

- 1.500 bis 4.000 kg in drei bis acht Teilen an Fracht ohne Druckausgleich, ebenfalls angeschlossen an eine Stromversorgung.

- Entsorgung der gleichen Menge an Müll.

Das sind pro Jahr 15,5 bis 21 t Fracht. Dagegen umfasst CRS-1 von 2012 bis 2017 in vier bis fünf Jahren nur 40 t Fracht, also 8 bis 10 t pro Jahr. CRS-1 wurde inzwischen um zwei Jahre ohne Zusatzkosten für die NASA gestreckt, da Orbital und SpaceX hinter dem Zeitplan stark hinterherhinken. Ein Nachteil der US-Transporter mit ihren kleinen Frachtkapazitäten ist ihr höherer logistischer Aufwand. Das An- und Abkoppeln eines Transporters bedeutet, dass die Besatzung sich an diesem Tag exklusiv um die Transporter kümmern muss. Auch die Kontrollzentren haben mehr zu tun wenn anstatt einem ATV mit 7 t Fracht vier Dragon (im Mittel 1,7 t) oder drei Cygnus (im Mittel 2,5 t Fracht) betreut werden müssen.

22. Abbildung: Die Cygnus dockt an

Das Cygnus-Raumschiff

Das Transportraumschiff von **O**rbital **S**ciences **C**orporation (OSC) hat den Namen „Cygnus" (lateinisch für „Schwan") erhalten. Orbital bekam den Auftrag für die Entwicklung erst eineinhalb Jahren nach SpaceX, entsprechend später absolvieren sie ihr Testprogramm.

Geplant war der Erstflug der Trägerrakete für den März 2011. Er wird von der NASA mit 100 Millionen Dollar bezahlt. Verzögerungen gab es durch ein Triebwerk, das bei einem Test vor dem Einbau in die Antares Feuer fing, und Verzögerungen bei Fertigstellung und Abnahme des neu errichteten Startkomplexes auf Wallops Islands. Die Cygnus selbst lag im Zeitplan. Nach einem Jungfernflug zur Erprobung der Trägerrakete folgte der COTS-Demonstrationsflug in kurzem Abstand. Danach folgen acht Versorgungsflüge im Gesamtvolumen von 1,9 Milliarden Dollar. Nach dem erfolgreichen Jungfernflug der Antares am 21.4.2013 wurde bekannt, dass die Antares / Cygnus Entwicklung mit dem Jungfernflug fast 1 Milliarde Dollar kostete. Davon 300 Millionen für die Cygnus, "etwas mehr" für die Antares. 140 Millionen kostete das Launchpad und die Infrastruktur auf Wallops Island, die sehr zu den Verzögerungen beitrug. Der Rest entfiel auf den Jungfernflug und andere Posten.

Das Cygnus Raumschiff nutzt, um das Entwicklungsrisiko zu minimieren, schon bewährte Systeme, so die Sende- und Empfangsanlagen des HTV. Der Kontrakt mit Mitsubishi Electric Corporation hat einen Umfang von 66 Millionen Dollar. Das Cygnus-Raumschiff wird durch die vom HTV übernommene relative GPS Navigation und das Lidarsystem bis in den Nahbereich der ISS gesteuert. In 12 m Entfernung vom Canadarm2 eingefangen und dann am Harmony-Knoten angekoppelt. Der Kopplungsmechanismus ist ein Standard CBM. Am Cargobehälter ist eine Verbindung angebracht, die es erlaubt vom Canadarm Strom zu beziehen und Videosignale zu übermitteln. Damit soll das endgültige Ankoppeln an den CBM schneller möglich sein als bei anderen Transportern. Die Luke im CBM ist kleiner als bei dem HTV, da in das kleine Cargomodul keine Standard-Racks hineinpassen. Die Luke hat nur 94 anstatt 127 cm Seitenlänge. Damit kann die Cygnus keine kompletten Racks befördern.

Das Cargomodul wird von Thales Alenia gebaut. Der Auftrag für die ersten neun Module hat einen Umfang von 180 Millionen Euro. Es basiert auf der Struktur des MPLM, hat aber einen kleineren Durchmesser. Die Solarzellen stammen bei den ersten Cygnus von Dutch Aerospace. Die Triebwerke des Cygnus, die MMH und NTO verbrennen, stammen von OSC und Aerojet. Das Servicemodul basiert auf dem STAR-Bus von Orbital. Neben dem Frachtmodul von Alenia, das unter Druck steht, soll bei einer weiterentwickelten Version alternativ eines auf Basis des ExPRESS Palettensystems von Boeing/EADS einsetzbar sein. Anders als bei der Dragon ist der Transport beider Frachtmengen also getrennt. Die Nutzlast wird anfangs auf maximal 2.000 kg begrenzt sein. Leistungssteigerungen der Antares sollen sie dann auf 2.300 bis 2.700 kg anheben. Von der zweiten Version des Cygnus sind derzeit sechs Stück bestellt. Sie hat einen um knapp 1 m verlängerten Cargobehälter und erhält neue leichtgewichtige Solarzellen von ATK. Die Müllentsorgungskapazität beträgt 1.200 kg,.

Gestartet wird das Cygnus Raumschiff mit der Antares-Trägerrakete. Sie setzte in der ersten Version in der ersten Stufe die NK-33 Triebwerke der russischen Mondrakete N-1 ein. Die Tanks und Strukturen wurden von der ersten Stufe der Zenit übernommen und in der Ukraine gefertigt. Die zweite Stufe ist ein Castor 30-Feststoffbooster. Dies ist eine verkürzte Version des Castor 120 Triebwerks der Taurus-Trägerrakete. Eine optionale dritte Stufe wird bei den Versorgungsflügen nicht benötigt. Die Castor 30A Stufe soll dies dann auf 2,3 t erhöhen. Die Castor 30 XL Stufe steigert sie auf 2,7 t. In einem frühen Projektstadium war für

23. Abbildung: Abkoppeln der Cygnus © des Fotos: NASA

die Cygnus eine Rückkehrkapsel geplant. Doch dieses Konzept wurde verworfen. Ein Problem könnte ab 2017 auftreten, wenn die vorhandenen NK-33 Triebwerke aufgebraucht sind. Orbital hat Klage gegen ULA erhoben, da diese einen Exklusivvertrag für die Nutzung des RD-180 haben. Das RD-180 könnte die beiden NK-33 ersetzen. Später wurde die Klage fallen gelassen und Orbital suchte nach einer Alternative in Russland. Die Situation wurde prekär als am 28.10.2014 die fünfte Antares (und erste mit einer vergrößerten zweiten Stufe) kurz nach dem Start durch den Ausfall eines der beiden NK-33 an Schub verlor und kurz vor dem Aufschlag neben der Rampe gesprengt wurde. Nun brauchte man schnell einen Ersatz, denn schon zweimal hatte vorher ein Triebwerk im Stennis Testzentrum bei Testläufen versagt.

Die Antares konnte damit nicht mehr starten und Orbital buchte einen Start auf einer Atlas V, dem einzigen Träger der kurzfristig zur Verfügung stand, und schloss am 17.12.2014 einen Vertrag mit RD Energomasch ab. Er umfasst 20 Triebwerke des Typs RD-181, erweiterbar auf 60 Triebwerke. Einer genannten Summe von 1 Milliarde Dollar über den Kontrakt widersprach ein Sprecher, die Summe wäre (selbst mit Optionen) deutlich geringer. Das RD-181 leitet sich aus dem RD-191/193 ab. Der Unterschied sollen konservativere Betriebsparameter sein, die zwar etwas Leistung (Schub) kosten, aber Sicherheit bringen. Jedes der Triebwerke ist einzeln schwenkbar und hat anders als das RD-180 eine eigene Turbopumpe. Die Nutzlast der neuen Antares liegt um 700 bis 1000 kg höher als beim alten Exemplar. Schon Ende 2016 soll die Antares 2 starten. 2015/16 kann Orbital maximal zwei Starts (einen auf einer Atlas 401 und einer Antares 2) durchführen. SpaceX wird, um die Versorgung sicherzustellen, nach Planungen 2015 dagegen fünf Missionen 2015 (CRSX-5 bis 9) durchführen.

Die ersten drei Flüge der Antares und Cygnus erfolgten ohne die Probleme, die SpaceX und ihre Falcon 9/Dragon so viel Zeit kosteten. Zudem demonstriert so Orbital seine Flexibilität. Zwischen Jungfernflug und erster CRS Mission lagen nur 9 Monate, zwischen COTS Abschluss und CRS-1 Mission sogar nur drei Monate. Ein minimaler Startabstand von einem Monat sei möglich. Orbital hat sich voll auf das CRS-Programm konzentriert, während SpaceX nun zuerst einmal zahlreiche ausstehende kommerzielle Starts abwickeln muss. Schon der erste Versorgungsflug zur ISS dauerte länger als die Zeit, für die eine Dragon ausgelegt ist. 37 Tage war die Cygnus an der ISS angekoppelt. 17 Tage länger als die bis dahin längste Dragon Mission.

Neben dem Verwenden von schon existierender Technologie unterscheidet die Cygnus noch etwas anderes von der Dragon: Die Antares Trägerrakete wurde genau auf diesen Missionstyp abgestimmt. Leichte Verbesserungen erhöhen so die Nutzlast um 35%. Die Dragon dagegen wurde zuerst mit einer Trägerrakete gestartet, die es nicht erlaubte die volle Nutzlast zu befördern, danach wurde sie durch eine neue Version ersetzt, die mehr Nutzlast transportieren kann als in die Dragon überhaupt in ihren kleinen Konus hineinpasst.

Anders als SpaceX hat Orbital ihre Trägerrakete nicht zur Zertifikation bei der USAF eingereicht. Dies ist notwendig um Aufträge der NRO und Air Force zu bekommen. Diese beiden Organisationen starten die meisten US-Nutzlasten. Wahrscheinlich ist die Rakete zu leistungsschwach, denn die USAF hat schon die Delta II mit fast derselben Nutzlast ausgemustert. Eventuell bekommt die Firma noch den einen oder anderen NASA-Auftrag, denn die NASA hat ihr eigenes Vergabesystem und benötigt viel häufiger eine „mittelgroße" Trägerrakete.

Cygnus Raumschiff	
Startgewicht:	5.100 kg (mit 2.000 kg Fracht), 6.100 kg (mit 2.700 kg Fracht)
Fracht zur ISS:	2.000 kg (erste Version) 2.700 kg (zweite Version)
Abfallentsorgung von der ISS:	1.200 kg
Durchmesser:	3,07 m
Gesamtlänge:	5,14 m / 6,35 m
Innenvolumen:	18,9 m³ (erste Version) 27 m³ (zweite Version) 4 bzw. 6 Miniracks
Davon Frachtmodul:	Standardversion: 3,66 m / 1.500 kg Verlängerte Version: 4,86 m / 1.800 kg
Davon Servicemodul:	1,30 m / 1.600 kg mit Treibstoffen
Stromversorgung:	2 Solarpaneele mit 3,5 kW Leistung. Cargomodul verbraucht 0,85 kW
Triebwerke:	32 Stück mit 445 und 26,7 N Schub. Treibstoff NTO / Hydrazin.

24. Abbildung: Ankopplung einer Dragon an die ISS

Abbildung 25: Das Cygnus Raumschiff © der Grafik: Orbital Sciences Corporation

Das Dragon-Raumschiff

SpaceX ist eine im Raumfahrtgeschäft neue Firma. An der Firma scheiden sich die Gemüter, vor allem weil die Firma mit ihrem CEO Elon Musk zwar sehr öffentlichkeitswirksam ist und „Visionen" bis hin zur Marskolonisation verbreitet, aber mit echten Informationen geizt und schon mal die Videoübertragung abbricht, wenn eine Mission scheitert. Sie hat es geschafft, sich als „private" Firma zu verkaufen. Dabei ist sie stärker staatsfinanziert als der Konkurrent Orbital. Bis zum Abschluss des COTS Programm waren von den bisherigen Einnahmen über 1,2 Milliarden Dollar zu 85% von der NASA und dem DoD aufgebracht worden. Orbital bekam

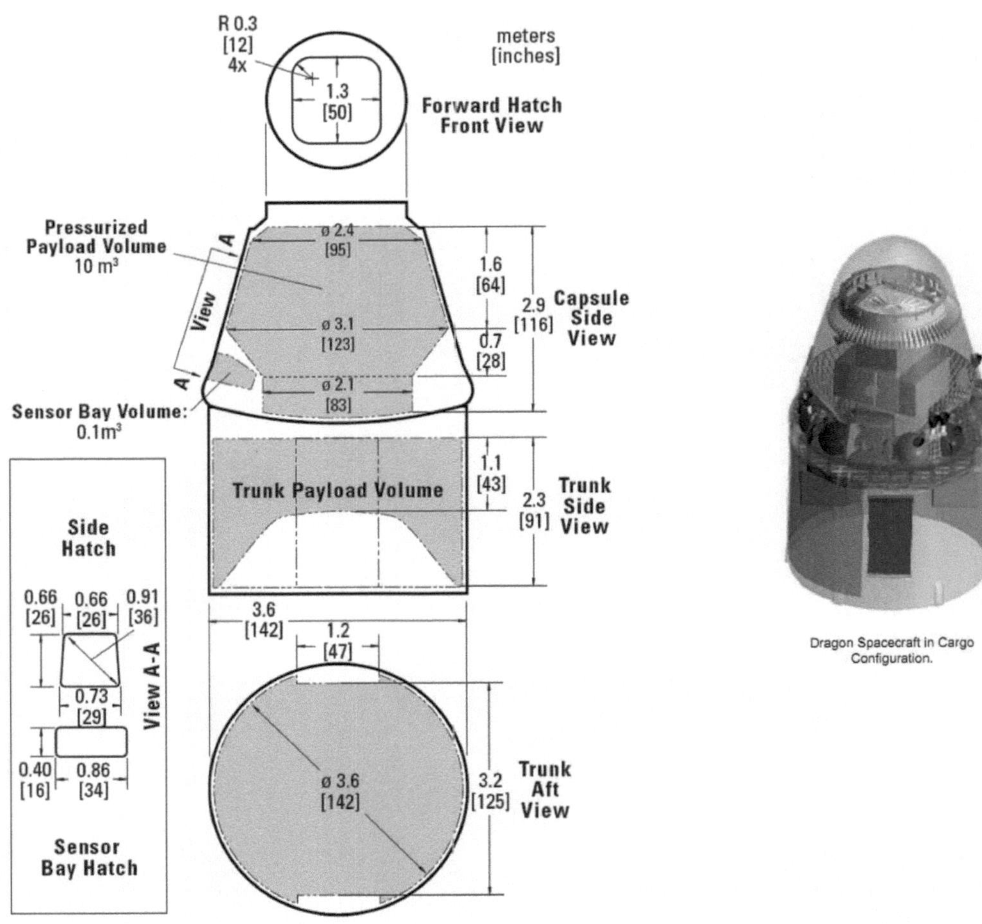

Abbildung 26: Aufbau des Dragon Raumschiffes © der Grafik: SpaceX

nur 40% seiner Aufwendungen durch die NASA und Virginia (Zuschüsse für den Startkomplex) bezahlt.

SpaceX entwickelt die Dragon-Kapsel. Ein wesentlicher Unterschied zu den anderen Transportern ist, dass die Dragon eine Rückkehrkapsel ist. Sie soll Fracht von der ISS zur Erde zurückbringen. SpaceX bot die Dragon zuerst als Rettungsschiff der NASA an, später sogar als Ersatz für die Orion. Geschäftsführer Elon Musk rief die große Fangemeinde der Firma dazu auf, Kongressabgeordneten mit Mails und Briefen einzudecken, damit diese für den Einsatz des Raumschiffs für den bemannten Transport stimmen. Das Unabhängige, nach dem Brand von Apollo 1 einberufene, Aerospace Safety Advisory Panel (**ASAP**) vertritt dagegen die Ansicht, dass weder Trägerrakete noch Raumschiff den Sicherheitsanforderungen der NASA für bemannte Missionen genügen. Seine Empfehlungen haben Gewicht, beurteilt es doch seit 30 Jahren die Sicherheit der bemannten Systeme der NASA. SpaceX hat nach dieser Schlappe einen Gang zurückgeschaltet und bewarb sich seitdem im CCDev Programm um Fördermittel der NASA. In diesem Programm hat SpaceX Anfang 2015 nur noch wenige Wochen Vorsprung vor Boeing, obwohl deren Entwicklung fünf Jahre später begann.

Abbildung 27: Das Dragon Raumschiff © der Grafik: SpaceX

SpaceX möchte die Dragon auch zum Touristentransport zur geplanten privaten Raumstation BA-330 von Bigelow Aerospace einsetzen. In der kleinen Kapsel (das Volumen entspricht der Kommandokapsel von Apollo) werden bis zu sieben Astronauten Platz finden. Ein Transportvertrag ist mit Bigelow unterzeichnet, aber Bigelows Raumstation ist noch Jahre vom Start entfernt.

Technische Details gibt es nur wenige von dem Raumschiff, obwohl an ihm länger entwickelt wird, als an der Cygnus. Erste Ankündigungen gab es schon im Februar 2006, also vor der COTS-Ausschreibung. Sie sind zudem selbst auf den SpaceX Webseiten widersprüchlich. Die Kapsel wird von einem Konus umhüllt, der sie beim Aufstieg schützt. Er wird im Orbit abgetrennt. Die Kabine hat die Form eines Kegelstumpfs, für Fracht unter Druck oder für bis zu sieben Personen. In ihr finden bis zu sechs Standard Racks oder 1.400 kg Fracht Platz. An ihrer Spitze ist ein quadratischer CBM-Zugangstunnel für den Transfer von sperriger Fracht zur ISS. Das strukturelle Limit für die Zuladung beträgt 3.000 kg im Druckbehälter. Doch bei einem Volumen von 10 m³, davon etwa 7 m³ für Fracht nutzbar, kann dies mit den Gütern, die derzeit zur ISS befördert werden kaum ausgenutzt werden. Deren Dichte lag in den letzten Jahren bei 200 - 250 kg pro m³, sodass in 7 m³ nur 1.400 bis 1.750 kg transportiert werden. Auch nach den Angaben des CRS-2 Kontrakts sind in dem Volumen nur 1,7 t Nutzlast transportierbar.

Optional kann diese Kapsel um einen Hohlzylinder „Trunk" ergänzt werden, für Fracht, die nicht unter Druck steht. Dieser Zylinder wird vor dem Wiedereintritt abgestoßen. An ihm befinden sich auch die Solarzellen. Es wurden zwei Längen von 2,30 und 4,30 m angekündigt, gebaut wird nur der kürzere Zylinder. In ihm steht ein Volumen von 14 m³ zur Verfügung. Die Fracht wird vom Arm der Station entnommen. Da der Frachtzylinder von der Station weg zeigt, ist dieses Manöver deutlich aufwändiger als der Transport der Paletten mit dem HTV. In diesem Zylinder sind bis zu 1.700 kg Fracht mitführbar. Das strukturelle Limit, das wie bei der Fracht in der Kapsel aus Volumenbegrenzungen nicht ausgenutzt werden kann, liegt bei 3.000 kg. Für ISS-Missionen beträgt die kombinierte Nutzlast beider Transportarten maximal 2.500 kg. Sie resultieren aus den räumlichen Beschränkungen. So kann maximal eine Palette im Hohlzylinder mitgeführt werden.

In der Kabine gibt es drei bis vier Fenster. Sei sind bei Versorgungsmissionen aber abgedeckt. Der Druck beträgt in der Kapsel 1 bar. Die Luftfeuchtigkeit beträgt zwischen 25 bis 75% und die Temperatur zwischen 10 und 46 Grad. Diese hohen Schwankungen lassen auf eine nicht regulierte Atmosphäre schließen. Daten werden mit bis zu 300 Mbit/s zum Boden übertragen und Kommandos mit 300 kbit/s empfangen.

Es schließt sich ein Antriebsmodul mit einer Zuladung von bis zu 1.290 kg Treibstoff an. 12-18 „Draco" Triebwerke von jeweils 400 N Schub, die mit MMH und NTO als Treibstoffen arbeiten, treiben das Raumschiff an. Zwei Solarpanel liefern eine Spitzenleistung von 4 kW und eine Dauerleistung von 1,5-2 kW. Die Solarzellen sind nicht weltraumqualifiziert und verlieren nach wenigen Monaten die Hälfte der Leistung. SpaceX sieht dies unkritisch, da die Dragon maximal einen Monat im All bleibt. Der Bus hat eine unregulierte Spannung von 28 V. Zwei Lithiumionenbatterien geben die Leistung für den Betrieb auf der Nachtseite ab. Die Landung der Frachtversionen erfolgt im Wasser. Drei Fallschirme werden dazu entfaltet.

Für die Dragon wird im Rahmen des CCDev Programmes ein Antriebssystem entwickelt, das am Boden der Kapsel befestigt ist. Es kann die Kapsel bei einem Versagen der Rakete von dieser abtrennen. Diese Triebwerke könnten auch genutzt werden um die Dragon bei einer Landung auf dem Land auf den letzten Metern abzubremsen, so wie dies die Sojus tut. Damit vereinfacht sich die Bergung, man könnte sie im Herstellungsort Hawthorne oder wo die NASA die mitgeführte Fracht braucht, landen. Weiterhin ist so auch eine Wiederverwendung unkomplizierter, da kein korrosives Meerwasser mit Triebwerken oder anderen Systemen in Kontakt kommt. Derzeit bekommt die NASA nach den Verträgen aber pro Transport eine neue Kapsel.

Die Vereinbarungen nach dem CRS-Vertrag sehen den Transport von 20.000 kg bei 12 Flügen vor, das sind pro Flug nur 1.700 kg, die kleinste Menge aller Transporter. Die Erprobungsflüge im Rahmen des COTS Programm und die ersten beiden Versorgungsflüge erfolgen mit der Falcon 9 „v1.0". Diese 314 t schwere Rakete kann ungefähr 8 t zur ISS bringen, das lässt wenig Nutzlast zu. Die ersten drei Flüge transportieren nur 450 bis 868 kg Fracht.

Die ab 2013 verfügbare neue Version der Falcon 9 Trägerrakete, die „V1.1." steigert die Fracht auf 2.500 kg. Diese Rakete wiegt 505 t, soll in eine niedrige Erdumlaufbahn rund 13,23 t transportieren, was etwa 11,7 t zur ISS entspricht. Nun ist die Nutzlast der Rakete größer als die Startmasse der Dragon. SpaceX nutzt den nicht benötigten Treibstoff für Landeversuche der Erststufe.

Wie beim ATV wird die beförderte Nutzlast vom Bedarf abhängen. Anfangs ist es vor allem Fracht im Druckmodul, da der letzte Shuttle Start sehr viele Ersatzteile, die außen an der Station angebracht werden, sogenannte ORU (Orbital Replacement Units) gebracht hat. Für diesen

Teil der Fracht, der im Zylinder hinter der Kapsel befördert wird, gibt es daher vermehrt erst in den folgenden Jahren Bedarf. Wie die Cygnus ist das Raumschiff nicht für den Transport von Treibstoff ausgelegt. Gase und Wasser können in begrenztem Maße mitgeführt werden, indem entsprechende Behälter im Druckteil mitgeführt werden.

Die Nutzlast der Dragon ist limitiert durch die das Volumen und den Bedarf, nicht durch die Nutzlastkapazität der Trägerrakete. Das ist eine gewisse Parallelität zum ATV, das nach dem Anheben der ISS seine Maximalnutzlast nicht mehr ausnutzen kann, weil der größte Teil Fracht im Druckbehälter ist und hier passt gar nicht so viel rein, wie man transportieren könnte. Die Dragon kann durch die ungünstige Kegelform maximal zwei Racks transportieren. Sie ist daher nur bedingt für den Transport von sperrigen Gütern geeignet. An der Konzeption scheiden sich daher die Geister die einen sehen sie als genial an, weil sie als Transporter wie auch als bemanntes Raumschiff genutzt werden kann, die anderen meinen, man habe erst eine Kapsel konstruiert und sich dann mit dieser beim COTS-Programm beworben und müsste nun für weniger Geld als Orbital vier Flüge mehr durchführen. Da SpaceX bei CCDev einen Entwicklungsauftrag bekam, hat sich der Umweg gelohnt. Mittlerweile bewirbt sich auch Boeing mit ihrem bemannten Raumschiff CST-100 beim CRS-2 Kontrakt. Sie nutzt dasselbe Prinzip: Ohne Besatzung könnte die Kapsel bis zu 1,5 t Fracht transportieren. Wegen der deutlich teureren Atlas Trägerrakete ist dies aber noch unwirtschaftlicher als die Dragon.

Der Rücktransport von Fracht ist ein weiterer Pluspunkt, die Dragon ist der einzige Transporter, der dies nach Ausmustern der Space Shuttles kann, doch der Bedarf ist nicht sehr hoch, ein Flug pro Jahr würde dafür ausreichen.

Bisher konnten SpaceX und Orbital den ehrgeizigen Zeitplan des COTS Programms nicht einhalten. Der Erststart der Falcon 9 verschob sich von August 2007 auf Mai 2010. Der Erstflug eines Dragon-Prototyps im Rahmen des COTS-Programms verschob sich von Juni 2009 auf Dezember 2010. Aufgrund der Verzögerung willigte die NASA ein, dass die Firma den zweiten und dritten Demonstrationsflug zusammenlegte, er fand im Mai 2012 statt, rund 33 Monate nach dem Zeitplan.

Die Dragon nähert sich der Station zuerst mit einem Lidar-System. Entsprechende Reflektoren mit der Bezeichnung „Dragoneye" wurden schon an der Station angebracht. Im Nahbereich wird der Canadarm2 die Kapsel dann einfangen und andocken.

Die ersten Transportflüge brachten nur kleine Frachtmengen zur ISS. Weiterhin wurde dabei bekannt, dass anders als beim ATV, dabei auch die Verpackung / Behälter mitgerechnet wird. Sie ist ein Grund warum beim ATV die Nutzlast im Druckmodul so begrenzt ist. Bei den ATV Flügen wiegen Behälter und Racks mehr als 1 t. SpaceX-Vize Gwen Shotwell rechnete bei einer Pressekonferenz sogar noch die Downmass hinzu und machte so beim CRS 2 Flug schon mal aus 868 kg Netto-Upmass über 2,4 t. Es sind von den 20 t Nutzlast 3 t als Downmass ausgewiesen. Beim CRS 1 Flug kam es zu einem Ausfall der Kühlung, wodurch Humanproben eventuell unbrauchbar wurden. Schon beim Start fiel ein Triebwerk aus, die Dragon konnte mit Mühe einen zu niedrigen Orbit erreichen. Die Sekundärnutzlast konnte ihren Orbit nicht mehr erreichen und ging verloren. Die Reaktion von SpaceX war dann auch SpaceX-typisch: Die maximale Nutzlast der Falcon 9 „v1.1" wurde auf der Webseite von 16 auf 13,23 t reduziert (man braucht bei einem Triebwerksausfall Treibstoffreserven, da die Beschleunigung kleiner ist).

Beim zweiten Flug wurde die Ankopplung nach einem Ausfall eines Teils der Steuerdüsen verschoben. Computer, die zwar Militärspezifikationen genügen, aber nicht strahlungsgehärtet sind, fielen nach wenigen Stunden aus. Hier rettete die mehrfach redundante Auslegung der Computer die Mission.

Brutto (mit Verpackung) transportieren die ersten fünf Flüge bisher nur 1.219 kg im Durchschnitt zur ISS. Der CRS-3 Flug, nun mit der neuen Version der Falcon 9 erhöhte die Nutzlast dann auf 1.500 kg. Dies wird noch mehr werden, da nun mehr und mehr Ersatzteile im Trunk transportiert werden, so bei CRS-4 neue Batterien für die Solarpaneele. Sie müssen, weil sie pro Tag 14-15 mal ge- und entladen werden, nach wenigen Jahren ausgetauscht werden und jede Batterieeinheit wiegt rund 200 kg. Dazu kommt das an der Außenseite angebrachte Experiment ISS-Rapidscat das alleine 589 kg wiegt.

Inwieweit die zurückgebrachte Fracht auf die Gesamtmenge angerechnet wird, ist nicht bekannt. Für SpaceX wäre eine volle Anrechnung ideal, weil man pro Kilogramm nur 5% der Masse an Treibstoff braucht, dagegen bei der Fracht, die in den Orbit transportiert wird, eine ganze Trägerrakete nötig ist.

Dragon Raumschiff	
Startgewicht:	8.750 kg (mit 2.550 kg Fracht) 14.900 kg (mit 6.620 kg Fracht)
Trockengewicht (nur Druckmodul):	4.200 kg
Manövriertreibstoff (bei 8 t Startgewicht)	1.230 kg
Fracht zur ISS (Falcon 9 v1.1 Design)	2.500 kg – 2.550 kg (COTS Kontrakt: 1.700 kg)
Fracht von der ISS:	1.400 – 1.700 kg
Maximaler Durchmesser:	3,60 m
Gesamtlänge:	6,10 m (kurzer / langer Frachtzylinder) 2,90 kg (nur Kapsel)
Davon Druckkapsel:	2,90 m Länge 3,10 m maximaler Innendurchmesser 2,10 m minimaler Durchmesser 10 m³ Volumen. maximal 3.310 kg Fracht
Davon Frachtzylinder:	2,30 m 14 m³ Volumen maximal 3.310 kg Fracht

Bisherige US-Versorgungsflüge zur ISS. Orbital hinkte durch die spätere Auftragsvergabe hinterher, konnte aber den zeitlichen Rückstand aufholen und hat bei Drucklegung des annähernd genauso viel Nutzlast transportiert.

28. Abbildung: Die Dragon bei der CRS 1 Mission

Mission	Datum	Fracht netto ohne Verpackung	Fracht brutto mit Verpackung
SpaceX: COTS 2/3	22.5.2012	460 kg hoch, 620 kg runter	520 kg / 660 kg
SpaceX: CRS 1	9.10.2012	400 kg hoch, 759 kg runter	454 kg / 905 kg
SpaceX: CRS 2	1.3.2013	868 kg hoch, 1.210 kg runter	1.049 kg / 1.370 kg
SpaceX: CRS 3	18.4.2014	1.518 kg hoch, 1.430 kg runter	1.800 kg / 1.630 kg
SpaceX: CRS 4	22.9.2014	2.219 kg rauf, 1.489 kg runter	2.272 kg / 1.723 kg
SpaceX: CRS 5	10.1.2015	2.317 kg rauf, 1.332 kg runter	2.395 kg / 1.662 kg
Orbital COTS 1	18.9.2013	700 kg hoch	
Orbital CRS 1	9.1.2014	1.256 kg hoch	1.480 kg

Mission	Datum	Fracht netto ohne Verpackung	Fracht brutto mit Verpackung
Orbital CRS 2	13.7.2014	1.664 kg hoch, 1.615 kg runter	
Orbital CRS 3	28.10.2014	2.213 kg hoch	2.294 kg
Durchschnitt SpaceX (6 Flüge)		1.297 kg / 1.140 kg	1.415 kg / 1.325 kg
Durchschnitt Orbital (4 Flüge)		1.458 kg	

Vergleich von SpaceX und Orbital beim COTS/CRS Programm:

	SpaceX	OSC
Auftragsvergabe COTS	18.8.2006	22.1.2008
Gelder erste Runde	278 Millionen Dollar	170 Millionen Dollar
Gelder zweite Runde	118 Millionen Dollar	118 Millionen Dollar
Weitere Fördermittel		100 Millionen Dollar für einen Antares Testflug
Gesamt COTS Mittel	396 Millionen Dollar	388 Millionen Dollar
COTS-1 Demo Planung:	September 2008	Dezember 2010
COTS-1 Demo durchgeführt	8.12.2010 (+27 Monate)	18.9.2013 (+33 Monate)
COTS-2 Demo Planung	Juni 2009	-
COTS-2 Demo durchgeführt	22.5.2012 (+35 Monate)	-
COTS-3 Demo Planung	September 2009	-
COTS-3 Demo durchgeführt	22.5.2012 (+32 Monate)	-
Auftragsvergabe CRS	22.12.2008	22.12.2008
Erster CRS Flug:	8.10.2012 (22 Monate nach COTS 1)	9.1.2013 (4 Monate nach COTS 1)
Gelder CRS	1,6 Milliarden Dollar	1,9 Milliarden Dollar
Mögliche Aufstockung:	1,1 Milliarden Dollar	1,6 Milliarden Dollar
Flüge	12	8
Fracht	20 t + 3 t Downmass	20 t
Bisher CRS + COTS Gelder erhalten (Mai 2011)	298 Millionen Dollar, 25 von 40 Milestones	221,5 Millionen Dollar 21 von 31 Milestones
Bisher CRS Gelder erhalten (Mai 2011)	181 Millionen Dollar für 14 Milestones 4,8 Millionen Dollar für Cargo Demonstration Milestones	273 Millionen Dollar für 11 Milestones 7,5 Millionen Dollar für Cargo Demonstration Milestones
Bisherige Gesamtaufwendungen der NASA (Mai 2012)	396 Millionen COTS 336 Millionen CRS 100 Millionen CCDev	

Vergleich der alten und der neuen Zubringer:

	HTV	Sojus	Progress M1	ATV
Startgewicht:	16.500 kg	7.220-7.450 kg	> 7.150 kg	20.750 kg
Fracht:	6.000 kg	Bis 350 kg	Bis 2.670 kg	Bis 7.667 kg
Zusammensetzung:	4.500 kg Fracht unter Druck 1.500 kg Fracht ohne Druckausgleich		Bis 1.800 kg Fracht unter Druck Bis 300 kg Wasser Bis 40 kg Gase Bis 1.950 kg Refüll-Treibstoff	Bis 5.500 kg Fracht unter Druck Bis 840 kg Wasser Bis 100 kg an Gasen Bis 860 kg Refüll-Treibstoff Bis 4.700 kg Treibstoff zum Anheben der Station
Abmessungen:	9,80 m Länge 4,40 m Durchmesser	7,48 m Länge 2,72 m Durchmesser	7,20 m Länge 2,72 m Durchmesser	9,80 m Länge 4,48 m Durchmesser
Betriebsdauer:	Max. 30 Tage	Max 180 Tage	Max. 180 Tage	Max. 180 Tage
Startkosten:	314-354 Millionen $	210 Millionen $	40-60 Millionen $	567 Millionen $
Pro Kilogramm Fracht:	52.400- 59.000 $	600.000 $	17.900-22.400 $	74.000 $

	Space Shuttle	Cygnus	Dragon
Startgewicht:	124.000 kg	6.100 kg	9.160 kg
Fracht:	Bis 14.200 kg	2.700 kg	2.500 kg
Zusammensetzung:	Bis 9.100 kg Fracht unter Druck im MPLM. Bis 5.100 kg Treibstoff zum Anheben der Station	Nur Fracht unter Druck	Max. 1.400 kg im Druckmodul Max. 1.700 kg Fracht im Heck Max. 2.500 kg zusammen.
Abmessungen:	Nutzlastraum: 18,38 m Länge 4,80 m Durchmesser	6.34 m Länge 3,06 m Durchmesser	5,20-7,20 m Länge 3,60 m Durchmesser:
Betriebsdauer:	7-16 Tage	1 Woche bis 2 Jahre	Max. 30 Tage
Startkosten:	>600 Millionen $	237,5 Millionen $	133 Millionen $
Pro Kilogramm Fracht:	65.900 $	103.300 $	78.300 $

Die Konzeption des ATV

Von den unbemannten Raumschiffen ist das ATV der größte und schwerste Transporter. Beim Start wiegt das **A**utomated **T**ransfer **V**ehicle (ATV) dreimal so viel wie ein Progress-Raumtransporter oder eine Cygnus.

Weiterhin ist das Vehikel auch der vielseitigste Transporter. Der Frachter wurde als selbstständiges Raumfahrzeug konzipiert, welches autonom die Raumstation anfliegen kann. Das eigene Antriebssystem und die hohe Nutzlastkapazität führten zu der Überlegung, den Transporter zum Anheben der Station und zur Versorgung mit Treibstoff zu nutzen. Damit kam als Ankopplungspunkt nur das Swesda Modul infrage. Das europäische Raumschiff verwendet daher die russischen Kopplungsadapter.

Der Schwerlastfrachter hat die Abmessungen eines Dopplstockbusses. Damit ist es in etwa so groß wie eines der ISS-Labormodule. Der Raumfrachter bietet mehr bewohnbares Volumen und ist schwerer als ein Apollo-Raumschiff.

Das Raumschiff besteht aus zwei Teilen, das **I**ntegrated **C**argo **C**arrier Modul (ICC), das von Astronauten betreten werden kann, und das Service Modul, mit dem Antrieb, der Navigation, Bordelektronik und dem Treibstoff. Diese modulare Konzeption erlaubt es, den Druckbehälter zu ersetzen, dies wird bei einer Weiterentwicklung des ATV (siehe S.200) ausgenutzt.

Alleine die Dokumentation des Raumschiffs umfasst 28 Bände: 9, welche das Gesamtsystem beschrieben und weitere 19 Ordner, welche die verschiedenen Subsysteme spezifizieren. Die Kabelbäume umfassen 5.000 Kabel (Länge: 36 km) mit 10.000 Kontakten und 600 Steckern, die Computer, Relais, Ventile und Motoren verbinden.

Die Entwicklung fand vor allem in Frankreich statt. Hauptauftragnehmer war EADS Astrium, mittlerweile in Airbus umbenannt, ein multinationaler Rüstungs-, Luft- und Raumfahrtkonzern, der bei der Raumfahrt in Europa mittlerweile eine Monopolstellung einnimmt. Bei der Produktion hat Deutschland den größten Anteil. Etwa 2.000 Personen sind bei ESA und Industrie an dem Projekt beteiligt.

ATV Daten (Jules Verne)	
Länge (mit/ohne Adapter)	10,77 m / 9,79 m
Durchmesser:	4,484 m
Spannweite:	22,28 m
Leergewicht:	10.470 kg
Eigene Treibstoffvorräte und Helium:	2.613 kg
Startgewicht ohne Fracht:	13.083 kg
Davon Druckmodul:	5.150 kg
Davon Service Modul:	5.320 kg
Maximales Startgewicht:	20.750 kg
Frachtkapazität:	7.500 kg (bei einem Startgewicht von 20.750 kg), 9.500 kg strukturelles Limit
Davon im Druckmodul:	Max. 5.500 kg
Davon Wasser:	840 kg
Davon Gase:	100 kg
Davon Treibstoff für Swesda:	860 kg
Davon Reboost Treibstoff:	4.600 kg
Müllzuladung:	6.340 kg

- In Les Mureaux (Frankreich) wird das Projekt geleitet: Dort wurde das ATV entwickelt, getestet und qualifiziert. Dort wurde auch die Systemsoftware programmiert.
- In Bremen (Deutschland) erfolgte die Entwicklung des Antriebssystems und des fehlertoleranten Computers. In Bremen wird der Transporter zusammengebaut.
- In Toulouse (Frankreich) wurde der Rest der Avionik entwickelt und gefertigt.
- In Lampoldshausen (Deutschland) wurden die Triebwerke mit ihren Subsystemen getestet.
- In Leyden (Holland) wurden die Solarpaneele gefertigt. Sie stammen von derselben Firma, wie die der Cygnus, (Dutch Aerospace)
- In Barajas (Spanien) wurde die Struktur des Avionikmoduls und des Service Moduls gefertigt und das Separationssystem gebaut.
- Der Druckbehälter des ICC stammt von Thales Alenia Space aus Italien.
- Die Hochdrucktanks für Gase, die Treibstofftanks und die Trägerstrukturen der Triebwerke fertigt MT Aerospace in Augsburg.

Weitere Firmen sind mit kleineren Subsystemen beteiligt. Die Telegoniometer und Videometer stammen von Jena Optronik. OHB entwickelte den Mikrometeoritenschutzschild und fertigt die Kabelbäume. Der deutsche Anteil betrug bei der Entwicklung 24 Prozent. Bei der Fertigung ist er höher und liegt bei etwa 50%, da der Hauptteil der Entwicklung in Frankreich stattfand, und diese nun wegfällt. Alle Firmennamen beziehen sich auf die Auftragsvergabe.

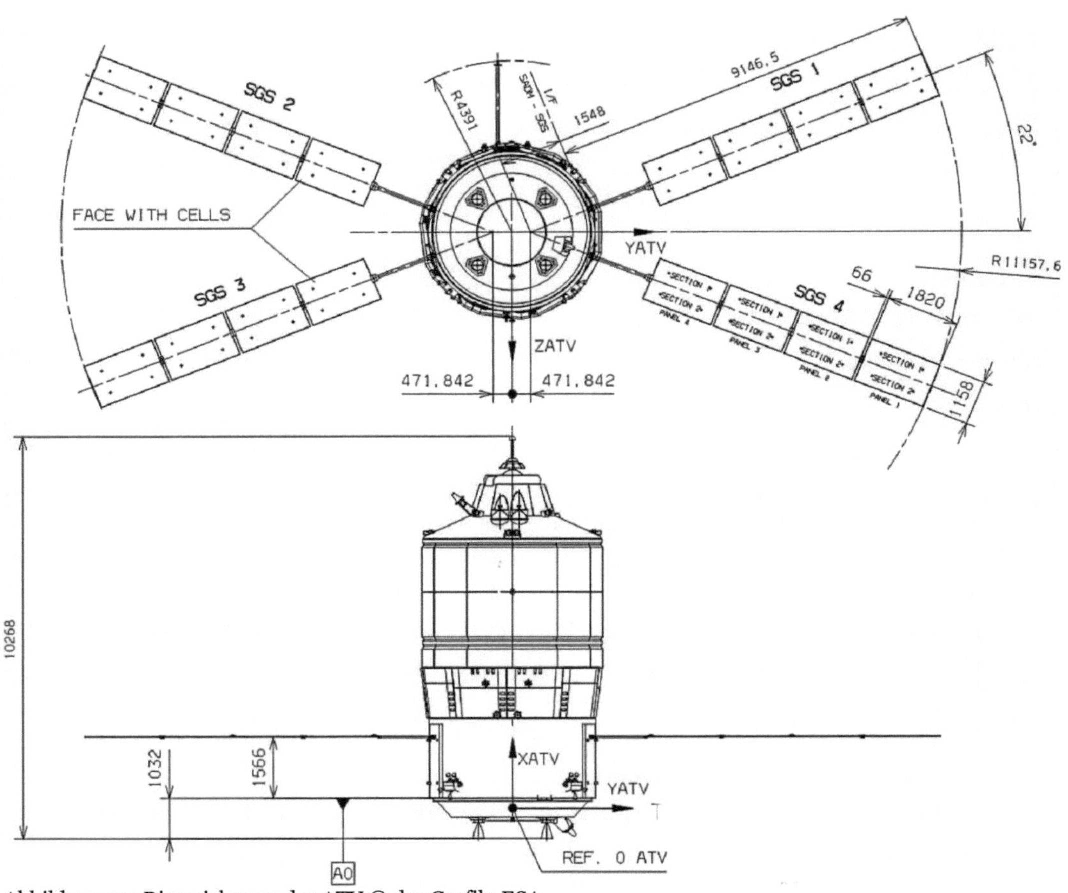

Abbildung 29: Risszeichnung des ATV © der Grafik: ESA

Sicherheitsanforderungen

Als Raumfahrzeug, welches eine bemannte Raumstation anfliegen soll, muss das Raumschiff viel höheren Sicherheitsanforderungen genügen, als andere unbemannte Raumfahrzeuge, wie Satelliten oder Raumsonden. Das ATV ist so ausgelegt, dass die gesamte Mission durchgeführt werden kann, wenn ein Subsystem ausfällt. („one fail tolerant") Die Mission kann noch sicher abgebrochen werden, wenn zwei Subsysteme ausfallen. („two fail safe")

Was bedeutet das in der Praxis? Nehmen wir zum Beispiel die Triebwerke. Das ATV hat 32 davon, in zwei Größen und an drei Orten. Technisch gehören jeweils eines der großen 490 N Triebwerke, fünf Triebwerke mit 220 N Schub am Heck und zwei an der Front zu einer „Kette". Von diesen Ketten gibt es vier, jeweils mit eigener Elektronik und Treibstoffleitungen. Gibt es Probleme bei einem Triebwerk, so wird die komplette Kette abgeschaltet. Fliegen könnte der Raumfrachter mit nur noch einer Kette. Das gesamte System ist also vierfach redundant. Eine vierfach redundante Architektur findet sich auch bei den Bordcomputern, der Stromversorgung, Sendern und Empfängern. Andere Systeme sind dreifach redundant ausgerichtet, eine zumindest zweifach redundante Auslegung gibt es bei allen Subsystemen. Über die Zahl der redundanten Teile entscheiden zahlreiche Faktoren wie das Gewicht/Stromverbrauch, Ausfallwahrscheinlichkeit, Auswirkung eines Ausfalls auf die Mission usw.

Zentraler Angelpunkt ist der fehlertolerante Computer (**F**ault **T**olerant **C**omputer FTC), der über Mehrheitsentscheidungen Fehlfunktionen erkennen kann. Trotzdem wird er durch eine weitere Steuerung, die MSU (**M**onitoring and **S**afety **U**nit) überwacht. Über diese kann die Annäherung abgebrochen werden. Sie übergeht den Computer und schaltet ihn ab.

- Der Transporter wurde so ausgelegt, dass er während der ersten vier Tagen nach dem Start zu 99,2% der Zeit verfügbar ist. (Annäherungsphase an die ISS).
- Das Andocken an die ISS sollte mit einer Zuverlässigkeit von 99% erfolgen.
- Die Wahrscheinlichkeit, dass ein ATV seine Mission, beginnend von der Abtrennung von der Ariane, bis zum Verglühen, erfüllen kann, beträgt mindestens 95%.

Kein anderes Transportsystem für die ISS verfügt über eine so hohe Anzahl an redundanten Systemen und so hohe Sicherheitsanforderungen. Sie können deswegen auch bedeutend preiswerter gefertigt werden.

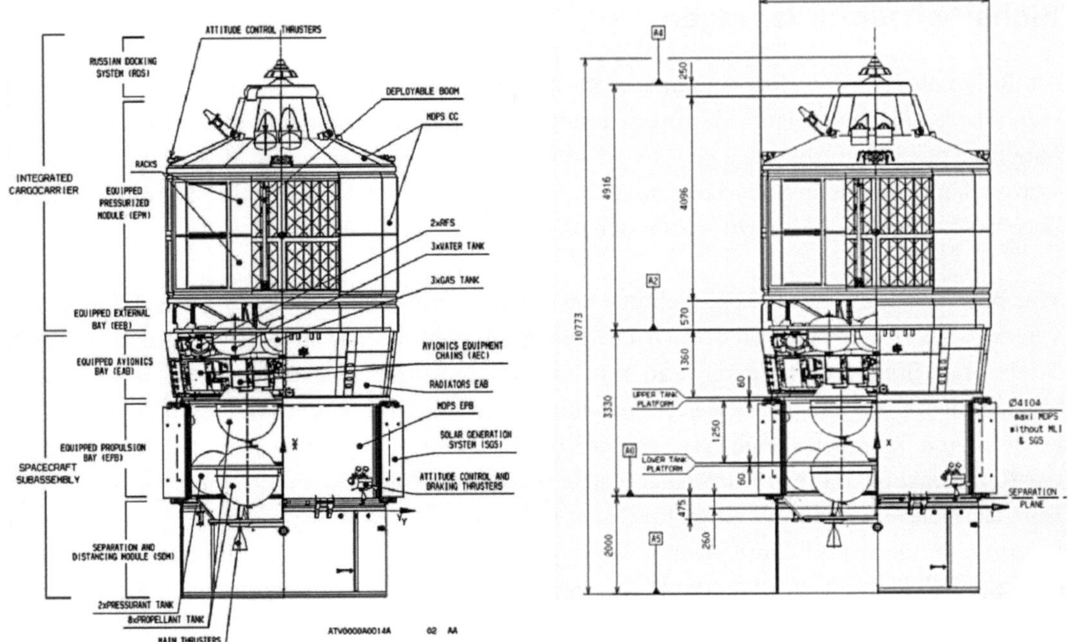

Abbildung 30: Die Subsysteme des ATV und deren Abmessungen © der Grafik: ESA

Der Integrated Cargo Carrier

Der größte Teil des ATV entfällt auf dieses Modul. Es basiert technisch auf dem Columbus Modul, das in der Länge gekürzt wurde. Der Bereich für die Fracht gliedert sich wiederum in zwei Sektionen, getrennt durch eine druckdichte Wand. Im vorderen Teil befindet sich der unter Druck stehende Teil, in dem eine normale Atmosphäre von 1 Bar Druck herrscht. Dahinter ist ein Bereich für Gase, Wasser und Treibstoff.

Die Struktur besteht aus der Aluminiumlegierung AL-2219 (Aluminium mit einem Kupferanteil von 5,8-6,8%). Gegenüber reinem Aluminium ist diese Legierung leichter zu schweißen. Sie findet in der Raumfahrt breite Anwendung. Aus ihr bestehen z. B. auch die Treibstofftanks der Ariane 5. An der Innenwand angebracht, ist ein Befestigungsgerüst für bis zu acht Racks.

Zwischen der Außenhülle aus dünnem Aluminiumblech und der Innenstruktur mit druckdichter Hülle befindet sich ein 12 cm breiter Zwischenraum. Dieser dient als Mikrometeoriten-

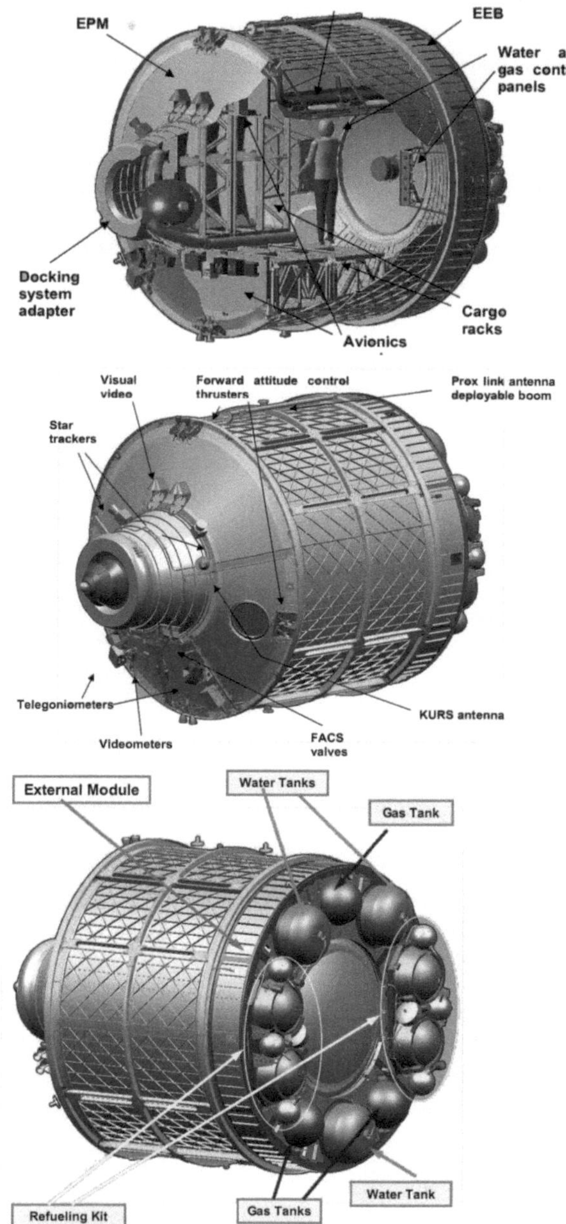

Abbildung 31: Drei Ansichten des ICC © der Grafik: ESA

schutz: Ein Teilchen prallt auf die äußere, dünne Hülle, durchschlägt diese zwar, zerplatzt durch den Aufschlag aber im Zwischenraum in kleinere Stücke, die dann nicht mehr die innere Hülle durchschlagen können. Der Mikrometeoritenschutzschild besteht aus einer äußeren 1,6 mm starken 6061 T6 Aluminiumlegierung (mit einem Anteil von 1-2% Magnesium und < 1% Silizium, durch Tempern besonders resistent gegen Druck und Zugkräfte gemacht) und einem inneren Schild aus Nextel- und Kevlarfasern. Die Kevlarfasern haben eine sehr hohe mechanische Festigkeit (das Material wird auch zur Herstellung von schussfesten Westen verwendet) und die Nextelfasern ergeben eine sehr dichte, lederartige Oberfläche, welche die Partikel absorbiert und einschließt.

Dieser Schutzschild soll vor Weltraummüll schützen, der inzwischen eine größere Gefahr darstellt als Mikrometeoriten. Größere Stücke, die mindestens einige Zentimeter Durchmesser haben, sind durch Radardurchmusterungen recht gut bekannt. Ihnen kann das ATV beim Aufstieg ausweichen. Einen Einschlag dieser Brocken würde auch der Schutzschild nicht aufhalten können. Die niedrige Bahnhöhe der

ISS hat den Vorteil, dass es dort wenig Weltraummüll gibt. Er wird rasch durch die obere Atmosphäre abgebremst und verglüht schon nach wenigen Jahren. 200 km höher, im Orbit des Weltraumteleskops, ist die Chance von einem Schrottteilchen getroffen zu werden, schon um 60% höher. Der Schutzschild schützt vor kleineren Partikeln bis zu einer Größe von maximal einem Zentimeter.

An der Rackbefestigung werden Aluminiumbehälter befestigt, in denen die Ausrüstung untergebracht ist. Die Racks basieren auf einem Format, welches ursprünglich für das Spacelab zum leichten Austausch von Experimenten entwickelt wurde. Jedes Rack wog beim ersten Transporter leer 104 kg. Die Zahl der Racks kann der Fracht angepasst werden. Beim Jungfernflug wurden sechs Racks bestückt. Bei Jules Verne befand sich die Fracht in Taschen, maximal 14 kg in einer Tasche. Im ICC befindet sich auch folgende Ausrüstung:

- Das Umweltkontrollsystem, das den Druck und die Temperatur im ICC reguliert. Es verfügt über zwei manuell betätigte Druckausgleichsventile, drei Drucksensoren, Rauchmelder und eine Innenbeleuchtung.
- Die Bedienungselemente zur Wasser- und Gasabgabe.
- Das **R**ussian **E**quipment **C**ontrol **S**ystem (RECS), welches die Andock- und Betankungssysteme steuert und im angedockten Zustand als Schnittstelle für die Elektrizitäts- und Verbindungsleitungen zur ISS dient.
- Das **r**ussische **D**ocking **S**ystem (RDS) und dessen Avioniksysteme
- Die **C**ommand- and **M**aneuvering Unit (CMU), sowie der Radarsender „Kurs" und die dazugehörige Elektronik.

Im Normalfall werden die Astronauten zuerst die Fracht ausräumen und dann den freien Platz als Aufenthalts oder Ruheraum nutzen. Später wird in die Racks Abfall und Müll eingeräumt, bevor der Transporter die ISS wieder verlässt. Eine weitere Nutzung wäre als Strahlenschutzbunker möglich – als Schutz vor zu starken Sonneneruptionen. Hier schützen die großen Treibstoffvorräte des ATV vor hochenergetischen Teilchen. Dazu muss der Frachter so ausgerichtet sein, dass er der Sonne das Heck zuwendet. Der ICC ist (wie der Rest des Transporters) umgeben von einer 20 Lagen dicken „Haut", einer **M**ulti **L**ayer **I**solation (MLI). Sie besteht aus Mylar- und Kaptonfolien. Mylar ist eine sehr dünne, hoch belastbare Polyethylenterephtalatfolie und Kapton ist ein sehr dünnes textiles Gewebe aus Polyimid. Darunter liegt eine Schicht aus Betacloth, aluminisiertes Glasfasergewebe, das mit Teflon überzogen ist. Es hat neben der Isolation noch die Aufgabe sehr kleine Mikrometeoriten zu stoppen. Auf der Sonnenseite verhindert die Isolation eine zu starke einseitige Erwärmung. Während sich der

Transporter im Erdschatten befindet, verringert die Isolation einen zu hohen Stromverbrauch für die Heizung. Isolierend wirkt, dass das Vakuum zwischen den Schichten nur noch die Wärmeübertragung durch Strahlung zulässt. So isolieren wenige Schichten genauso gut wie eine viel dickere Styropor- oder Glaswolleschicht, die man für die Isolation von Wohngebäuden einsetzt. Für wohnliche Temperaturen im ICC im angekoppelten Zustand liefert die ISS den Strom.

Die Masse des Druckmoduls variiert nach Anzahl der Racks und deren Gewicht. Die Konzeption des ATV ging von einer relativ hohen Dichte der transportierten Fracht aus. Schließlich war zu diesem Zeitpunkt die ISS noch nicht fertiggestellt. Nach dem Prototyp Jules Verne wurden die Racks durch leichtgewichtigere von Ruag Space ersetzt, die nur noch 92 kg wogen. Trotzdem kann jedes Rack 750 kg Fracht aufnehmen und ist für eine Spitzenbeschleunigung von 12,5 g qualifiziert, entsprechend einer Beladung auf der Erde mit 9.375 kg Gewicht. Die Racks sind normiert und entsprechen den Standards für ISPR (**I**nternational **S**tandard **P**ayload **R**ack). Sie haben eine definierte Größe, Anschlüsse für Strom und Gase und Computersysteme und Aufteilung in einzelne Schubladen und Subracks im Internal Subrack Interface Standard und Middeck Locker Format. Das Letztere ist ein Standardformat, das für das Verstauen von Fracht, im Space Shuttle Middeck eingeführt wurde, die ISPR gehen auf die Racks für das Spacelab zurück. Diese Standardisierung erlaubt es Experimente oder andere fest einzubauende Teile mit dem ATV zu transportieren und dann in der Station einzubauen oder ein defektes Teil mit minimalem Aufwand auszutauschen. MPLM und HTV setzen dieselben Racks ein.

Nach dem Entladen können die Racks erneut mit Säcken befüllt werden, diesmal mit Müll. Das ist z.B. getragene Kleidung (man kann sie auf der Station nicht waschen), Verpackungsmaterial, Essbehälter etc. Die Menge des Mülls und die Position der Säcke muss genau bestimmt werden, damit der Schwerpunkt, Masse und das Massenträgheitsmoment des ATV für die Antriebsmanöver genau bekannt sind. Das Gewicht kann man im Orbit nicht bestimmen, doch hat man alles, selbst Verpackungsschaum, vor dem Start gewogen und so kann man das „irdische Gewicht" durch Rechnen bestimmen.

International Standard Payload Rack	
Abmessungen	2,000 m Höhe × 1,050 m Breite × 0,859 m Tiefe
Gewicht maximal:	842 kg
Davon Nutzlastanteil:	750 kg
Anzahl der Racks:	107 an Bord der ISS, maximal 8 an Bord des ATV
Davon nur mit Experimenten bestückt (ISS)	33
Aufteilung der Racks über die Knoten (nur westlicher Teil der Station)	4 Unity 8 Harmony 8 Tranquility 24 Destiny (13 Experimente) 23 Kibō PM (10 Experimente) 8 Kibō EPLM 16 Columbus (10 Experimente) 16 PMM

ICC Daten	
Länge: mit ausgefahrener Probe:	4,92 m 6,20 m
Durchmesser:	4,484 m außen, 4,20 m innen
Innenvolumen:	46,5 m³, 16 m³ nutzbares Volumen in den Racks, 23 m³ Volumen von den Racks belegt.
Leergewicht Druckbehälter:	3.700 kg
Racks und Verpackungsmaterial bei Jules Verne	1.417 kg
Maximales Startgewicht mit Rackbefestigung:	5.150 kg
Frachtkapazität:	5.500 kg
Material:	AL-2219 / AL-6016 T6
Wandstärke:	3,8 mm Seitenwand, 7 mm Abschlussdome
Racks:	Maximal 8 mit je 700 kg Nutzlast, typisch 4 bis 6 Racks. Volumen: 2 × 0,314 und 2 × 0,414 m³ pro Rack

Abbildung 32: Der ICC von Jules Verne bei Tests im ESTEC © des Bildes: ESA

Equipped External Bay (EEB)

Noch zum Integrated Cargo Carrier gehört der Frachtteil ohne Druckbeaufschlagung. Dies ist eine Sektion, die vor allem aus Tanks besteht. Die EEP nimmt 10% des Volumens des ICC ein. Sie wird vom Mikrometeoritenschutzschild des ICC umhüllt.

In diesen Tanks wird Wasser, Druckgas oder Treibstoff zur ISS befördert. Zum Transfer zur ISS gibt es sowohl eigene Leitungen pro Tank, wie auch die Möglichkeit, manuell eine Versorgungsleitung anzuschließen. Es gibt für den Treibstoff zwei Einheiten. Jede besteht aus einem UDMH und NTO Tank und drei Hochdrucktanks, in denen das Druckgas Helium untergebracht ist, mit dem die Tanks gegen den Tankdruck des Swesda Moduls aufgefüllt werden können. Nach jedem Umfüllen werden die Leitungen mit Druckgas gespült um Treibstoffreste auszutreiben. Das **Refillsystem** (RFS) wurde von den Progress-Raumtransportern übernommen. Dazu kommen jeweils drei Tanks für das Wasser und drei Tanks für Luft oder Gase. Insgesamt sind in dieser Sektion auf einem Kreisring 20 Tanks unterschiedlicher Größe untergebracht.

Die Wassertanks nehmen sowohl Trinkwasser (das vorher entkeimt wurde) auf, wie auch Brauchwasser, das entsorgt wird. Ein Kuriosum der Raumstation ist, dass zwei Wasserversorgungssysteme vorhanden sind – für amerikanisches und russisches Wasser. Es gibt an Bord der ISS kein einheitliches System, sondern deren zwei mit unterschiedlichen Anforderungen an die Qualität des Wassers. Russisches Wasser enthält Mineralstoffe und Amerikanisches nicht (ist also deionisiertes Wasser). Russisches Wasser wurde mit Silberionen haltbar gemacht und amerikanisches Wasser mit Iod. Daher gibt es zwei Leitungssysteme für die Wassereinspeisung in das ISS-Leitungssystem, die von einem Kontrollpult im ICC oder von der ISS gesteuert werden kann. Das meiste Wasser, das transportiert

Abbildung 33: Größenvergleich: Das ATV und ein Doppeldecker Bus
© der Grafik ESA/D. Ducros

wird, entspricht den russischen Standards, stammt aber von einer Quelle in der Nähe von Turin.

Die ellipsoiden Wassertanks von MT Aerospace bestehen aus einem inneren Stahltank, der zur Verstärkung mit Kohlenstofffasern umwickelt ist. Die kugelförmigen Drucktanks für die Gase bestehen aus Inconel 718 (eine sehr harte Nickel-Chromlegierung), ebenfalls kohlefaserverstärkt. Nach dem Umfüllen des Wassers in das russische Segment (alternativ: Füllung von tragbaren 22 l Tanks) können die leeren Behälter mit Brauchwasser als „Müll" gefüllt werden,

Die Gasmenge und Verteilung wird durch die Größe der drei Tanks und die Leitungsanschlüsse bestimmt. Es sind maximal 100 kg möglich, wobei die Menge gedrittelt werden kann, also ein Gas maximal 33 kg und das zweite maximal 67 kg. Drei verschiedene Gase sind aufgrund der Leitungsanschlüsse nicht möglich. Die Gasabgabe wird durch das Kontrollpult im ICC manuell von der Besatzung gesteuert. Mitgeführt können Luft, Sauerstoff und Stickstoff werden. Transportiert wurden nur Luft und Sauerstoff.

Abbildung 34: Ansicht auf die Tanks der EEB bei Prüfungen im ESTEC © des Fotos: ESA

EEP Daten	
Länge:	0,57 m
Durchmesser:	4,484 m
Tanks:	3 Wassertanks (je 280 l) 3 Gastanks (je 33 kg) 2 Tanks für das UDMH: 306 kg 2 Tanks für das NTO: 554 kg 6 Heliumdrucktanks
Wassertanks:	300 l Fassungsvermögen, 19 kg Gewicht 0,83 × 0,741 m Größe Betriebsdruck 2 Bar, Berstdruck 8 Bar
Gastanks:	130 l Volumen, 34 kg Gewicht 0,66 m Durchmesser. Betriebsdruck 280 Bar, Berstdruck 560 Bar

Abbildung 35: Innenansicht des ICC von Jules Verne © des Fotos: ESA

Abbildung 36: Frontansicht des RDS © des Fotos: ESA

Kopplungssystem

An der Front des ICC befindet sich der russische Kopplungsadapter RDS (**R**ussian **D**ocking **S**ystem). Die russische Bezeichnung ist „SSWP G4000". Er ist mechanisch identisch zu den Kopplungsadaptern der Progress-Transporter. Zwei Adapter (für Jules Verne und als Reserve) wurden im Austausch gegen die Bordcomputer DMS-R an Bord von Swesda geliefert. Die Folgenden wurden gekauft. Die Übernahme war die einfachste und beste Lösung für eine Kompatibilität zu den russischen Transportern. Das System zur Ausrichtung und Steuerung des ATV ist dagegen eine komplette europäische Neuentwicklung.

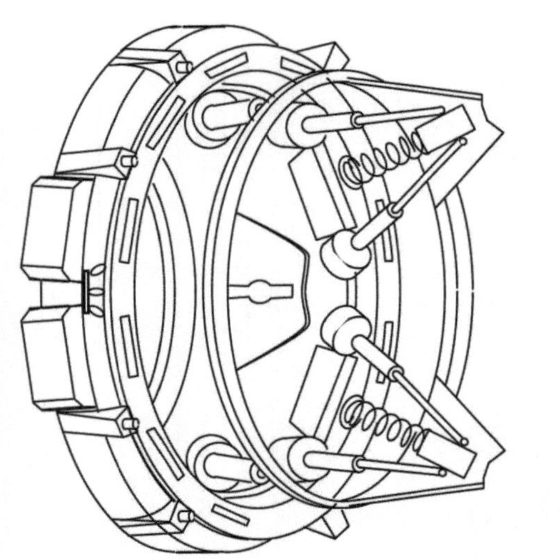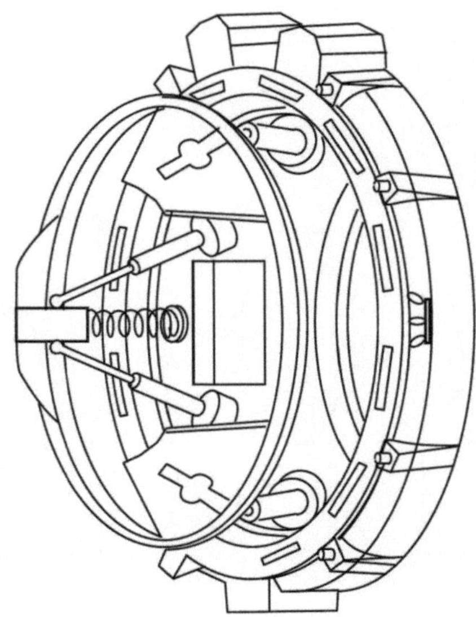

Abbildung 37: Das Kopplungssystem als Schemazeichnung © der Grafik: ESA

Die Fähigkeit Treibstoff nachzufüllen und die Station anzuheben, ließen nur ein Andocken am Swesda Modul zu. Nur hier verläuft der Schubvektor entlang der Längsachse der Station. Zuerst sollte ein neuer Adapter eingesetzt werden, doch Russland wollte ihr Swesda Modul nicht umrüsten. Darin liegen Vorteile und Nachteile. Der Vorteil ist, dass dieses System erprobt und zuverlässig ist. Es gab anfangs Kinderkrankheiten, aber diese sind längst ausgemerzt worden. Die Entwicklung eines eigenen Systems wäre teurer gewesen und hätte zahlreiche Tests erfordert. Der große Nachteil des russischen Systems ist, das es für die Mir entwickelt wurde. Durch die Luke sollten nur Personen gelangen, für die Racks ist sie zu klein.

Das russische System besteht aus zwei unterschiedlichen Adaptern. Ein Körper ist der passive, er trägt einen „weiblichen" Adapter, **P**assive **D**ocking **A**ssembly (PDA) genannt. Dieser hat eine konische Vertiefung. Der Zweite, „männliche" hat eine spitze Probe, der in diesen Konus eingeführt wird. Er steuert aktiv den zweiten Flugkörper an. Dies ist der am Frachter angebrachte **A**ctive **D**ocking **A**ssembly (ADA). Wenn die Spitze im Zentrum des Konus ist, schnappen Haken zu, und fixieren ihn. Die konische Form des PDA führt den ADA an das Ende des Adapters, sodass der PDA nicht genau in der Mitte und nicht genau senkrecht getroffen werden muss, um anzukoppeln.

Dann wird die Sonde des ADA mechanisch ins Innere des Frachters zurückgezogen, bis sich die beiden Kragen von ADA und PDA berühren und das Swesda Modul mit dem Raumschlepper in Kontakt kommt. Nun werden elektrische und mechanische Verbindungen geschlossen. Wenn sich die Kragen berühren, schnappen auf jeder Seite acht Haken ein und fixieren die Verbindungen druckdicht. Im russischen Kopplungsadapter befinden sich zwei Systeme, mit dem das Raumschiff elektrisch mit der ISS verbunden wird. Weiterhin verlaufen durch den Adapter alle Leitungen, mit denen Wasser und Treibstoff zur Swesda und über diese zum eigentlichen Lagermodul Sarja umgepumpt werden.

Die Frontseite trägt zwei Videometer, welche die Orientierung und die Distanz der ISS messen und zwei Telegoniometer, welche die Distanz und Richtung des Raumschiffs relativ zur ISS messen. Dazu kommen zwei Startracker Kameras (siehe Navigation). Vorne angebracht sind zwei visuelle Ziele, anhand deren die Besatzung erkennen kann, ob der Transporter sich auf einer korrekten Annäherungsbahn befindet und acht Triebwerke zur Ausrichtung des Raumfrachters. Bei den ersten beiden ATV gibt es zusätzliche Antennen und Sender für das russische Radar Kurs und eine russische Elektronik zur Steuerung von Kurs innerhalb des Adapters. Wie alle sicherheitskritischen Systeme sind die Annäherungssensoren redundant vorhanden.

Das Lasersystem der Videometer tastet bis zu zehnmal pro Sekunde die Entfernung ab. Über die Laufzeit und Art der rückgestreuten Signale wird über Dreiecksberechnung der Ort und die Geschwindigkeit des ATV berechnet. Die Videometer wurden mit einem Budget von 7,6 Millionen Euro in zwei Jahren entwickelt. Zwei dieser Einheiten befinden sich 20 cm voneinander entfernt an der Front. Nur eine ist bei der Kopplung aktiv. Das andere dient als Back-up. Tests

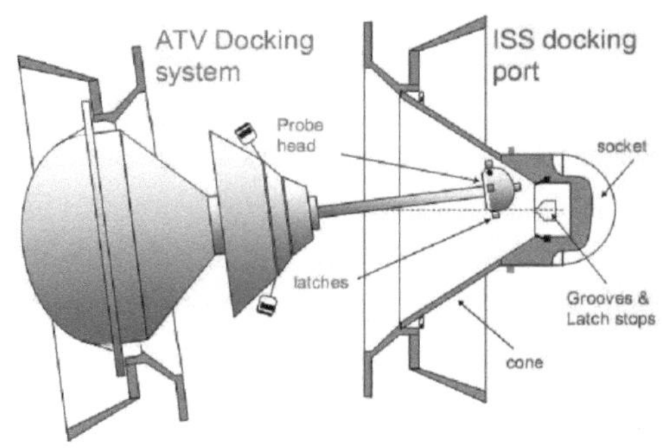

Abbildung 38: Schema der Ankopplung © der Grafik: ESA

Abbildung 39: Detailansicht der Probe des ADA von Jules Verne © des Fotos: ESA

stellten sicher, dass es keine Interferenz zwischen den beiden Videometern gibt. Das Videometer übernimmt ab 250 m Entfernung die Steuerung des Transporters.

Am Heck des Swesda Moduls gibt es zwei Muster von Reflektoren. Einmal von der Form eines großen Dreiecks von 1,5 m Kantenlänge und einmal in Form eine Pyramide von 8,5 cm Höhe. Jeder der 26 Reflektoren von 2,5 cm Durchmesser wirft einen Laserstrahl genau in die Richtung zurück, aus der er kam. Die Genauigkeit ist so hoch, dass der Strahl um nicht mehr als 3 mm auf einer Strecke von 300 m vom Zielpunkt abweicht.

Das Backupsystem zum Videometer ist das Telegoniometer. Die beiden Telegoniometer werfen ebenfalls Laserstrahlen zu den Reflektoren der ISS. Dabei wird die Richtung durch einen rotierenden Spiegel variiert. Das Telegoniometer misst auf einer anderen Wellenlänge als das Videometer, so gibt es keine Störung. Gemessen wird 10.000-mal pro Sekunde die Laufzeit der Signale, wie bei einem Radar. Die relative Orientierung zur ISS kann durch die Stellung der Spiegel ermittelt werden. Das Telegoniometer kann Distanz und Orientierung des Transporters relativ zur ISS feststellen. Die Orientierung der ISS ist aber nur über das Videometer feststellbar. Die Annäherung wird nicht nur von den vier Bordcomputern, sondern auch von der MSU überwacht, die jederzeit die Notfallprozeduren auslösen kann.

Nur die Heckseite von Swesda ist für die Kopplung der ATV vorgesehen. Nach Angaben von EADS wäre auch eine Ankopplung an den Kopplungspunkten für Progress an der Seite mög-

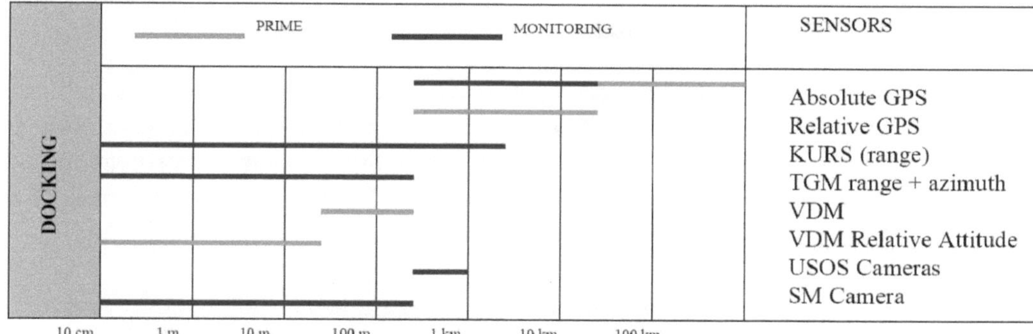

Abbildung 40: Reichweite der Sensoren des Kopplungssystems © der Grafik: ESA

lich, wenn die Software angepasst würde und dort Sensoren installiert würden. Da dann aber ein Reboost dort nicht möglich ist, hat man drauf verzichtet. Im operationellen Betrieb wechseln sich ATV und Progress ab. ATV-03, Albert Einstein, musste im Übergangsorbit erst warten bis eine angekoppelte Progress abgelegt hatte.

RDS Daten	
Länge (mit Probe)	1,00 m
Durchmesser:	1,30 m
Innendurchmesser der Luke:	0,80 m
Gewicht:	235 kg (Luke: 75 kg)
Annäherungssysteme:	2 Telegoniometer (je 13,7 kg) 2 Videometer (je 8,2 kg) Kurs Radar (bei den ersten beiden ATV)
Reichweite:	Telegoniometer und Videometer: 700 m Kurs Radar: 3.500 m

Das Servicemodul

Das Servicemodul beinhaltet alle für den Betrieb des Raumfahrzeugs wichtigen Systeme – Stromversorgung, Antrieb, Kommunikation und Bordcomputer. Der modulare Aufbau des Transporters erlaubt es den Druckbehälter zu ersetzen, das Service Modul kann dann zum Beispiel eine Rückkehrkapsel transportieren. Das Service Modul steht nicht unter Druck. Es ist aber auch durch einen Mikrometeoritenschutzschild geschützt.

Das Servicemodul ist das eigentliche Raumfahrzeug, der ICC ist die Nutzlast des Service Moduls. Es besteht wiederum aus zwei Teilen: einem Elektronikring (**E**quipped **A**vionics **B**ay, EAB) und Antriebsteil (**E**quipped **P**ropulsion **B**ay, EPB).

Die EFB ist ein Pyramidenstumpf, der das EAP mit dem ICC verbindet. Es schließt sich das zylindrische EAP an. Die Düsen der 490-N-Triebwerke verlängern das Service Modul um weitere 0,857 m. Sie sind an einem 50 mm starken Schubgerüst aus Aluminium in Honigwabenbauweise angebracht. Dieses verteilt den Schub gleichmäßig auf das Heck des Transporters.

Servicemodul	
Länge:	3,41 m (4,26 m mit Triebwerken)
Davon Equipped Avionics Bay:	2,05 m
Davon Equipped Propulsion Bay:	1,36 m
Durchmesser:	3,94 m an der Basis des EPB und EAB 4,48 m am Ende des EPB
Trockengewicht:	5.320 kg
Treibstoffzuladung:	Maximal 6.760 kg
Bordcomputer:	4 FTC mit je 1 ERC-32 (14 MHz) je 4 MByte EEPROM + 8 MB statisches ECC-RAM 9 MIPS / 2.5 MFLOPS pro CPU je 6,5 kg Gewicht 37-40 W Leistungsaufnahme

Bordelektronik

Gesteuert wird das ATV durch drei fehlertolerante Computer (FTC) sowie einem Vierten als Reserve, falls einer der FTC ausfallen sollte. Sie basieren auf dem DMS-R Computer, den Astrium für das russische Swesda Modul entwickelt hat. Eingesetzt wird der ERC32, eine weltraumtaugliche Version des SPARC V7 32 Bit Prozessors mit einem integrierten Fließkommacoprozessor und einem Speicherkontroller. Das Design ist nicht neu und wurde schon in anderen ESA Projekten eingesetzt. Es basiert auf der ersten SPARC CPU von Sun, wobei die 20-MHz-Version, die 1990 erschien, die Ausgangsbasis für die Entwicklung war.

Die Leistung des ERC32 des Halbleiterherstellers Amtel reicht für die Aufgaben allerdings völlig aus und auch der neue Bordcomputer der Sojus TMA-M liegt in derselben Leistungsklasse. Der ERC32 ist ein strahlengehärteter RISC-Prozessor mit geringem Stromverbrauch (maximal 1,5 Watt). Er leistet bei 25 MHz maximal 20 MIPS (**M**illionen **I**nstruktionen **p**ro **S**ekunde) oder 4 MFLOPS. (**M**illionen **F**ließkommaoperationen **p**ro **S**ekunde). Er ist damit in etwa so schnell wie ein PC aus dem Jahr 1993. Damit ist er trotzdem noch zwanzigmal schneller als der bis 2012 verwendete Ariane 5 Bordcomputer und verfügt über zehnmal mehr Speicher. Mittlerweile setzte auch Ariane 5 den ERC32 ein. Der ERC32 entstand Ende der Neunziger Jahre aus der ersten Version, die noch drei Chips benötigte (je einen für den Prozessor, Coprozessor und Speicherkontroller). Er wird in einer 500 µm Technologie hergestellt, in etwa vergleichbar mit der Technologie, in der die ersten Pentiumprozessoren entstanden. Der von ATMEL als TSC695F vertriebene Prozessor (insgesamt wurden über 3.500 Systeme verkauft) ist inzwischen vom Leon Prozessor (TSC697) abgelöst worden. Er basiert auf der Space V8 CPU wird in 180 Mikrometer Technologie hergestellt und ist fünfmal schneller.

Weltraumqualifizierte Hardware hinkt der „Konsumerhardware" (PC, Smartphone, Tablett …) seit einigen Jahrzehnten hinterher. Schuld daran sind viele Faktoren. Da ist zum einen die geforderte Robustheit, die es nicht zulässt, die Strukturen stark zu verkleinern und daraus resultiert eine niedrigere Integrationsdichte. So bereitet die ESA 2013 den Übergang auf die 90 und 65 Mikrometertechnologie vor. Ein neuer PC wird zum gleichen Zeitpunkt mit 22 Nanometer breiten Strukturen gefertigt. Zum Zweiten bedingen die langen Projektlaufzeiten, dass die Hardware beim Start hoffnungslos veraltet ist, denn sie wird Jahre vor dem Start ausgewählt und meistens nimmt man nicht die neueste Hardware, sondern schon eingeführte, der man vertrauen kann.

Den Transfer der Daten auf den Bus – verwendet wird der in zahlreichen Luft- und Raumfahrtsystemen übliche MIL-STD 1553B Bus mit sechs Kanälen – wird von einem eigenen Prozessor, dem Transputer T805 übernommen. Dies ist ebenfalls ein 32-Bit-Prozessor mit 20 MHz Taktfrequenz und 10 MIPS und 1,5 MFlops Leistung. Er verfügt über einen sehr schnellen Kommunikationslink, mit dem er mit anderen Transputern verbunden werden kann. Dies wird hier nicht ausgenutzt, er entlastet vielmehr den Hauptprozessor von der Arbeit auf Daten vom verhältnismäßig langsamen Bus zu warten. Der MIL-STD 1553B Bus ist nämlich noch älter und wurde schon in den Achtziger Jahren entwickelt, als die USAF ihre Hardware standardisierte. Er genügte damals den Anforderungen, lastet aber selbst den nun schon veralteten ERC32 Prozessor nicht aus.

Die Datenrate jedes Busses beträgt 1 Mbit/s. Dazu gibt es sechs direkte Eingabe- und Ausgabekanäle für direkte Kommunikation mit jedem Prozessor und zwei Resetkanäle, die den Computer neu starten können. Jeder Prozessor ist direkt mit seinen drei Nachbarn verbunden.

Drei dieser Computer arbeiten nach dem Start parallel und tauschen ihre Daten untereinander aus. Alle 100 ms synchronisieren sie sich. Wenn ein Fehler auftritt, z. B. weil ein energiereiches Teilchen ein Bit im Speicher umkippen lässt, so kommt ein Computer auf andere Ergebnisse. Die beiden anderen überstimmen ihn dann. Er wird von den anderen offline genommen. Ein vierter Reserverechner springt nun für den ausgefallenen Computer ein. Er war vorher inaktiv. Bei einem weiteren Ausfall kann so immer noch ein System überstimmt werden. Das System verkraftet also den Ausfall zweier Computer. Die gesamte Software für den Flugablauf des Raumfahrzeugs umfasst 500.000 Zeilen Code, etwa der zehnfache Umfang der Software des Ariane 5 Bordcomputers. Die gesamte Software des Projektes, inklusive Testroutinen, hat einen Umfang von 1,5 Millionen Zeilen. Sie wurde in ADA geschrieben und belegt 4 MByte Speicher. Es ist die umfangreichste Software, welche die ESA jemals entwickelt hat.

Dazu kommt ein redundant vorhandener Überwachungscomputer, die MSU (**M**onitoring and **S**afety **U**nit). Der Fehlstart der Ariane 5 bei ihrem Jungfernflug 1996 lenkte die Aufmerksamkeit auf ein Problem, das bisher kaum beachtet wurde: Wenn die Computer korrekt funktionieren, aber die Software einen Fehler aufweist, dann kann trotzdem die Mission scheitern. Im Falle der Ariane 5 war es ein Softwarefehler, der zu einem Überlauf bei einer Berechnung und damit zu falschen Bahndaten führte. Der Bordcomputer schwenkte daraufhin die Triebwerke der Ariane 5, die durch die entstehenden aerodynamischen Belastungen auseinanderbrach. Die redundanten Computer nützten dabei nichts, da der Fehler innerhalb von 0,072 s in beiden Rechnern auftrat – weil sie dieselbe Software einsetzten.

Der europäische Raumtransporter setzt daher die MSU als unabhängige, zusätzliche Steuerung ein. Sie überwacht die FTC und springt ein, wenn diese falsch arbeiten. Hauptaufgabe der MSU ist es, den Transporter nicht mit der Raumstation kollidieren zu lassen. Stellt die MSU fest, dass diese Gefahr besteht, so werden die FTC deaktiviert und ein Kollisionsvermeidungsmanöver durchgeführt, welches den Frachter in eine sichere Warteposition bringt. Die MSU wird auch aktiv, wenn ISS-Besatzung oder Bodenkontrolle den Abbruch befiehlt. Die Software dafür wurde mit 15.000 Zeilen Code (60 KBytes) bewusst kompakt gehalten und mehrfach verifiziert. Sie gehört zur „Kategorie A", extrem sicherheitskritischer und besonders validierter Software, die normale Software dagegen zur Kategorie „C". Der verwendete Prozessor ist ein 32-Bit-Transputer T805 mit 20 MHz Taktgeschwindigkeit.

Die Auslegung der MSU verwendet die Design-Philosophie des Space Shuttle: Auch auf diesem gab es auf einem Computer nur eine Minimalsoftware, die nur einen sicheren Flugabbruch und Landung umfasste, unabhängig von der anderen Betriebssoftware entwickelt wurde und besonderen Sicherheitsanforderungen genügte. Anders als der Space Shuttle verwendet die MSU einen anderen Prozessor als der FTC. Die MSU kontrolliert direkt eine Kette der Steuerung des Raumtransporters mit ihren Triebwerken.

Die Abwärme der Elektronik wird durch 40 Heatpipes auf Flächen rund um den Elektronikring geleitet und in den Weltraum abgestrahlt. Dieselben Heatpipes können auch genutzt werden, um das Raumfahrzeug zu erwärmen. Dadurch kann etwa die Hälfte der Heizleistung eingespart werden. Es ist der erste massive Einsatz von Heatpipes bei einem Raumfahrzeug.

Weiterhin befinden sich in der EAB vier Nickelcadmium-Batterien, die vier Energiesteuerungs- und Verteilungseinheiten, die Gyroskope und Beschleunigungssensoren, die Kommunikationsausrüstung sowie die Thermalsteuerung und die Kommando- und Steuerungseinheit. Der Elektronikteil ist der obere, 1,36 m lange, Teil des Servicemoduls.

Antriebssystem

Am Heck befindet sich das Antriebssystem EPB. Es besteht aus vier großen Triebwerken mit jeweils 490 N Schub und 20 kleineren Triebwerken von jeweils 220 N Schub im Heck. Dazu kommen acht Triebwerke, ebenfalls mit 220 N Schub am Kopplungsadapter für die Kontrolle in der Nick- und Gierachse beim Ankoppeln. Die größeren Triebwerke stammen von Aerojet, die kleineren von Snecma. Das gesamte Antriebssystem hat eine Trockenmasse von 1.500 kg, umfasst 32 Triebwerke, 68 elektrisch betätigte Ventile, 84 Drucksensoren und 200 Temperatursensoren und Heizelemente.

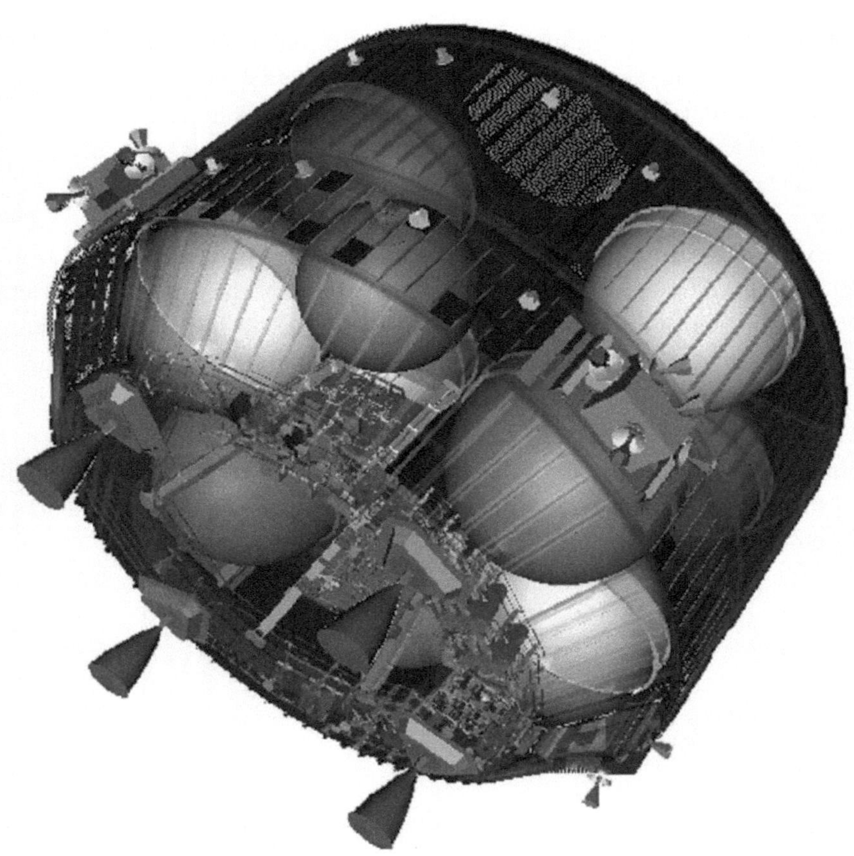

Abbildung 41: Aufbauschema des Antriebssystems © der Grafik: ESA

Die vier großen Triebwerke dienen dazu, den Frachter in der Flugrichtung zu beschleunigen und die Station im Orbit anzuheben. Von den vier Triebwerken werden in der Regel nur zwei benutzt. Die Vorgänger der Typen R-4D von Aerojet wurden schon im Apollo-Programm eingesetzt und treiben auch HTV, Cygnus und Orion an.

Die acht Triebwerke an der Vorderseite am Kopplungsadapter sind in vier Zweiergruppen angeordnet und in der Querachse orientiert. Mit ihnen kann das Raumschiff nach oben, unten und zur Seite verschoben werden.

Die 20 Triebwerke am Heck führen Bewegungen in alle drei Raumachsen und Rotationen um diese durch. Sie sind in vier Gruppen von jeweils fünf Triebwerken in der Längsachse, Rollachse sowie in einem Winkel von 45° quer zur Rollachse, angeordnet.

Das Antriebssystem ist elektrisch und mechanisch vierfach redundant. Bei einem Defekt wird die ganze Kette abgeschaltet (siehe S.83). Jede Kette hat eine Schaltung, die eine Zündung des

Abbildung 42: Blick auf eine Kette mit fünf 220 N Triebwerken © des Fotos: ESA

Haupttriebwerks verhindert, sobald die Nahbereichskommunikation mit der ISS etabliert ist und die vorderen Triebwerke freischaltet, wenn ein Abbruchsignal von der MSU ausgelöst wird. Der minimale Impuls beträgt 5 Ns. Das entspricht bei einer Masse von 20 t einer Beschleunigung um 0,00025 m/s².

Der Treibstoff für die Triebwerke ist die lagerfähige Kombination von Monomethylhydrazin (MMH) als Verbrennungsträger und Stickstofftetroxid (NTO) als Oxidator. Diese Flüssigkeiten sind über Jahre bei moderaten Temperaturen lagerfähig und bei dem verwendeten Mischungsverhältnis nehmen Verbrennungsträger und Oxidator das gleiche Volumen ein und benötigen so gleich große Tanks. Die Temperatur wird bei unter -5°C für das NTO und unter 50 °C bei dem MMH gehalten.

Abbildung 43: Blick von unten auf die vier 500 N Triebwerke von Aerojet © des Fotos: ESA

Es gibt im Heck acht identische Tanks aus Titan. Jeweils vier für das MMH und vier für das NTO. Sie sitzen auf zwei Kreisringen, jeweils vier Tanks in einer Ebene. Die Treibstoffe werden durch Überdruck in die Brennkammern gedrückt. Dazu dient Helium als Druckgas in zwei Druckgasflaschen. Ein Ventil reguliert den Druck in den Tanks durch Zugabe von Helium. Der Tankdruck beträgt maximal 20 bar. Die Treibstoffzuladung ist missionsspezifisch. Die Treibstofftanks stammen von Ruag Space.

Neben dem Anheben der Station kann der Raumfrachter auch die Gyroskope der ISS entdrallen und die Station im Raum verschieben, z. B., wenn ein primäres Computersystem oder das primäre Antriebssystem der ISS ausgefallen ist. Dann übernimmt die ATV-Elektronik die Steuerung der ISS-Lage. Die regelmäßigen Anhebungen der ISS erfolgen normalerweise ferngesteuert über die Steuerkonsole an Bord von Swesda.

	R-4D	220 N Triebwerke
Anzahl:	4	28 (20 am Heck, 8 am Bug)
Schub:	490 N	220 N
Spezifischer Impuls:	3060 m/s	2800 m/s
Brennkammerdruck:	4,1 – 29,3 bar	13,5 – 24,2 bar
Mischungsverhältnis NTO:MMH	1,65	1,65
Maximale Betriebsdauer:	12.000 s	46.400 s
Impulse:	-	160.000
Tanks:	4 MMH Tanks, 4 NTO Tanks, je 1,174 m Durchmesser, 730 l Volumen Betriebsdruck 20-25 Bar, Berstdruck 37,5 bar 2 Heliumdrucktanks mit je 340 Bar Betriebsdruck	
Treibstoffzuladung:	Nominal 6.760 kg, maximal 7.000 kg davon bis zu 4.700 kg Reboosttreibstoff (nominell: 4.000 kg)	

Abbildung 44: Die Treibstofftanks von Jules Verne bei der Integration © des Fotos: ESA

Stromversorgung

Die primäre Stromquelle für den Transporter sind vier Solarzellenflügel, die nach dem Start entfaltet werden. Die Panels bestehen aus Silizium/Galliumarsenid Solarzellen. Der Kern jedes Panels besteht aus Aluminium, auf dem die eigentliche Fläche aus kohlefaserverstärktem Kunststoff angebracht ist, welche wiederum mit den Solarzellen belegt ist. Vier Motoren von jeweils 4 kg Gewicht entfalten es. Fixiert ist es beim Start mit Kunststofffäden, die durch erhitzte Drahtschneider durchtrennt werden. Die Paneele sind in der Längsachse drehbar. Für die Ausrichtung in der Querachse auf die Sonne muss während der Flugphase der Transporter sich drehen. Nach Ankopplung versorgt die ISS den Transporter mit Strom. Während des Flugs zeigen die Solarzellen mit der belegten Fläche zum Heck, da dieses auf die Sonne ausgerichtet ist, um deren Wärme zu nutzen, schließlich darf der Treibstoff nicht ausfrieren. Im Servicemodul ist dagegen eine kühle Atmosphäre von Vorteil. Bei Ankopplungen sieht man daher auch die helle, unbeschichtete Rückseite der Paneele.

Die vier Panels sind in einem Winkel von 22 Grad nach oben und unten von der Horizontalachse angeordnet. Die Horizontalachse ist beim ATV definiert durch die Lage der Bodenplatte des ICC. Hergestellt werden die Paneele von Dutch Aerospace. Sie werden auch bei den ersten Cygnustransportern eingesetzt.

Für das Raumfahrzeug ist diese Leistung mehr als ausreichend. Es braucht 400 Watt im freien Flug und maximal 900 Watt, wenn alle Systeme in Betrieb sind. Wenn der Transporter aber Bestandteil der ISS ist, benötigt die Aufrechterhaltung der Temperatur und anderer Umgebungsbedingungen im Servicemodul mehr Strom, als das ATV selbst zur Verfügung stellt. Die Station muss dann 400-900 Watt Leistung an den Frachter liefern. Maximal 50 A können über die elektrischen Leitungen eingespeist werden. Benutzt wird nur jeweils eines der Paneele, die anderen sind redundant vorhanden, auch um schräge Neigungswinkel zur Sonne oder Abschattungen abzufangen. Die durchschnittliche Gesamtleistung von 1.200-2.300 Watt (unter Berücksichtigung der Zeit im Erdschatten) wird an 80 Verbraucher übertragen.

Für die Zeit im Erdschatten gibt es Nickelcadmium-Akkumulatoren, die während der Zeit, in der die Panels beschienen werden, wieder aufgeladen werden. Sie müssen während rund 40% der Umlaufszeit den Strom für das Raumschiff liefern. Die Stromversorgung ist ebenfalls in vier Ketten unterteilt. Ein Betrieb ist noch möglich, wenn drei Viertel der Solarpaneele oder Batterien ausgefallen sind.

Für den unwahrscheinlichen Fall eines kompletten Ausfalls der primären Stromversorgung gibt es für die MSU und ihren angeschlossenen Subsystemen sowie das Kopplungssystem eine eigene, nicht aufladbare Batterie. Somit ist selbst bei einem völligen Stromausfall noch gewährleistet, dass eine Annäherung an die ISS abgebrochen werden kann. Diese vierfach redundanten Batterien bestehen aus je 33 Zellen.

Stromversorgung	
Paneele:	4 × 9,15 m Länge, Breite: 1,158 m, pro Paneel: 4 Segmente 1,82 × 1,158 m, Gesamtlänge 8,40 m Gesamtfläche 33,6 m²
Leistung:	4.800 W Beginn of Life 3.860 W End of Life Wirkungsgrad: 17%
Bordspannung:	28,5 V (reguliert zwischen 26 und 30 V)
Batterien:	4 Nickelcadmium, jede mit 40 Ah (1.140 Wh) Kapazität
Notstromversorgung:	Lithiummanganatbatterie, 86 Ah (2.450 Wh) Kapazität

Navigation

Der Transporter hat zahlreiche Navigationssysteme an Bord. Die Lage im Raum wird mit zwei Star-Tracker Kameras festgestellt. Dies sind kleine Teleskope, welche den Sternenhimmel aufnehmen, die Position von Sternen im Blickfeld feststellen und deren Lage mit einem Himmelsatlas vergleichen. Dieses System erlaubt es, die Ausrichtung des Raumschiffs im Raum absolut (relativ zu den Sternen) festzustellen.

Die zwei GPS-Empfänger an Bord stellen die Position und Geschwindigkeit relativ zur Erde fest. Sie werden benutzt, um den Raumfrachter langsam an die Station heranzuführen, bis er den Punkt S2 erreicht hat, 3.500 m hinter der Station. Bis zu diesem Punkt haben die GPS-Empfänger eine Genauigkeit in der Ortsbestimmung von 40 m. Danach wechselt das GPS-System auf den relativen Modus. Die ISS übermittelt ihre Koordinaten, die dann mit den eigenen Koordinaten vergleichen werden. Über dieses differenzielle GPS-System kann der Fehler verringert werden. Es kommt ab 39 km Entfernung zu einer Verbindung. Das erlaubt es, den Kontakt und die Daten zu verifizieren, bis 20 Minuten später der Punkt S2 erreicht ist.

Die relative GPS Navigation wird verwendet, bis das ATV im Punkt S3 angekommen ist, 250 m hinter der Station. Danach benutzt es die optischen Systeme im Kopplungsadapter, um den Endanflug durchzuführen. Die Ankopplung an die ISS wird im Detail auf S.159 besprochen.

Ergänzt wird das Navigationssystem durch ein internes Referenzsystem. Anders als Star-Tracker Kameras oder die GPS-Empfänger, ist dieses vollkommen unabhängig von der Außenwelt. Es sind jeweils zwei Beschleunigungsmesser in allen drei Raumachsen und vier Gyroskope, empfindlich in jeweils zwei Raumachsen. Die Gyroskope sind ein eigenes Trägheitssystem: Verändert das Raumschiff seine Lage im Weltraum, so liefern diese ein Signal, proportional zu der Änderung. Dazu werden Laserinterferometer eingesetzt. Über einmalige Integration der Beschleunigung kann die Geschwindigkeit bestimmt werden, durch zweimalige Integration wird der zurückgelegte Weg ermittelt.

Kommunikation

Der europäische Transporter verfügt über zwei Systeme für die Kommunikation. Das Primärsystem ist die Kommunikation über TDRS-Satelliten der NASA. Als Back-up wird der europäische Artemis Satellit genutzt. Über diese Satelliten erfolgt die Kommunikation mit dem ATV-Kontrollzentrum, wird Telemetrie gesendet und Kommandos empfangen. Artemis musste bisher einmal, als die TDRS-Verbindungen wegen eines Hurricans gestört wurden, am 11.9.2008 die Kommunikation mit Jules Verne übernehmen. Er wird aber routinemäßig genutzt so auch beim letzten ATV, obwohl er mittlerweile von der ESA verkauft wurde.

Etwa vier Minuten vor der Abtrennung von der Oberstufe beginnt die Kontaktaufnahme mit den TDRS-Satelliten. Der Transporter kann mit 5.000 Kommandos gesteuert werden. Mehr als 35.000 Messwerte informieren über den Zustand des Raumfahrzeugs. Der S-Band-Sender/Empfänger an Bord von ATV sendet Telemetrie (Messwerte) mit 1 KBit/s und empfängt Kommandos mit 8 KBit/s. Diese Datenrate kann bei Bedarf (Übertragen gespeicherter Daten oder in der Endphase der Annäherung) auf 64 KBit/s in beide Richtungen erhöht werden. Wenn das Raumschiff an der ISS angekoppelt ist, wird Telemetrie zwischengespeichert und einmal pro Orbit übertragen. Das dauert rund 10 Minuten. Die Sendeleistung beträgt 30 Watt.

Im Nahbereich der Station wird der **P**roximity **L**ink **C**arrier (PLC) im S-Band zur ISS aktiviert. Die Verbindung kommt ab 100 km Entfernung zustande. Genutzt wird sie, sobald das Raumfahrzeug eine Entfernung von 30 km erreicht hat. Zwei 19 cm große Antennen an der Frontseite kommunizieren mit sechs Antennen an der Stirnseite von Swesda. Über diese Funkverbindung werden die GPS-Navigationsdaten empfangen. Über diesen Link kann auch die Besatzung die Annäherung abbrechen und das Collision Avoidance Manöver auslösen. Die Sende- und Empfangsantennen befinden sich an einem 2,15 m langen Ausleger zwischen den Solarpaneelen. Diese Konstruktion gewährleistet dauerhaften Funkkontakt, unabhängig von der Stellung der Paneele. Die Sendeleistung dieses Kanals beträgt 5 Watt, übertragen werden bis zu 20 kbit/s.

Fracht

Das ATV ist der leistungsfähigste und vielseitigste Frachter zur Versorgung der Weltraumstation. Die Gesamtmenge ist variabel und hängt von der Startmasse ab. Die maximale Zuladung bei 7.667 kg bei einem Startgewicht von 20.750 kg. 1.200 kg pro Jahr sind Europas Beitrag für den russischen Teil der Station und die Dienste des russischen Missionskontrollzentrums, der Rest ist für den US-Teil der Station und das Columbus Labor vorgesehen.

Ein wichtiger Aspekt ist die Fähigkeit des Transporters, die Internationale Raumstation mit Treibstoff zu versorgen, und die Station anzuheben, da ein Frachter dreimal so viel Treibstoff

Abbildung 45: Beladen von Jules Verne am 8.12.2007 © des Fotos: ESA

wie ein Progress-Transporter zur ISS befördern kann. Treibstoff kann (wie auch Wasser) über Swesda ins Sarja Modul umgepumpt werden. Dieser Refülltreibstoff wird von der Station genutzt, wenn kein angedocktes Raumschiff die Lageänderungen durchführen kann. Jeder ATV führte die maximale Zuladung an Refülltreibstoff mit. Die Gase werden durch ein Ventil in die Atmosphäre entlassen, damit der Druck nicht zu stark ansteigt, geschieht dies mehrmals während der Mission. Bei dem Innenvolumen der Station von 854 m³ entsprechen 1,125 kg Sauerstoff einer Druckänderung um 1 hPa. Auf der Erde schwankt der Luftdruck (Zwischen einem Hoch und Tief) um typisch 20 hPa. Begrenzt man die Druckänderung auf diesen Wert, so kann man maximal 23 kg Sauerstoff oder etwa 20 kg Luft auf einmal entlassen.

Für Ausrüstung und Nahrung gibt es im Druckmodul bis zu acht Racks, in denen diese gelagert wird. Die Racks sind beim Trockengewicht nicht mit eingeschlossen. Es werden daher nur so viele mitgeführt, wie für die Mission benötigt werden.

Ab dem dritten ATV wurde ein „Late Cargo Access" eingeführt. Im Normalfall erfolgt die Beladung mit Fracht über einen Monat vor dem Start. Um vor allem Ersatzteile, die dringend benötigt werden, zeitnah zu transportieren, kann bis 10 Tage vor dem Start ein Arbeiter an Seilen aufgehängt noch Fracht in die Mitte des ATV einbringen, der dann schon senkrecht steht. Später wurde ein beweglicher Arm eingeführt, der den Zugang erleichterte. Dies nutzte man bei Albert Einstein für das Zuladen einer dringend benötigten Pumpe für das Urin-Recyclingsystem im US-Teil, als diese auf der Station ausfiel. Frische Nahrungsmittel gehören nicht zur „Late Cargo", da selbst im optimistischsten Fall zwischen Beladen und Ankopplung 15 Tage vergehen, typischerweise zwischen Beladen und Ausladen (das auch nicht sofort nach dem Ankoppeln erfolgt) ein Monat. Zudem hat der Frachter nicht die Möglichkeit, die Fracht aktiv zu kühlen.

Ausgekleidet sind die Racks, je nach Art der Zuladung, mit Aluminiumeinschüben und Säcken, in welche die Ausrüstung verstaut wird. Zuletzt werden die sackförmigen Taschen mit Spanngurten fixiert. Die Mitnahme von Ausrüstung und kleinen Experimenten z. B. im Space Shuttle MDL-Format ist möglich, so brachte Jules Verne auch Ersatzteile für das Columbus Labor zur ISS. Die weiteren Transporter werden rund 7 t Ausrüstung für das europäische Raumlabor transportieren. Da neben der eigentlichen Fracht auch noch die Racks mit transportiert werden (die Cargo Support Hardware) kann die Nutzlast maximiert werden, wenn nur wenige Racks im Druckmodul benötigt werden. Anders als bei den US-Systemen gibt die ESA die Nettofracht an. Bei den US-Transportern zählen Racks oder Verpackungen dagegen mit zur transportierten Frachtmenge.

Bevor das ATV von der ISS ablegt, werden die Racks mit Abfall gefüllt. Der Müll auf der ISS entspricht zum Teil unserem Hausmüll. So sind alle Lebensmittel verpackt und diese Verpackung ist auch der Behälter, aus dem gegessen wird. Nach der Mahlzeit ist der Behälter Müll. Kleider können nicht gewaschen werden und werden entsorgt, wenn sie dreckig sind. Jules Verne transportierte 80 kg neue Bekleidung zur ISS.

Die Müllentsorgung ist allerdings nicht die primäre Aufgabe des Raumschiffs. Alle Transporter können Müll entsorgen. Soviel Abfall, wie entsorgt werden könnte, fällt gar nicht an.

Frachtkapazität (Planungen)	
Gesamt (strukturelles Limit)	9.500 kg
Nominelle Höchstmenge beim Start mit einer Ariane 5 ES	7.667 kg
Davon im Druckmodul:	1.500 – 5.500 kg*, maximal 2.695 kg transportiert
Davon Wasser:	0 – 840 l / kg
Davon Treibstoff für Sarja/Swesda	0 – 860 kg
Davon Reboosttreibstoff:	1.821 – 4.700 kg, maximal 4.754 kg transportiert**
Davon Gase:	0 – 100 kg (3 x 33 kg)
Abfallentsorgung:	Max. 6.340 kg
Davon Abwasser:	Max. 840 l / kg
Davon Müll im ICC:	Max. 5.500 kg
Cargo Support Hardware: davon	1.370 kg 6 x 142 kg Racks (ATV-1) 8 x 92 kg Racks (ATV 2-5) 100 kg für den Wassertransfer 430 kg für das Treibstoffrefüllsystem

* theoretischer Wert, den die Struktur aufnehmen kann, dafür reicht das Volumen nicht aus.

** Nach dem Flug von Jules Verne kannte man den Treibstoffverbrauch für die Mission und dieser war kleiner als geplant, sodass bei Johannes Kepler mehr Treibstoff für den Reboost verblieb.

Die Trägerrakete Ariane 5ES

Für den kostengünstigen Transport von schweren Satelliten ab Mitte der neunziger, aber auch für den Start des europäischen Raumgleiters Hermes, wurde die Ariane 5 entworfen. Pläne für eine neue Rakete gab es schon 1979. Sie sahen zuerst eine neue kryogene Oberstufe für die Ariane 1 vor. Im Laufe der Zeit wandelte sich der Entwurf zu einer neue Rakete.

Im Juni 1985 beim Ministerratstreffen von der CNES vorgelegt, konnte noch keine Mehrheit für das Konzept gefunden werden. Es wurde erst einmal ein Vorentwicklungsprogramm für das Vulcain Triebwerk beschlossen. Das Triebwerk war in der Größe und Leistung technisches Neuland und es sollte erst geklärt werden, dass es keine Probleme gab.

Beim nächsten ESA-Konzil, Ende 1987 wurde die Ariane 5 genehmigt, weil inzwischen die ESA den Einstieg in die bemannte Raumfahrt plante. Deutschland wollte sich an der Raumstation „Freedom" (die spätere ISS) mit dem Raumlabor Columbus beteiligen, Frankreich wollte den Mini-Shuttle Herms entwickeln. Für beide Projekte brauchte man eine Trägerrakete mit einer höheren Nutzlast als die Ariane 4 und einer hohen Zuverlässigkeit. Ariane 5 wurde daher für den Transport in den niedrigen Erdorbit optimiert. Eine kryogene Oberstufe auf Basis des HM-7 Triebwerks der Ariane 1-4 Drittstufe wurde aus dem Entwurf gestrichen. Wesentliche Ziele des Konzepts waren:

- Nutzlast 15 t in LEO und 5,2 t in GTO.

- 10% niedrigere Produktionskosten und 40% niedrige Startkosten pro Kilogramm, verglichen mit der Ariane 4.

- Höhere Zuverlässigkeit: ein Fehlstart ohne Oberstufe bei 200 Starts, mit Oberstufe bei 100 Starts (Ariane 4 Entwicklungsziel: 1 Fehlstart pro 20 Starts).

Während der Definitionsphase von 1985 bis 1988 wurde viel am Konzept geändert, vor allem, weil Hermes schwerer wurde. So wurde die Treibstoffzuladung der Booster von 170 auf 238 t erhöht, bei der Zentralstufe waren es 155 anstatt 120 t LOX/LH2 und die Oberstufe nahm 9,7 anstatt 4 t Treibstoff auf. Die Nutzlast stieg so auf 18 t in LEO und 6,8 t in GTO.

Die Ariane 5 ist auf eine hohe Zuverlässigkeit ausgelegt, um bemannte Raumflüge durchführen zu können. So sollte bei einer Hermesmission keine Oberstufe eingesetzt werden. In diesem Fall können alle Triebwerke vor dem Abheben geprüft werden. Die Feststoffbooster reduzieren die Zahl von acht Starttriebwerken bei einer Ariane 44L auf drei. Zudem versprechen sie eine Kostenreduktion, da sie preiswerter zu fertigen sind, als eine Stufe, die flüssige Treibstoffe einsetzt. Die Auslegung für schwere Nutzlasten ermöglicht es, den über 20 t schweren ATV zu starten.

Die Zentralstufe setzt kryogene Treibstoffe ein. Zum einen um die niedrige Performance der Feststoffantriebe auszugleichen, zum anderen hatte die Entwicklung auch das Ziel, die französische Industrie technologisch vorranzubringen. Dazu gehörte die Entwicklung eines schubstarken LOX/LH2 Antriebs. Da der Schub des Haupttriebwerks „Vulcain" während der Entwicklung unverändert blieb, weist die Rakete sehr hohe Gravitationsverluste auf und die Ausbaumöglichkeiten waren begrenzt.

Die EPS-Oberstufe wurde für GTO-Transporte und SSO-Missionen hinzugenommen. Um die Kosten zu begrenzen, aber auch um für die deutsche Industrie eine Aufgabe zu finden, setzt sie nur lagerfähige Treibstoffe und ein Triebwerk mit geringem Schub ein. Sie ist daher relativ klein.

Erstmals machte man sich bei der ESA Gedanken um die Reduktion des Weltraummülls. So verzichtet man auf Nutzlast, indem die Ariane 5 eine Aufstiegsbahn einschlägt, in der die Zentralstufe keinen Orbit erreicht. Die Oberstufe entlässt nach Missionsende ihren Treibstoff, so wird eine Explosion vermieden.

Auch wenn GTO-Transporte beim Entwurf nicht die Hauptaufgabe waren, so machte man sich doch Gedanken über den Transport von zwei großen Satelliten und konstruierte die obere Sektion so, dass sie sehr viel Platz für die Nutzlast bietet. Der Durchmesser der Nutzlasthülle beträgt 5,40 m – mehr als bei jeder anderen Rakete und die Länge der Nutzlasthülle ist mit bis zu 17,00 m ebenfalls länger als jede bisher eingesetzte. Es kann der Platz durch die Doppelstartvorrichtung noch vergrößert werden, allerdings auf Kosten der Nutzlastmasse.

Als man Mitte der Neunziger beschloss, die Ariane 5 auszubauen, wurde die bisherige Ariane 5 in „Ariane 5G" umbenannt und die neue Version hieß nun Ariane 5E. Das ist ein Bruch mit der Tradition, denn Ariane 2-4 waren auch nur „Upgrades" der Ariane 1. Die Ariane 5G teilt auch ein Schicksal der Ariane 1: Als Basisversion wurde sie nur wenige Male eingesetzt. Ebenso verzögerte sich bei Ariane 5 (wie bei Ariane 1) der Einsatz, weil der Jungfernflug scheiterte und es beim zweiten Flug eine Unterperformance gab – die Nachbesserungen kosteten Zeit und so fanden nach wie vor die meisten kommerziellen Starts mit der Ariane 4 statt. Die Starts der ATV finden mit der Ariane 5 ES statt, einer Version der Evolution-Variante. Sie unterscheidet sich von der Generic (G) Variante vor allem durch ein neues Triebwerk (Vulcain 2) und 17 t mehr Treibstoff in der Zentralstufe.

Als der Bau des ATV beschlossen wurde, wurde die Ariane 5E als Trägerrakete selektiert, obwohl sie zu diesem Zeitpunkt noch nicht geflogen war. Die Genericvariante hätte die Nutzlast auf 17,9 t beschränkt und damit auch die Fracht auf unter 5 t. Die ursprüngliche Konzeption sah aber keine EPS-Stufe vor. Stattdessen sollte das ATV in einen 30 x 300 km Orbit von der EPC abgesetzt werden. Diesen Übergangsorbit hätte das Raumfahrzeug selbst zirkularisieren müssen, wofür es weniger als eine Stunde Zeit hat, denn sonst wäre es beim ersten Durchfliegen des Perigäums in nur 30 km Höhe verglüht. Von diesem riskanten Manöver kam man schnell ab. Der Vorteil dieses Konzepts liegt in einer höheren Nutzlast, denn die EPS muss von der EPC auch fast bis in einen Orbit gebracht werden. Doch da die Ariane 5ES durch Verbesserungen auch so mindestens 20,5 t in einen Orbit bringen konnte (dies war 1998 bei der Konzeption die maximale Startmasse) musste man dieses Risiko nicht eingehen.

Die Ariane 5 besteht aus zwei Feststoffboostern, den EAP (**E**tages d' **A**ccélération à **P**oudre = Beschleunigungsstufe aus Pulver), als erste Stufe. Sie sind die größten in Europa entwickelten Booster. Sie bestehen aus drei Segmenten mit sieben Teilen von jeweils 3,35 m Höhe. Die einzelnen Teile werden aus 8 mm dicken Stahlhülsen hergestellt. Je drei Teile werden zusammengeschweißt, die so entstandenen Segmente (zwei lange und ein kurzes) zusammengesteckt und mit Bolzen verbunden. Die Düsen sind hydraulisch schwenkbar. Im Nasenkonus ist Platz für ein Fallschirmsystem.

Die Booster bringen 90% des Startschubs. Das oberste, kurze, Segment hat sternförmigen Querschnitt und ist nach kurzer Zeit, vor Durchlaufen der Zone mit maximaler aerodynamischer Belastung, abgebrannt. Dadurch wird der Staudruck auf die Ariane 5 minimiert. Danach steigt der Schub durch die sich vergrößernde Oberfläche wieder an. Die Abtrennung der ausgebrannten Booster erfolgt, wenn Beschleunigungssensoren einen Rückgang der Beschleunigung unter 0,75 g messen.

Die Boosterhülsen sind so massiv, dass sie den Wiedereintritt überstehen. Eine Bergung wurde untersucht. Sie ist jedoch unwirtschaftlich. Anfangs wurde bei einem Start pro Jahr ein zusätzliches System eingebaut, um die Booster zu bergen. Es besteht aus zwei durch Drucksensoren ausgelösten Fallschirmen, welche die Aufschlaggeschwindigkeit reduzieren. Die anderen

Booster werden durch Sprengschnüre nach der Abtrennung an der Längsachse aufgetrennt und versinken im Ozean. MT Aerospace fertigt die Boosterhüllen. Die Befüllung der Booster erfolgt erst im CSG (Centre Spatial Guyanais). Dafür wurde dort eigens eine Fabrik zur Herstellung des Treibstoffs errichtet.

Bei der Evolution Variante, welche für das ATV eingesetzt wird, hat man das oberste Segment mit 2,43 t mehr Treibstoff beladen. Die Rakete entwickelt so beim Start mehr Schub, der Maximalschub und damit die Maximalbelastung verändern sich nicht. Schon während der Entwicklung wurde die Düse verlängert, wodurch der Treibstoff effektiver ausgenutzt wird.

Später wurden auch die Segmente miteinander verschweißt anstatt durch Stecker verbunden. Das reduzierte die Stärke der Verbindungsstelle von 36 auf 12 mm. Dies und eine leichtgewichtigere Düse sparten rund 1,8 t Gewicht pro Booster ein. Diese leichtgewichtigen Booster wurden ab dem zweiten ATV eingesetzt.

EAP241 Parameter	
Startgewicht (pro Booster):	278 t
Leergewicht (pro Booster):	36,8 t
Abtrennungsgewicht (pro Booster):	37,5 t
Brennzeit:	132 s
Länge:	31,60 m
Durchmesser:	3,05 m
Startschub (pro Booster):	6.040 kN
Maximaler Schub:	7.080 kN
Minimaler Schub:	4.000 kN
Durchschnittsschub:	5.060 kN
Spezifischer Impuls:	2692 m/s (Vakuum)
Nur Boostergehäuse:	18.892 kg
Booster Recovery System:	1.200 kg
Düse P2001-Expansionsverhältnis:	11

Vor den beiden Boostern wird die Zentralstufe EPC (**E**tage **P**rincipal **C**ryotechnique: Kryogene Hauptstufe) gezündet. Das erlaubt eine Prüfung des Vulcain Triebwerks auf Funktionsfähigkeit, bevor die beiden Booster gezündet werden. Bei Abweichungen von den Normwerten wird es wieder abgeschaltet. Das Vulcain 2 Triebwerk arbeitet mit flüssigem Wasserstoff und Sauerstoff im Verhältnis 1 zu 7. Dabei arbeitet es mit einem hohen Brennkammerdruck von über 100 bar, allerdings noch im klassischen Nebenstromverfahren. Die gesamte Stufe ist sehr leichtgewichtig aus Aluminiumlegierungen gebaut. Die Dicke der Tankwände beträgt nur 1,3 mm beim Wasserstofftank und 4,7 mm beim Sauerstofftank. Es ist ein einzelner Tank mit einem gemeinsamen Zwischenboden zur Reduktion der Leermasse. Die Leichtgewichtigkeit wird auch erreicht, indem die Booster unten am Schubrahmen und oben an dem Zwischenstufenadapter angebracht sind. Das ermöglicht es die eigentliche Stufe sehr leicht zu bauen, weil die Kräfte auf zwei strukturell verstärkte Teile übertragen werden.

Das Triebwerk Vulcain 2 brennt 540 Sekunden lang – Weltrekord für eine mit LH2 angetriebene Erststufe. Sie erreicht fast einen Orbit und verglüht beim Wiedereintritt vor der Westküste Südamerikas. Das Vulcain ist auf den Betrieb im Vakuum ausgelegt, da die Booster die Rakete innerhalb von 130 s in 50 km Höhe bringen. Es hat für ein Erststufentriebwerk eine sehr große Expansionsdüse. Der Schub beim Start ist daher gering.

Bei der Ariane 5 E wurde gegen über der Basisvariante, der Ariane 5G der Zwischenboden um 64 cm in Richtung Wasserstofftank verschoben. Dadurch konnten 16 t mehr Sauerstoff getankt werden, während der Wasserstofftank 1 t weniger fasste. Die gesamte Mischung wurde sauerstoffreicher. Auf dieses Mischungsverhältnis wurde das Vulcain-Triebwerk 2 angepasst. Das Vulcain 1 Triebwerk wurde durch das Vulcain 2 ersetzt. Es liefert rund 200 kN mehr Schub und die Brenndauer verkürzt sich von 590 auf 540 s. Damit hat die Evolution Variante mehr Reserven für schwerere Oberstufen und Nutzlasten.

Ursprünglich war ein einfaches „Engine Upgrade" geplant. Das erwies sich jedoch als nicht möglich. Die Sauerstoffpumpe musste neu entwickelt, die Kühlung des Triebwerks verbessert und alle Systeme auf den höheren Brennkammerdruck von 118 bar ausgelegt werden. Die EPC wiegt 18 t mehr als bei der Ariane 5G.

Die EPC ist bei allen ATV Missionen weitgehend unverändert. Die beiden letzten Ariane 5 ES setzten eine leichtgewichtigere Düse NE-X ein, welche die Nutzlast leicht anhob.

EPC Tank	
Länge:	23,80 m
Durchmesser:	5,40 m
Startgewicht:	5,6 t
Treibstoff:	158,1 t
Sauerstofftank	134 m³, 149,5 t Sauerstoff
Wasserstofftank	375 m³, 25 t Wasserstoff
Wandstärke:	1,3 mm Wasserstofftank, 4,7 mm Sauerstofftank
Tankboden:	1,86 m Höhe, 450 kg Gewicht
Zwischenboden:	3,40 m Höhe, zwei Segmente getrennt durch ein Vakuum
Außenisolation:	21 mm PROSIAL
Mischungsverhältnis:	5,2 (LOX/LH2)
Druckbeaufschlagung:	0,4 kg Wasserstoff/s 0,2 kg Helium/s (166 kg gesamt)
EPC Frontskirt	
Länge:	3,288 m
Durchmesser:	5,40 m
Startgewicht:	1.785 kg
Lastaufnahme:	2 × 6.000 kN
Material	Aluminium 2219 / CFK, Thermalschutz (PROSIAL)
EPC173 Daten	
Länge:	31,00 m
Durchmesser:	5,40 m
Startgewicht:	<188,3 t
Leergewicht:	14,1 t
Treibstoff:	<174,5 t
flüssiger Sauerstoff:	<149,5 t
flüssiger Wasserstoff:	<25 t
Triebwerk:	1 Vulcain 2
Schub:	1.350 kN (Vakuum) 960 kN (Meereshöhe), später 1.390 kN Vakuumschub
Brennzeit:	540 s
Mischungsverhältnis:	6,2 zu 1 (LOX/LH2)

	Vulcain 2	Vulcain 1
Höhe:	3,45 m	3,00 m
Max. Durchmesser:	2,10 m	1,76 m
Düsenlänge:	2,17 m	1,80 m
Düsendurchmesser:	2,10 m	1,76 m
Gewicht:	2.100 kg (nass) 1.935 kg (trocken)	1.685 kg (trocken)
Nur Brennkammer:	811 kg	625 kg
Schub (Vakuum/Meereshöhe):	1.350 kN / 960 kN	1.140 kN / 885 kN
Mischungsverhältnis (gesamt):	7,2 (LOX/LH2)	5,9 (LOX/LH2)
Mischungsverhältnis (Brennkammer):	6,8 (LOX/LH2)	6,3 (LOX/LH2)
Treibstoffdurchsatz:	320 kg/s	271 kg/s
Davon Brennkammer:	306 kg/s	262,2 kg/s
Davon LOX:	40,9 kg/s	38 kg/s
Davon LH2:	275,6 kg/s	224,2 kg/s
Davon Gasgenerator:	13,5 kg/s	8,8 kg/s
Davon Düsenkühlung:	3,0 kg/s	3,0 kg/s
Spezifischer Impuls (Vakuum):	4256 m/s	4228 m/s
Spezifischer Impuls (Meereshöhe):	3040 m/s	3282 m/s
Brennkammerdruck:	118 Bar	110 Bar
Brennkammertemperatur:	3577 K	3473 K
LOX Turbopumpe Drehzahl:	13.265 U/min	12.300 U/min
LOX Turbopumpe Leistung:	5,1 MW	3,7 MW
LOX Turbopumpe Eingangsdruck:	72 bar	72 bar
LOX Turbopumpe Förderdruck:	165 Bar	139 Bar
Gewicht:	240 kg	180 kg
LH2 Turbopumpe Drehzahl:	35.800 U/min	34.100 U/min
LH2 Turbopumpe Leistung:	14,29 MW	11,41 MW
LH2 Turbopumpe Eingangsdruck:	91 bar	78 bar
LH2 Turbopumpe Ausgangsdruck:	150 Bar	133 Bar
Düse Flächenverhältnis: Einlass	4,6	5
Düse Flächenverhältnis: Auslass	61.8	45
Turbinentemperatur:	910 K	900 K
Nominelle Brennzeit:	540 s	590 s
Zuverlässigkeit:		0,9946
Erster Einsatz:	V157 (L517)	V88 (L501)
Gebaute Exemplare:	25	63 (bis Ende 2016)

Außergewöhnlich ist die Konstruktion der Oberstufe. Auf der EPC sitzt die VEB (**V**ehicle **E**quipment **B**ay), die bei der Ariane 5G 1.400 kg wiegt. Sie hat drei Funktionen. Zum einen ist sie Bestandteil der Struktur und überträgt die Kräfte der Nutzlast und Nutzlastverkleidung auf den Stufenadapter. Zum Zweiten enthält sie Hydrazin als monergolen Treibstoff und sechs Verniertriebwerke mit jeweils 200 N Schub. Der Treibstoffvorrat wird benötigt, um nach der Abtrennung der Feststoffbooster die Korrekturen in der Pitch- und Rollachse durchzuführen. Nach Brennschluss wird mit den Triebwerken die Nutzlast vor der Abtrennung ausgerichtet oder in Rotation versetzt. Zuletzt beinhaltet die VEB die gesamte Elektronik und das Intertialsystem der Rakete. Dazu kommen Batterien, Bahnverfolgungssender und Telemetriesender.

Die Oberstufe EPS (**E**tage à Propergols **S**tockables: Stufe mit lagerfähigen Treibstoffen) sitzt innerhalb der VEB in Form eines Kreisrings. Sie ist daher sehr kompakt gebaut. Vier Kugeltanks mit den Treibstoffen MMH und NTO umgeben das zentrale, druckgeförderte Triebwerk. Es gibt zwei Druckgasflaschen gefüllt mit Helium. Mit dem Helium werden die Tanks auf einen Druck von 18 bar gesetzt. Das Aestus Triebwerk hat einen hohen spezifischen Impuls. Er wird durch eine lange Expansionsdüse mit einem Flächenverhältnis von 84,1 erreicht. Die VEB nimmt das Gewicht der EPS und der Nutzlast auf, dadurch konnte die Leermasse der EPS um 380 kg gesenkt werden. Die Konstruktion mit der Stufe innerhalb der VEB wurde gewählt, um die EPS für Hermes Missionen weglassen zu können. Es war so nur eine Version der VEB nötig – nicht eine „EPS-VEB" und eine „Hermes-VEB".

Die Evolution-Variante der EPS unterscheidet sich kaum von der „Generic" Variante der Ariane 5, welche von 1996 bis 2009 im Einsatz war. Zwei Anpassungen waren notwendig. Zum einen musste die EPS-Oberstufe wiederzündbar sein. Ohne eine wiederzündbare Oberstufe kann nur ein 60 × 300 km Orbit erreicht werden. In diesem muss das Raumschiff innerhalb von 10 Minuten in Betrieb genommen werden und kurz danach durch die eigenen Triebwerke den Orbit auf eine sichere Höhe anheben. Dies war der ESA zu riskant. Daher erfolgte der Beschluss, die EPS (**È**tage aux **P**ropulsives **S**torables – Stufe mit lagerfähigen Treibstoffen) einer erneuten Qualifikation zu unterziehen.

EPS Daten	
Startgewicht:	11.200 kg
Leergewicht:	1.200 kg
Spezifischer Impuls:	3178 m/s (Vakuum)
Länge:	3,40 m
Min. Durchmesser:	2,62 m
Max. Durchmesser:	3,96 m
Lageregelung:	Schwenkung des Haupttriebwerks um bis zu 9,5 Grad, Rollachsensteuerung durch die VEB
Treibstoffförderung:	Druckförderung mit 20,5 / 20,7 Bar.
Brenndauer:	Bis zu 1.100 s
Schub:	28,4 kN
MMH-Tank: (AL-2219)	3.200 kg Treibstoff, 97,4 kg Gewicht 2,06 m³ Volumen, 1,15 m Durchmesser, 1,865 m Länge 20,5 bar Betriebsdruck
NTO-Tank: (AL-2219)	6.700 kg Treibstoff 2,35 m³ Volumen, 1,515 m Durchmesser, 2,049 m Länge 20,7 bar Betriebsdruck
Druckgas:	Helium, zwei Druckgasflaschen 34 kg Füllmenge 400 bar Druck
Schubrahmen:	380 kg 3,90 m Basisdurchmesser, 2,60 m Durchmesser am oberen Abschluss 1,20 m Höhe

Das Aestus Triebwerk ist prinzipiell wiederzündbar, da die verwendeten Treibstoffe sich spontan entzünden und die Oberstufe eine einfache, aber zuverlässige, Druckförderung einsetzt. Jedoch war dies noch nie getestet worden. Das wurde nun nachgeholt. 200 Tests unter Realbedingungen fanden im Höhenforschungsteststand P4.2 in Lampoldshausen statt. Dem folgten Tests im All bei den Ariane-Starts V526 und V530, bei denen die Satelliten leicht genug waren, um genügend Resttreibstoff zu hinterlassen. Verbessert wurde auch die thermische Isolierung der Tanks, um zu vermeiden, dass die Treibstoffe sich zu stark erwärmen. Das Stickstofftetroxid verdampft schon bei Temperaturen oberhalb 20°C. Beim Start der ATV ist die EPS mit nur 5,2 t (anstatt 10 t) Treibstoff befüllt. Dies reicht aus, da sie nur wenige Hundert Meter pro Sekunde aufbringen muss, um einen Orbit zu erreichen. Dann braucht sie noch etwas Treibstoff, um diesen zu zirkularisieren und nach Abtrennung des Transporters sich selbst zu deorbitieren. Die Aufstiegsbahn der ATV Starts erfordert gründlichere Planungen als die in den geostationären Orbit. Wichtig ist das während der Betriebszeit der Stufen Funkkontakt besteht, um Telemetrie zu empfangen. Durch die Neigung der ISS von 52 Grad zum Äquator fliegt die Rakete aber nicht entlang des Äquators, wo die ESA-Empfangsstationen für die Missionen in den GTO lokalisiert sind. Dadurch kann die EPS Oberstufe nicht voll betankt werden. Sie hätte sonst eine Brennzeit von über 1000 s, dann hätte das Gespann aus Oberstufe und ATV vor dem Brennschluss Europa passiert und man benötigte Empfangsstationen über dem Indischen Ozean. Weiterhin darf die EPC-Oberstufe nicht über Land niedergehen. Das wäre der Fall, wenn Oberstufe und ATV zu leicht sind. Die EPS darf also auch nicht zu wenig Treibstoff mitführen. Mit einer Treibstoffzuladung von rund 5 t ist die EPC bei der Abtrennung langsam genug, um vor der portugiesischen Küste zu verglühen, der erste Betrieb der EPS-Oberstufe aber noch von Empfangsantennen in Frankreich und Deutschland verfolgbar. Die zweite Brennperiode ist dann von einer ESA-Bodenstation in Perth verfolgbar.

Aestus Triebwerk	
Schub (im Vakuum):	28,4 kN (Vakuum)
Leistung:	43,7 MW
Spezifischer Impuls (Vakuum):	3178 m/s
Treibstoffförderungsdruck:	17,7 bar
Brennkammerdruck:	11,0 bar
Länge:	2,183 m
Max. Durchmesser:	1,31 m
Brenndauer:	400-1100 s
Starts pro Mission:	>3
Treibstoffverbrauch:	8,772 kg/s
Mischungsverhältnis (NTO/MMH):	2,05
Gewicht:	111 kg
Flächenverhältnis der Düse:	84:1
Lebensdauer:	> 1.340 s

Die zweite Änderung war eine Anpassung der VEB. Da die ATV doppelt so schwer sind wie die bisher schwerste Nutzlast, war es nötig, die VEB strukturell zu verstärken und mitsamt einer EPS-Stufe und einer Last von 20 t auf einem Rütteltisch die Belastungen beim Start nachzubilden.

Weiterhin ist die VEB auch zuständig für die Lageregelung während der Freiflugphasen, sie dreht die Stufe mit dem Frachter, um eine einseitige Erhitzung zu verhindern und sie führt auch ein Kollisionsvermeidungsmanöver nach der Abtrennung aus. Dazu hat die VEB eigene Treibstofftanks. Normal sind zwei Tanks. Für den Start des Schwerlasttransporters wurde die Zahl auf sechs erhöht. Auch die Zahl der Triebwerke wurde von sechs auf zehn erhöht. Die VEB für das ATV ist daher erheblich schwerer als die normale VEB einer Ariane 5, die 1.250 kg wiegt. Sie wog beim Flug von Jules Verne 1.900 kg, davon entfallen 234 kg auf den Treibstoff Hydrazin, die dreifache Menge wie bei einem Flug in den geostationären Übergangsorbit. Später konnte das Gewicht auf 1,7 t reduziert werden.

VEB	Ariane 5G	Ariane 5G+ und GS	Ariane 5 ECA	Ariane 5 ES
Typ:	A	B	C	D
Startgewicht:	1.500 kg	1.250 kg	950 kg	1.700 bis 1.900 kg
Trockengewicht:	1.430 kg	1.180 kg	950 kg	1.470 bis 1.670 kg
Verniertriebwerke:	8	8	6	10
Höhe:	1,56 kg	1,56 m	1,13 m	1,56 m
Durchmesser:	5,40 m	5,40 m	5,40 m	5,40 m
Hydrazintanks:	2	2	0	6
Betriebsdauer:	6.900 s	~ 7.200 s		6 h

VEB	
Gewicht:	1.700 kg – 1.900 kg
Davon Struktur:	1.030 kg
Treibstoff:	240 kg
Abmessungen:	5,40 m Außendurchmesser: 3,936 m Innendurchmesser, 1,56 m Höhe
Bordcomputer:	32,5 × 27 × 10 cm, 4,7 kg, 15 Watt Stromverbrauch
Prozessor:	MC 68020, MC 68881 FPU, 18 MHz 1 Mbyte SRAM Speicher mit EDAC Fehlerkorrektur 32 kByte EEPROM
I/O Prozessor	MC 68020, 18 MHz 256 kByte SRAM Speicher mit EDAC Fehlerkorrektur 32 kByte EEPROM
Triebwerke:	6 × 200 N

Die Ariane 5 ES, welche das Raumschiff startet, wird bis 2014 nur für diesen Missionstyp eingesetzt. Booster und die Zentralstufe EPC sind identisch zur Ariane 5 ECA. Bei GTO Missionen ist ihre Nutzlast rund 2 t kleiner als die der ECA-Version. Daher wird sie für diese „Brot und Butter" Missionen nicht von Arianespace eingesetzt. Für Missionen zur ISS ist die Nutzlast dagegen fast gleich groß. Zudem war die Oberstufe im Einsatz, als der Transporter entwickelt wurde. Er wurde daher an die Ariane 5 ES angepasst.

Von den verschiedenen Nutzlastverkleidungen, die bei Ariane 5 einsetzbar sind, kommt aufgrund der Größe des ATV nur die lange Version mit über 17 m Länge zum Einsatz. Ihre Masse ist bei der Evolution Variante von 2.900 auf 2.475 kg gesenkt worden. Gleichzeitig reduzieren neue Absorber den Schallpegel, der auf die Nutzlast einwirkt. Sie wird in 110 km Höhe abgetrennt, wenn die Aufheizung der Nutzlast durch die Reibungshitze 1355 W/m² unterschreitet (genauso viel wie die Sonne an Wärme abgibt).

Zur Nutzlast selbst gehört noch der Adapter SDM – **S**eparation and **D**istance **M**odule. Die Nutzlast wird freigegeben, indem Spannbänder, die Verbindungen festhalten, durch pyrotechnisch angetriebene Schneidmesser durchtrennt werden. Arianespace bietet verschiedene Adaptoren an, die sich vor allem am Satellitengewicht orientieren. Der Adapter besteht aus zwei Teilen. Einem Unteren, der an der VEB fest angebracht ist – „Cone 3936". Dieser ist für alle Satelliten gleich. Er besteht aus Kohlefaserverbundwerkstoffen mit einem Glasfaserüberzug und hat eine Höhe von 783 mm. Der untere Teil hat einen Durchmesser von 3.936 mm und der Obere einen von 2.624 mm. Er wiegt 200 kg. Auf diesem Unterbau werden nun die verschiedenen Standardadapter angebracht. Sie sind von konischer oder zylindrischer Form. Gemeinsam ist, dass sie einen unteren Durchmesser von 2.624 mm haben. Der Obere kann 937, 1.194, 1.663, 1.666 oder 2.624 mm betragen, entsprechend den Normen für Satellitenadapter. Durch die Adapter verlaufen auch die Versorgungsleitungen für den Satelliten. Durch ein Kommando wird das Band, welches den Satelliten festhält, durchtrennt und Federn im Cone 3936 drücken den Satelliten sanft von der VEB weg. Für den Raumtransporter wird der größte Adapter mit 2.624 mm Durchmesser verwendet. Zusammen wiegen beide Adapter 342 kg, bei einer Länge von 2,0 m. Diese 342 kg gehen von der angegebenen Maximalnutzlast ab. Ein ATV darf daher maximal 20,75 t wiegen.

Die Ariane 5 ES wird bis 2014 nur für die fünf ATV Starts eingesetzt. Für GTO-Transporte, das sind die meisten Missionen der Ariane 5, wird seit 2005 ausschließlich die ESC-A Oberstufe verwendet. Die EPS-Oberstufen werden extra gefertigt und man erkennt das bei den Startlisten auch daran, dass die Trägernummern nicht wie sonst pro Start um 1 ansteigen.

Die maximale Nutzlast der Ariane 5 ES beträgt 21,1 t für den 260 km hohen Transferorbit. In etwa dieselbe Masse (20,6 t) hätte eine Ariane 5 ECA transportiert. Deutlich weniger leistungsfähig war die bei Projektbeginn verfügbare Ariane 5G, bei der das Startgewicht auf 17,9 t begrenzt war.

Lange Zeit waren die ATV Transporte die einzigen Einsätze der Ariane 5 ES. Mittlerweile sind drei weitere geplant: Da die EPS-Oberstufe wiederzündbar ist, wird sie jeweils vier Galileo Satelliten pro Start in ihren Orbit bringen. Diese Navigationssatelliten haben keinen eigenen Antrieb und sind darauf angewiesen, dass die Oberstufe mit einer weiteren Zündung in 23.000 km Höhe ihren Orbit zirkularisiert. Sie werden ab 2015 mit der Ariane 5 ES gestartet. Der Auftrag für drei Träger hat einen Umfang über 500 Millionen Euro. Für den Start von Jules Verne bezahlte die ESA 170 Millionen Euro. Dies schloss Anpassungen an das ATV ein. Noch 2008 sollte eine Ariane 5 ES 125 Millionen Euro kosten, dieser Preis konnte aber nicht gehalten werden.

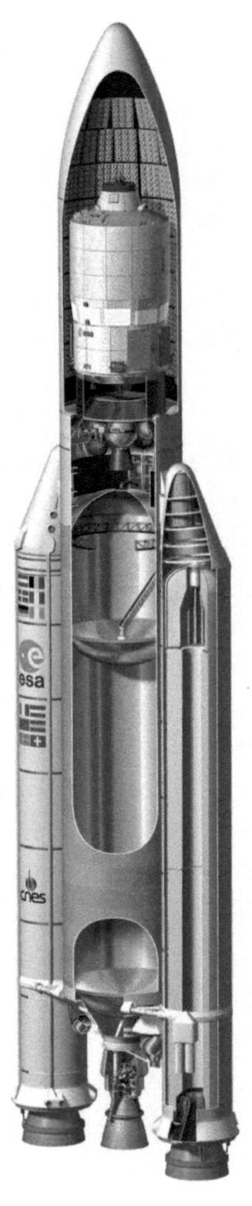

Ariane 5 ES/ATV

Abbildung 46: Die Ariane 5 ES

Typenblatt Ariane 5 ES	
Länge:	53,43 m
maximaler Durchmesser:	12,20 m
Startgewicht:	767.000 kg
Startschub:	11.500 kN
Einsatzzeitraum:	2008 -
Starts:	5
Fehlstarts:	0
Zuverlässigkeit:	100%
Nutzlast:	21.100 kg (in einen 200 × 300 km hohen, 52° geneigten ISS Transferorbit)
	20.750 kg (in einen 260 × 260 km hohen, 52° geneigten ISS Transferorbit)
	13.300 kg (in einen SSO-Orbit)
	7.475 kg (in einen GTO-Orbit)
	7.775 kg mit Freiflugphase
	4.300 kg (zum Mond)
Booster EAP241	
Länge:	31,00 m
Durchmesser:	3,05 m
Startgewicht:	280.500 kg
Leergewicht:	38.400 kg
Triebwerk:	MPS
Schub:	2 × 5.250 kN (Start)
	2 × 7.080 kN (Maximum)
	2 × 5.060 kN (Mittel)
Brenndauer:	132 s
spezifischer Impuls:	2701 m/s (Vakuum)
EPC173	
Länge:	30,50 m
Durchmesser:	5,40 m
Startgewicht:	188.300 kg
Trockengewicht:	14.100 kg
Triebwerk:	1 × Vulcain 2
Schub:	1.350 kN (Vakuum) / 960 kN (Meereshöhe)
Brenndauer:	540 s
Treibstoff:	LOX/LH2
Spezifischer Impuls:	4256 m/s (Vakuum)

<table>
<tr><td colspan="2" align="center">Typenblatt Ariane 5 ES</td></tr>
<tr><td colspan="2" align="center">EPS10</td></tr>
<tr><td>Länge:</td><td>3,40 m</td></tr>
<tr><td>Durchmesser:</td><td>3,96 m</td></tr>
<tr><td>Startgewicht:</td><td>6.440 kg (normal: 11.240 kg, aber nur 5.200 kg Treibstoffzuladung)</td></tr>
<tr><td>Leergewicht:</td><td>1.240 kg</td></tr>
<tr><td>Triebwerke:</td><td>1 × Aestus</td></tr>
<tr><td>Schub:</td><td>30 kN (Vakuum)</td></tr>
<tr><td>Brenndauer:</td><td>1060 s</td></tr>
<tr><td>Treibstoff:</td><td>NTO/MMH</td></tr>
<tr><td>Spezifischer Impuls (Vakuum)</td><td>3178 m/s</td></tr>
<tr><td colspan="2" align="center">VEB</td></tr>
<tr><td>Höhe:</td><td>1,56 m</td></tr>
<tr><td>Durchmesser:</td><td>5,40 m</td></tr>
<tr><td>Gewicht:</td><td>1.700 – 1.900 kg, davon 234 kg Hydrazin</td></tr>
<tr><td colspan="2" align="center">Lange Nutzlasthülle (für ATV Missionen)</td></tr>
<tr><td>Länge:</td><td>17,00 m</td></tr>
<tr><td>Durchmesser:</td><td>5,40 m</td></tr>
<tr><td>Gewicht:</td><td>2.475 kg</td></tr>
</table>

Abbildung 47: Start des vierten ATV Albert Einstein

Geschichte

Der europäische Transporter hat eine lange Vorgeschichte. Von den ersten Planungen für einen unbemannten Frachttransporter bis zum Start von Jules Verne vergingen 20 Jahre.

Die Evolution des Konzepts

Die erste Machbarkeitsstudie für ein Versorgungsraumschiff wurden 1988 von der ESA an MBB und Aérospatiale vergeben. Es wurde untersucht, ob die ESA ein Versorgungsfahrzeug finanzieren konnte, mit dem die ESA den Start des Columbus Moduls bezahlen wollte. Diese erste Version eines Raumtransporters stützte sich auf in der Entwicklung befindlichen EPS Stufe der Ariane 5, damals noch mit 7 t Treibstoff, „L7" genannt. Im März 1989 kommen beide Studien zu dem Schluss, das damals schon „ATV" genannte Gefährt, wäre realisierbar. Allerdings stand damals ATV für „Ariane Transfer Vehicle". Die ESA vergab daraufhin zwei Aufträge für weitergehende Studien an Aérospatiale und British Aerospace. Die Firmen schlugen Folgendes vor:

Aérospatiale wollte eine neu entwickelte Antriebseinheit nutzen. An sie schließen sich zwei Module für Fracht an. Transportiert sollte nur Fracht ohne Druckausgleich werden. Die Produktionskosten eines Frachters wurden mit 200 Millionen französische Franc, damals etwa 34 Millionen Euro beziffert. BAE plante bei einem ähnlichen Konzept die Nutzung der L7 Stufe als Antrieb.

ATV Vorschlag Aérospatiale	
Gesamtlänge:	6,40 m
Durchmesser:	5,40 m (Antriebsstufe) 4,40 m (Frachtmodule)
Startgewicht:	17.000 kg
Fracht:	2 × 5.000 kg
Frachtmodule: (2 Stück)	2,40 m Länge, 4,40 m Durchmesser 1.650 kg Leermasse, 5.000 kg Fracht
Antriebsmodul:	1,60 m Länge, 5,40 m Durchmesser 1.700 kg Leermasse, 2.000 kg Treibstoff 2 Triebwerke mit 400, 24 mit 350, 160 und 20 N Schub

Verglichen mit dem späteren ATV war dieser Frachter preiswerter und hätte mehr Fracht transportiert. Beides kann auf die Beschränkung auf Fracht ohne Druckbeaufschlagung zurückgeführt werden. Die Forderung nach einem Modul, das Astronauten betreten können, machte den Transporter teurer und reduzierte die Frachtmenge.

Im Jahre 1991 gab es dann einen Auftrag für die Phase A, das heißt konkrete Definitionsvorarbeiten für einen Frachter mit einer Nutzlast von 9.000 kg. Die Phase A sollte bis Ende 1992 abgeschlossen sein und schon 1996 sollte der erste Flug erfolgen. 1993 kommt eine Wende in der Konzeption: Der Transporter sollte nun auch ein Modul beinhalten, das unter Druck steht. Das führte zu einer kompletten Änderung der Pläne, weg von der EPS-Stufe mit festen Carrier-Modulen zu einem modularen Konzept mit einer unabhängigen Antriebseinheit, die ein Modul mit einem Teil unter Druck und ein Zweites ohne Druckausgleich befördert, also die heutige Konzeption. Der Zeitplan musste nun revidiert werden.

Erst 1995 ging es in die B1 Phase, die Design-Phase über. Nun wurden die Anforderungen und Leistungen festgelegt. Diese fand noch in Bremen bei der DASA statt. Die Verzögerungen resultierten aus dem Umstand, dass erst 1995 feststand, dass die ISS auch wirklich gebaut wird. Nun lag es an der ESA, über die Zukunft des Raumschiffs abzustimmen. Bei einem Projekt dieser Größe geht dies nur durch den Ministerrat. Dieser tagte 1995 in Toulouse.

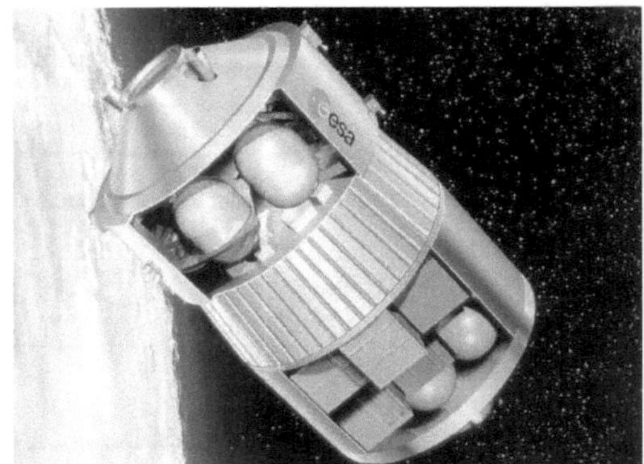

Abbildung 48: ATV Konzept 1993 (links) und 1997 (rechts)

Die Entwicklung des ATV

Im Oktober 1995 beschloss der Ministerrat die endgültige Beteiligung an der ISS und damit über Columbus und das ATV. Da Columbus vorwiegend von Deutschland gebaut wurde, bekam Frankreich den Zuschlag für das ATV. Damit verbunden war ein Bruch in der Entwicklung, da nun die Verantwortlichkeiten für das Projekt nach Frankreich wanderten.

Die Design Phase B2, in der die Konstruktion untersucht und festgelegt wurde, begann im Juli 1996. Im nächsten Jahr gibt es den Wechsel in der Stromversorgung von Batterien zu Solarzellen. Auch die Reboostfähigkeit für die ISS wird hinzugenommen. Die GPS-Empfänger wurden bei der Shuttle Mission STS-84 getestet. Vergleicht man die Daten des damals projektierten ATV mit den gebauten Exemplaren, so zeigt sich das vor allem die Leermasse zu niedrige angesetzt wurde.

Am 25.11.1998 wurde mit EADS Launch Systems der Kontrakt über die Entwicklung und Fertigung abgeschlossen. Er belief sich über 408,3 Millionen Euro (470 Millionen Dollar) im Wert von 1997. An RKA Energija in Russland sollten 23 Millionen Dollar gezahlt werden, damit Swesda an den Transporter angepasst wird. Zusätzliche Kosten in Höhe von 30 Millionen Dollar waren nötig, um Ariane 5 an das Raumfahrzeug anzupassen. Aérospatiale unterzeichnet mit Daimler-Chrysler einen Vertrag für die gemeinsame Fertigung von zwölf ATV zwischen 2003 und 2013. Die Kosten pro Einheit werden auf 70 Millionen Dollar beziffert. Der Start sollte weitere 115 Millionen Dollar ausmachen. Der Jungfernflug war für den März 2003 geplant.

ATV Entwurf (1998)	
Entwicklungskosten:	470 Millionen $
Hauptkontraktor:	Aérospatiale
Subkontraktoren:	Alenia Spazio, Daimler-Chrysler Aerospace (DASA), Matra Marconi Space
Startgewicht:	16.000 kg (nominell) bis 20.500 kg (maximal) in einen 30 x 300 km, 51,6° geneigten Übergangsorbit
Trockengewicht:	9.200 kg (davon 4.600 kg Servicemodul und 3.900 kg Druckmodul)
Fracht (Maximalwerte):	Wasser: 840 kg, Reboosttreibstoff: 860 kg, Treibstoff: 2.680 kg, Gase: 100 kg. Fracht im Druckmodul: bis 5.500 kg. Abfall: 840 l Wasser, maximal 5.500 kg im Druckmodul
Länge:	10,00 m

ATV Entwurf (1998)	
Durchmesser:	4,50 m
Spannweite:	18,32 m (3,8 kW Leistung)
Antrieb:	4 × 490 N, 20 × 220 N Triebwerke
Erststart:	September 2003
Flüge:	Bis zu 13 (Ende 2013)
Kosten pro Einheit:	195 Millionen Dollar (ohne Missionsdurchführung)
Trägerrakete:	Ariane 5E ohne Oberstufe

1999 gab es Turbulenzen in der Zusammenarbeit mit Russland. Russland akzeptierte keine Anpassung ihres Servicemoduls an den Frachter. Der Bau von Swesda lag ohnehin weit hinter dem Zeitplan zurück. Die ESA wollte inzwischen auch nicht mehr dafür bezahlen, sondern dafür das DMS-R Computersystem liefern. So untersuchte die ESA ob nicht der von Europa entwickelte Kopplungsknoten „Node 3" soweit modifiziert werden könnte, das dort am Nadir das ATV ankoppeln kann und dies erschien durchführbar.

Da Europa nun nicht mehr auf Swesda angewiesen war, führte es dazu, dass die ESA sich doch mit Russland einigen konnte und Roskosmos ihre starre Haltung aufgab. So kam es, das für den Frachter der russische Kopplungsadapter übernommen wurde, wodurch die Änderungen an Swesda minimal waren. Dafür entfielen die Zahlungen an Russland.

Eine alternative Konfiguration, bestehend aus einem Träger für Paletten und dem Kopplungsadapter an der Frontseite in L-Form, wurde während der Entwicklung aufgegeben. Es wurde zu einer Ausbaumöglichkeit des ATV (siehe S.204).

Schon im Juni 2000 hatte die ESA einen Vertrag mit Arianespace über den Start von neun ATV abgeschlossen. Dieser belief sich über eine Gesamtsumme von 1 Milliarde Euro. Dies entsprach der Planung, die eine Gesamtbetriebszeit der ISS von 15 Jahren vorsah. Ein ATV sollte alle 12 bis 15 Monate starten.

Das vorläufige Design wurde im Dezember 2000 abgeschlossen. Der Abschluss musste um sechs Monate verschoben werden, weil einige Hardwarekomponenten verändert wurden. So wurden die Telegoniometer als zusätzliches Backupsystem eingeführt und die Videometer mussten ausgetauscht werden. Vor allem mussten mehr Heatpipes installiert werden, um die Abwärme der Elektronik an die Außenfläche zu führen. Auch das Design des Solargenerators würde verändert. Wichtigstes Merkmal der Auslegung war, dass ein ATV mindestens die doppelte Reboostfähigkeit eines Progress-Transporters hat. Diese müssten sonst in sehr großer Zahl eingesetzt werden, um die 400 t schwere ISS anzuheben. Damit war der Weg offen für die Entwicklung der Hardware und von Testmustern.

Im Jahre 2001 wurden die ersten Modelle des Raumschiffs für Tests fertiggestellt. Den Anfang machte das **S**truktur- und **T**hermal**m**odell (STM) des ICC von Alenia Spazio für Tests der Belastungen und der Dichtheit im Mai 2001. Es folgte das Strukturelle und Thermalmodell des Antriebs von Daimler-Chrysler im Oktober, gefolgt vom **E**lektrischen **T**est**m**odell (ETM) der elektrischen Systeme im Mai 2002.

Bei den Tests am STM wurde die reine Struktur des Frachters, ergänzt um Gewichte und Flüssigkeiten, wie Wasser und Glyzerin, welche die Zuladung simulierten, den Belastungen des Raketenstarts wie Rütteln, Lärm und simulierten Weltraumbedingungen ausgesetzt. Diese Tests musste später auch das erste Flugexemplar durchlaufen, doch gravierende strukturelle Fehler lassen sich so schon vorher feststellen. Die elektrischen Tests prüften die Verkabelung und die Stromwandler und Verteiler. Sie umfassen aber auch EMV-Prüfungen, wie sie vom PC bekannt sind. Danach gab es funktionale Tests, ob die Hardware korrekt reagiert, inklusive der FTC-Computer. Zuletzt folgten Simulationen des Betriebs, in denen die Computer mit simulierten Daten gefüttert wurden. Insgesamt 50 Ingenieure waren an den Überprüfungen beteiligt. Höhepunkt war am 15.9.2003 die erste komplette Simulation einer Ankopplung.

Einige Tests fanden außerhalb von Europas statt, so flogen die Sender und Empfänger für die TDRS und ISS Kommunikation nach Dallas, um die Verbindungen mit TDRS-Empfangsantennen zu überprüfen.

Das STM wog 16,3 t. Davon entfielen 7,8 t auf das Servicemodul und 8,5 t auf den ICC. Das Struktur- und Thermalmodell wurde nach den Tests von Thales Alenia umgebaut und zum europäischen Astronautenzentrum nach Köln gebracht, wo es seitdem für das Astronautentraining benutzt wird.

Im November 2001 wurden erste Prototypen des Servicemoduls und des Frachtmoduls zum ESTEC geliefert und dort montiert. Am 4.12.2001 begannen intensive Tests über 11 Monate, in denen der Transporter Weltraumbedingungen ausgesetzt wurde und alle Systeme auf Herz und Nieren geprüft wurden. Damit waren Ende 2003 die Entwicklungsarbeiten abgeschlossen.

Abbildung 49: Das STM bei den Tests im ESTEC © des Fotos: ESA

Im April 2002 beschloss die Europäische Raumfahrtagentur, das erste Flugmodell nach dem Visionär „Jules Verne" zu benennen, um seine Romane, in denen er Wissenschaft einer breiten Öffentlichkeit nahe brachte, zu würdigen. Den Namen suchte Frankreich aus. Durch den höchsten Anteil an der Entwicklung hatte Frankreich das Namensrecht für den ersten Transporter. Die folgenden Transporter werden von den beteiligten Ländern in der Reihenfolge ihres finanziellen Engagements benannt (Deutschland, Italien, Schweiz und Belgien).

Ende Januar 2003 war Jules Verne zu 90% fertiggestellt. Zu diesem Zeitpunkt geht die ESA von einem Erststart des Raumschiffs am 27.9.2004 aus und sieben Einsätzen bis 2013. Das Verglühen der Columbia im Februar 2003 kippte dann den kompletten Zeitplan. So war jetzt völlig offen, wann der Transporter benötigt wird, denn erst einmal stoppte durch das Startverbot der Shuttles der Ausbau der ISS. Die ESA nutzte dies für eine intensive Testkampagne beim Prototypen. Solange das europäische Columbus-Labor nicht Bestandteil der Station war, gab es auch keine vertragsgemäße Verpflichtung, sich am Unterhalt der Station zu beteiligen. So verschob die ESA im Juni 2003 den Erstflug auf das Jahr 2007.

Abbildung 50: EMV Test der Elektronik von Jules Verne

Am 17.4.2003 unterzeichnet die ESA mit der CNES einen Vertrag über den Bau eines Kontrollzentrums für das Raumfahrzeug. Zu diesem Zeitpunkt wurden die Entwicklungskosten von Jules Verne schon mit 900 Millionen Euro angegeben. Sie stiegen durch die mehrjährigen Verzögerungen an.

Nachdem bis Mitte 2002 der Bau des Raumfrachters im Soll lag, verzögerte er sich danach durch auftretende Probleme. Das kritische Durchsehen des Designs durch 140 Experten, davon 40 aus Russland und 25 der NASA, verlief noch gut. Das Gremium hatte die Aufgabe, die Sicherheit und Kompatibilität mit ISS Systemen zu testen, aber auch die Abläufe, Operationen und die Leistung zu beurteilen. Es ist die letzte Prüfung, bevor das Flugexemplar gebaut werden kann. Sie fand nach Sichtung von 55.000 Seiten Dokumentation im Juni 2003 ihren Abschluss. Doch dann gab es Probleme bei den Triebwerken, welche die Entwicklung um sechs Monate verzögerte.

Im Juni 2004 kam es zu Neuverhandlungen mit EADS/Astrium, welches nach der Bildung von EADS der Vertragspartner war. Sie wurden durch die Verzögerungen beim Ausbau der Raumstation verursacht. ESA und EADS einigten sich auf die Fertigung von sieben Raumtransportern. Neben dem Prototypen sechs weitere, die alle 18 Monate bis 2013 gestartet werden sollten. Der Auftrag hatte ein Volumen von 1.050 Millionen Euro, davon 835 Millionen für die Fertigung des Transporters und der Rest für weitere Entwicklungsarbeiten, vor allem am Columbus Labor. Die Vereinbarung sah drei Lose vor – zweimal einen und dann vier Transporter. Die Entscheidung über das letzte Los erfolgt nach Auslieferung der ersten Exemplare. Insgesamt stiegen die Kosten deutlich an, denn der am 25.5.2004 unterzeichnete Phase C/D-Kontrakt über die Fertigung des ersten ATV hatte nun schon einen Umfang von 925 Millionen Euro.

Die Tests von Hardwarekomponenten gingen dagegen weiter. Die Erprobung der Ankopplung an die ISS war die größte Herausforderung. Sie fand in einer 600 m langen Halle statt, wo eine 120 t schwere, mobile Struktur auf Gleisen sich über eine Distanz von 550 m zu dem Ziel mit den Reflektoren bewegte. Der erste Test des Videometers fand im März 2004 seinen Abschluss. Dabei wurde der Sensor auf einem Roboterarm montiert, der den Steuerbewegungen des FTC gehorcht. Währenddessen wurden die Reflektoren an der mobilen Station über 313 m langsam auf ihn zu gefahren. Nach 10 Tagen waren die Tests durchlaufen und der Prototyp des Videometers hatte seine Qualifikation erhalten.

Am 19.6.2004 lieferte RSC Energija den ersten Dockingadapter für Jules Verne. Um den Termin zu halten, arbeiteten zuletzt 150 Ingenieure im Dreischichtbetrieb an dem Bauteil. Mitte 2004 wurde das erste Flugmodell in Bremen zusammengebaut. Es schlossen sich drei Jahre mit Tests und Qualifizierungen an.

Bei einem Weltraumspaziergang am 15.9.2004 installierten die Astronauten Gennady Padalka und Mike Fincke drei zusätzliche Kommunikationsantennen für den PCL an Bord von Swesda. Ein zweiter Ausstieg fand am 29.3.2005 statt. Bei ihm installierten NASA-Kommandant Leroy Chiao und Flugingenieur Salizhan Sharipov einen zweiten Satz von Empfangsantennen für den PCL und Sender/Empfänger für den relativen GPS-Empfang. Die 55 kg schwere Kommunikationseinrichtung zur Fernsteuerung des Transporters, die im Inneren der ISS installiert wurde, kam mit einem Progress-Transporter zur ISS.

Die Entwicklung des Raumfrachters war durch die Verzögerungen erheblich teurer als geplant und belief sich nun auf 1.000 Millionen Euro. Dazu kamen weitere 350 Millionen Euro für den Start, die Errichtung des Kontrollzentrums, Anpassungen der Ariane 5 und die Missionsdurchführung. Jules Verne ist in den Entwicklungskosten als Prototyp mit eingeschlossen. 2006 beschlossen die an der ISS beteiligten Raumfahrtagenturen einen Betrieb der ISS bis 2016. Verbunden mit dem nun für 2007 geplanten Jungfernflug bedeutet dies, dass man noch weniger Transporter benötigt.

Der deutsche Anteil beträgt 24% an der Entwicklung des Prototyps und etwa 50% an der Fertigung der folgenden Exemplare. Insgesamt 1.500 Personen in 30 Firmen in Europa und acht Unternehmen in Russland und den USA sind an der Entwicklung und Fertigung des Transporters beteiligt.

Die ESA gibt die Kosten einer der folgenden ATV-Missionen nach dem Start von Jules Verne mit „etwas über 300 Millionen Euro" an. Auf Basis der bekannten Fertigungskosten und dem Startpreis einer Ariane kann eine Summe von mindestens 340 Millionen Euro errechnet werden. Die bekannten Startkosten lagen noch höher, bei 425 bis 450 Millionen Euro.

	ATV Entwicklungskosten	ATV Fertigungskosten pro Exemplar
Aérospatiale Studie	unbekannt	34 Millionen Euro
Entwicklungsauftrag Aérospatiale 25.11.1998	408,3 Millionen Euro ATV 61 Millionen Ariane + Koppeladapter	70 Millionen Euro
Fertigungs-/Betriebsauftrag EADS 25.5.2004 / 12.6.2004	925 Millionen Euro	140 Millionen Euro
Aufwendungen bis zum Start	1.000 Millionen Euro ATV Entwicklung 350 Millionen Euro Ariane 5 Anpassung, Kontrollzentrum, russische Services, Missionsdurchführung	219 Millionen Euro

Abbildung 51: Jules Verne bei Tests der Verkabelung
Im ESTEC © des Fotos: ESA

ATS-01: Jules Verne – drei Jahre Tests und Vorbereitungen

Am 15.7.2005 wurde Jules Verne für Tests zum ESTEC gebracht. Dort wurden schon das STM und das ETM-Modell vor zwei Jahren getestet. Die Prüfungen begannen im Januar 2006 mit dem Probebeladen und -entladen von Jules Verne. Danach wurde Jules Verne auf einem Rütteltisch den Belastungen beim Ariane 5 Start ausgesetzt.

Am 7.11.2005 gab die ESA an, dass der Erstflug von Jules Verne um fast ein Jahr verschoben werden muss. Ursache waren zwei Probleme, die bei den Tests festgestellt wurden. Ein 3 mm langer Bolzen in einem Ventil hatte einen strukturellen Fehler. Dies bedeutete, dass alle 48 Ventile ausgebaut, geprüft und gegebenenfalls ersetzt werden mussten. Dazu kamen Anomalien bei den Tests des Motors, der die Solarpaneele dem wechselnden Sonnenstand nachführt. Dies verschob den Start, erlaubte es aber, weitere Wünsche nach Anpassungen und Erweiterungen der Flugsoftware zu integrieren.

Am 3.7.2006 absolvierte Jules Verne erfolgreich den Schalldrucktest. In einer Schallkammer wurde es einem Lärm von 140 Dezibel ausgesetzt, 20 Dezibel mehr als der Schall, der das menschliche Gehör dauerhaft schädigt. Der wichtigste Test wurde am 27.9.2006 begonnen: die simulierte Ankopplung in der Halle, die schon die Videometer durchlaufen hatten. Diesmal jedoch unter Beteiligung aller Systeme, inklusive der Flugsoftware. Das Ziel war eine 1:1 Nachbildung des Hecks des Swesda Moduls von 4,15 m Durchmesser. Diese Tests erstreckten sich bis in den November.

Vom 22.11.2006 bis zum 14.12.2006 schlossen sich die thermischen Prüfungen an. Zu den 625 internen Temperatursensoren wurden 250 weitere montiert. In dem 2.300 m³ großen Simulator wurde der Umgebungsdruck auf 1 mbar und die Temperatur zwischen -30 und -80 °C abgesenkt. Dann wurde Jules Verne mit 60 Xenon-Hochdrucklampen einer simulierten Sonneneinstrahlung von 1400 W/m² ausgesetzt.

Das Startdatum verschob sich dagegen weiter. Im März 2007 war noch die Rede vom Herbst 2007, auch weil es in Russland noch Tests mit Flugsoftware für die russischen Teile des ATV gab. Am 14. Juni 2007 verschob die ESA den Start auf Mitte Januar 2008, da es im gewünschten Startfenster zu viele Missionen zur ISS gab. Nun machte sich Jules Verne auf den Weg nach Kourou. Während dort der Start vorbereitet wurde, fand der letzte Test im Weltraum statt: Am 22.10.2007 testete eine Ariane 5 GS, 54 Minuten nach Aussetzen ihrer beiden Satelliten, die Wiederzündbarkeit der EPS Oberstufe im Weltraum. Dies ist für ATV Missionen erforderlich. Bisher hatte keine EPS-Oberstufe mehr als eine Zündung nach dem Start.

Abbildung 52: Simulation des Endanfluges auf ein nachgebildetes Heck von Swesda © des Fotos: ESA

Anpassungen an den nächsten Transportern

Noch vor dem Start von Jules Verne vergab die ESA einen Auftrag für die Produktion der Serienexemplare an EADS/Astrium. Die Fertigung weiterer vier ATV hat einen Umfang von 875 Millionen Euro. Von diesen vier waren ursprünglich drei für die Versorgung der ISS vertraglich vorgesehen. Ein weiterer Transporter erlaubt es der ESA, ihren Anteil an der Nutzung des Columbus Labors über die zustehenden 51% hinaus zu erhöhen und mehr Crewzeit für einen Europäer zu beanspruchen.

Nach dem Prototyp begann die ESA Anpassungen vorzunehmen, die im Folgenden zusammengefasst werden sollen. Das ATV wurde 1995 entwickelt, als noch das Space Shuttle die Hauptlast des Transports tragen sollte. Nun liegen operative Erfahrungen mit der ISS vor und das Shuttle wandert in das Museum. Sein Ausfall muss von den anderen Frachtern aufgefangen werden. Das Shuttle hätte vor allem trockene Fracht wie Essen, Ersatzteile befördert.

Durch die Verzögerung beim Ausbau nimmt die Station ihren Vollbetrieb in Zeiten niedriger Sonnenaktivität auf und benötigt so weniger Treibstoff für die Aufrechterhaltung der Bahn. Ein neues System an

Abbildung 53: Der Start von Johannes Kepler fotografiert von der ISS aus

Bord bereitet zudem mehr Wasser auf und verringert so den Bedarf an transportiertem Wasser.

Daraus ergibt sich, dass mehr trockenes Frachtgut nötig ist und weniger Treibstoff und Wasser. Dieser Verschiebung der Anforderungen muss das Frachter angepasst werden. Weiterhin ist die mittlere Dichte des Frachtgutes geringer. Es lag bei den bisherigen Flügen zur Station bei 200-250 kg/m^3 anstatt bei 500 m^3, wie dies der Auslegung des ATV zugrunde lag. Für diese Menge wurden die Transportracks ausgelegt. Das hat zwei Folgen: Zum einen sind die Racks unnötig massiv für diese leichtere Fracht und zum anderen steht nicht das Volumen zur Verfügung, um das Gewichtslimit auszunutzen. Anstatt maximal 5.500 kg wird ein ATV maximal 3.200 kg im Druckbehälter transportieren können.

Die ESA konstruierte daher neue leichtgewichtige Racks, welche die Nutzlast im Druckmodul erhöhen. Jedes Rack wiegt 50 kg weniger als die bisherigen. Zusammen resultieren bei acht Racks so 400 kg mehr Nutzlast. Johannes Kepler setzt schon leichtgewichtigere Racks ein, die auch 2 m^3 mehr Volumen zur Verfügung stellen. Indem zusätzliche Befestigungen an der Rückseite des ICC, an den schrägen Flächen am vorderen Konus und hinteren Konus hinzugefügt werden, kann noch mehr Fracht im ICC zugeladen werden:

- 338 kg durch eine palettenartige Struktur an der Rückseite des ICC
- 4 × 67 kg durch vier Befestigungsbehälter am vorderen Konus
- 4 × 26 kg durch vier Befestigungsstreben am hinteren Konus

Die beiden letzten ATV 4+5 (Albert Einstein und Georges Lemaître) werden zudem in Zeiten niedriger Sonnenaktivität eingesetzt werden. Die NASA rechnet dann mit einem Treibstoffbedarf von nur 1.500 kg pro Flug zum Anheben der Station. Das ist ein Problem, da die Auslegung eine minimale Treibstoffmenge von 1.821 kg voraussetzt. Derzeit laufen Überlegungen, durch eingebrachte Blasen in den Tanks deren Fassungsvermögen zu verkleinern und die Software so anzupassen, sodass sie mit der veränderten Gewichtsverteilung und dem neuen Schwerpunkt zurechtkommt. Während das Erste recht einfach umzusetzen ist, gilt das Zweite als deutlich schwieriger.

Bei den beiden letzten ATV wird aus demselben Grund auch kein Refülltreibstoff benötigt. Diskutiert wurde, ob bei diesen beiden Transportern das Refüllsystem ausgebaut und so zusätzlich zu den 860 Treibstoff noch 430 kg für dieses Subsystem eingespart werden. Später kam man davon ab. Es war einfacher den Treibstoff bei Progresstransportern wegzulassen.

Johannes Kepler wird kein Wasser zur ISS transportieren. Durch eine neue Wasserrückgewin-
nungsanlage an Bord der ISS ist auch bei den folgenden Transportern der Wasserbedarf gering. Auch dieses System könnte also eingespart werden. Allerdings war dies bei der Produktion von Johannes Kepler, die ja Jahre vor dem Start begonnen wurde, nicht vorgesehen. Die
folgenden ATV werden aber die Möglichkeit besitzen, wenn dieser Wunsch erneut recht spät
aufkommt, einen oder mehrere der drei Wassertanks vor dem Flug zu entfernen und die Leitungen zu diesen zu schließen. Damit kann man weitere 100 kg Gewicht einsparen.

Auch wird die Gefahr durch Mikrometeoriten heute geringer eingeschätzt als bei der Konzeption des Transporters. Es ist vorgesehen, den Mikrometeoritenschutzschild zu verändern. Er besteht heute aus einer 1,6 mm starken Aluminiumwand, umhüllt von mehreren Lagen an Gewebe. Die Gewebelagen bleiben, aber die Dicke der Aluminiumschicht soll auf 1,2 mm gesenkt
werden. Das erhöht die Fracht um 60 kg.

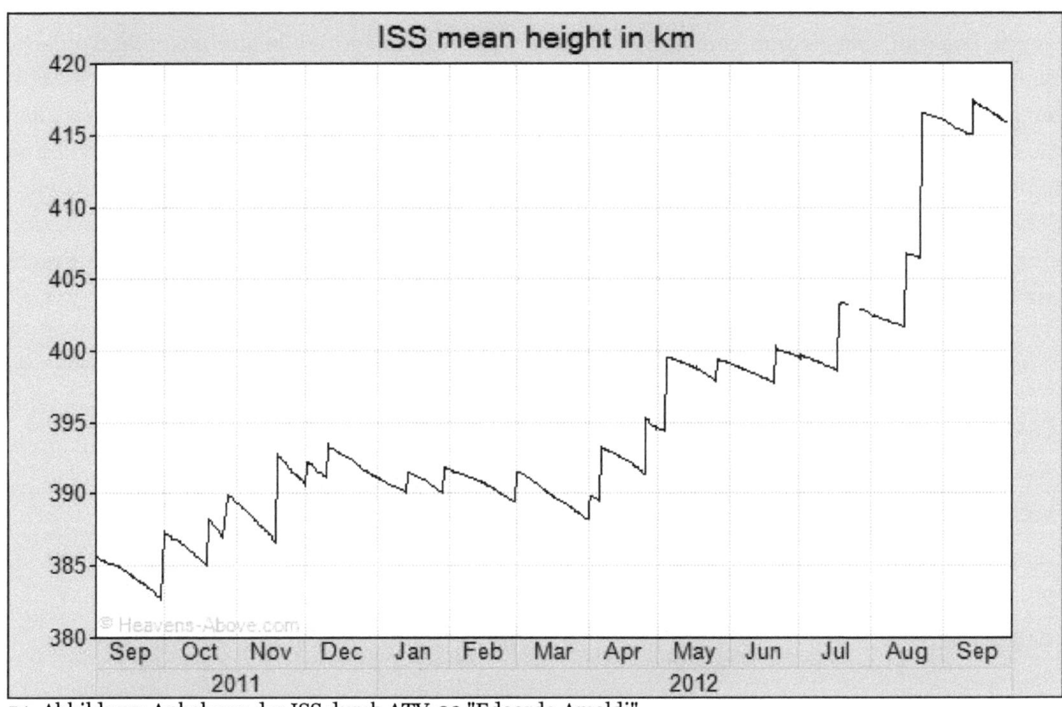

54. Abbildung: Anhebung der ISS durch ATV-03 "Edoardo Amaldi"

Ein weiterer Wunsch ist es, noch möglichst spät Änderungen an der Fracht vorzunehmen, genannt „Late Cargo Access". Dies ist derzeit nur begrenzt möglich. Diese Möglichkeit soll für zukünftige ATV ausgebaut werden.

Insgesamt hätten die fünf ATV ohne diese Änderungen 27.670 kg Fracht für die NASA zur ISS bringen. Die Änderungen werden es erlauben 500 kg mehr Nutzlast im Druckmodul beim ATV-3 und jeweils 1.150 kg bei den ATV-4 und 5 zu transportieren. Zusammen sind dies rund 10% mehr oder 30.470 kg bei allen fünf Transportern zusammen. Die Maximalnutzlast der ATV wird dabei nicht überschritten, weil die zusätzliche Frachtmenge vor allem trockene Fracht niedriger Dichte ist. Sie sinkt sogar ab. Der zweite Transporter Johannes Kepler, der vor allem die Station anhebt, wird die meiste Nutzlast transportieren, weil der Treibstoff keine Verpackung braucht – die Tanks sind immer vorhanden.

Die Betriebsdauer der ISS wurde aber von 2016 auf 2020 verlängert. Damit ist der fünfte Transporter nun zur Kompensation des weiteren Betriebs gedacht, auch wenn George Lemaître startet, bevor diese beginnt. Die ESA hätte mit zwei weiteren ATV die Jahre 2018 bis 2020 abdecken können. Bedingt dadurch, dass die Entwicklung schon vor der Jahrtausendwende begann, gibt es nun nur noch für zwei weitere Transporter bestimmte elektronische Bauteile. Neue würden eine sehr umfangreiche Neuqualifikation nach sich ziehen. Die Bezahlung der Kosten (150 Millionen Euro pro Jahr) kommt für die ESA nicht in Frage. Doch auch die Fertigung weiterer Transporter lehnt sie ab, das wäre nach Auskunft Offizieller „rebuilding multiple ATVs for a station that may be operational through 2028 is an unfulfilling job". Schließlich konnte man sich mit der NASA auf die Fertigung eines Servicemoduls für die Orion einigen. Bis 2015 werden europäische Raumtransporter nach den Planungen folgende Fracht zur ISS befördern:

Nutzlast	Gewicht
Europas Anteil an den ISS-Betriebskosten:	19.000 kg
ESA Nutzlasten für Columbus:	5.400 kg
ESA Ersatzteile für Columbus:	2.500 kg
Verschiedene Ausrüstung:	1.200 kg
Gesamt:	28.100 kg
Pro Transporter (5 Stück):	5.620 kg
Mit geplanten Änderungen:	30.470 kg
Pro Transporter (5 Stück):	6.094 kg

Flugablauf Jules Verne

Das erste ATV „Jules Verne" soll den Raumtransporter erproben. Deswegen versorgt er die ISS mit deutlich weniger Nachschub, als seine Nachfolger liefern sollen. Es gibt auch beim Flugablauf Unterschiede, wie eingeschobene "Demonstration Days", bei denen Flugmanöver erprobt wurden. Daher dauert die Ankopplung an die ISS deutlich länger. Auch verglüht das ATV nach dem Abkoppeln nicht sofort, sondern lässt sich dafür drei Wochen Zeit.

Ziel war es, im All alles zu testen, was nicht am Boden erprobt werden kann. Weiterhin sollen alle sicherheitskritischen Abläufe in der Praxis geübt werden, bevor sie im Flug auftreten können. Auch die gesamte Vorbereitung, wie die Abnahmetests im ESTEC oder beim Hersteller, dauerten ungewöhnlich lange.

Jules Verne startete mit nur 19.400 kg Startgewicht. Da die Ariane 5 schon frühzeitig bestellt wurde, waren in diesem Exemplar (528) einige Optimierungen zur Steigerung der Nutzlast noch nicht umgesetzt, welche die nachfolgenden Modelle aufweisen würden.

Zudem verfügte Jules Verne über das russische Kurs-System. Es diente als redundantes Backupsystem da Videometer, Telegoniometer und relatives GPS erst mit dem europäischen Transporter im All erprobt wurden. Sollten diese ausfallen, so könnte mit Kurs angekoppelt werden. Bei einer normalen Funktion werden die Daten, die Kurs liefert, mit denen der anderen Systeme verglichen, das System ist aber nicht verantwortlich für die Ankopplung.

Im Abschnitt über Jules Verne finden sie den zeitlichen Ablauf dieses Flugs mit seinen Besonderheiten. Über den Verlauf der Missionen im Allgemeinen informiert der Abschnitt über die folgenden ATV Flüge.

Der Raumtransporter durchlief eine ganze Serie von Qualifizierungskampagnen beim ESTEC, die von den ersten Subsystemen bis zur Komplettabnahme reichten, und sich über drei Jahre vom Juli 2004 bis zu März 2007 erstreckten. Die folgenden Schwerlasttransporter werden diese erheblich schneller durchlaufen. Dann wird nur noch die Elektronik genauer überprüft.

Jules Verne startete auf der ersten Ariane 5 ES, es war der 37. Ariane 5 Start. In der Ariane Nummerierung, die am 24.12.1979 mit dem Erststart der Ariane 1 begann, war es V181, also der 181. Start einer Ariane. Die Trägernummer war 528, die 28. Ariane 5, die gefertigt wurde. An der Differenz dieser Trägernummer zur nachfolgenden, 539, ist zu erkennen, dass sich der

Start verschoben hatte. Ursprünglich sollte Jules Verne schon im Februar 2006 starten.

Am 29.7.2007 kam Jules Verne per Schiff in Kourou an. Mit ihm kamen 500 t Ausrüstung für die Bodenunterstützung. Ein Teil davon wird in Kourou verbleiben und für die folgenden Flugvorbereitungen genutzt werden. Der Raumtransporter wurde überprüft und danach eingelagert. Die ISS bekam im Sommer und Herbst mehrfach Besuch von Progress-Raumtransportern und dem Space Shuttle und die Zahl der möglichen Startfenster mit optimalen Sichtbarkeitsbedingungen während der Demonstrationstage und der Ankopplung war gering.

Im Januar 2008 wurde Jules Verne in Kourou beladen:

Abbildung 55: Vorbereitung von Jules Verne auf den Start im CSG © des Fotos: ESA

- Treibstoff für die ISS, bestehend aus UDMH und NTO: Hier wurden die Tanks vollgefüllt. Dieser Treibstoff stammte aus Russland.
- Wasser: Es handelt sich um „russisches Wasser". Das Wasser selbst stammt aus einer Quelle in der Nähe von Turin und wurde nach russischen Standards aufbereitet und haltbar gemacht. Da die Tanks an Bord der Station noch weitgehend voll waren, wurde nur einer der drei Tanks befüllt.
- Sauerstoff: Dieser wird von der Besatzung manuell in die ISS entlassen.
- Fracht im Druckbehälter: Darunter sind auch zwei originale Manuskripte von Jules Verne.
- Treibstoff: Jules Verne sollte als Prototyp weitere Flugmanöver erproben und so das Missionsteam schulen, die Fähigkeiten des ATV auszuloten und hatte daher größere Treibstoffreserven. Nur 40% des Treibstoffs waren für das Anheben der ISS vorgesehen.

Die Startkampagne für den ersten Raumfrachter dauerte länger als für einen Satelliten, da es ein komplexes Gefährt ist. Sie dauert auch bei den Nachfolgern 15 Wochen. Im Dezember wurde die gesamte Oberfläche des ICC mit 6% Wasserstoffperoxid desinfiziert.

ATV „Jules Verne" in Zahlen	
Trockene Fracht im Druckmodul:	1.300 kg
Davon Lebensmittel:	500 kg
Davon Ausrüstung für Columbus:	136 kg
Davon Kleidung:	80 kg
Wasser:	280 kg
Refüll-Treibstoff:	860 kg
Gase:	21 kg
Reboost Treibstoff:	2.370 kg
Fracht gesamt: (Angabe vor dem Start)	4.770 kg 13,8 m³ im Druckmodul, 4,5 m³ im Antriebsmodul
Treibstoff insgesamt:	5.858 kg (3.675 kg NTO, 2.177 kg MMH)
Davon Eigenverbrauch:	2.472 – 2.613 kg
Davon für Demonstrationstage:	1.200 kg
Cargo Support Hardware:	2.300 kg
Davon für Fracht im Druckmodul:	1.417 kg
Startgewicht:	19.012 kg, mit Adapter 19.357 kg
Trockengewicht:	9.784 kg
Gewicht nach Abtrennung von der ISS:	13.940 kg
Davon Abfall:	2.500 kg
Tatsächliche transportierte Fracht: (inklusive geringerem Treibstoffverbrauch)	5.500 – 6.000 kg

Vorbereitung auf den Start

Am 10.1.2008 begann die vorbereitende Startkampagne von Jules Verne. In dieser wurden alle Arbeiten gemacht, die im Vorfeld durchgeführt werden können. Sollte sich der Start verschieben, so wird eine andere Nutzlast vorgezogen und die Kampagne nach den Vorarbeiten eingestellt.

Dazu gehört der Zusammenbau der Trägerrakete aus den Boostern, der Zentralstufe, der EPS-Oberstufe und der VEB. Jules Verne und VEB wurden mit Treibstoffen gefüllt, da diese über Monate lagerfähig sind. Weiterhin wurde die Fracht in den Transporter verstaut. Die vorbereitende Startkampagne erstreckte sich bis zum 9. Februar 2008.

Am 10.2.2008 fand der Transfer der Rakete in das Final Assembly Building statt, wo die Nutzlast auf den Start vorbereitet wird. Dort wurde Jules Verne in die Nutzlasthülle eingeschlossen und am 18.2.2008 auf der Ariane montiert. Bei den folgenden Exemplaren findet dies erst elf Tage vor dem geplanten Start statt, also acht Tage später als bei Jules Verne. Bis zu diesem Zeitpunkt wäre es möglich gewesen, noch etwas an der Fracht im Druckmodul zu ändern. Bei Jules Verne wurde diese letzte Gelegenheit nicht genutzt.

Am 28. und 29. Februar wurde die EPS-Oberstufe mit den Treibstoffen gefüllt. Damit war die Vorbereitung des Starts abgeschlossen. Am 1.3.2008 wurde die Ariane 5 für startbereit erklärt.

Zuletzt wurde die Ariane 5 ES am 6.3.2008 in die Startzone gefahren. Die Startfenster zur ISS sind komplex. Zwar könnte die Ariane jederzeit starten – wenn Jules Verne im Orbit Zeit genug hat, um auf einer niedrigen Bahn sich langsam der ISS zu nähern. Soll der Frachter schnell an die ISS ankoppeln, wie dies bei den folgenden Flügen der Fall ist, so muss der Knotenpunkt der ISS-Bahn über Kourou führen, was nur während einiger Minuten pro Tag gegeben ist.

Für den Jungfernflug von Jules Verne spielte die Position der ISS im Raum aber keine Rolle, da sich bei diesem Flug die Annäherung über Wochen, anstatt weniger Tage hinzieht. Die einzige Nebenbedingung bei der Aufstiegsbahn war, dass diese über Paris verläuft. Das erlaubt es dem Kontrollzentrum in Toulouse, nach dem ersten Brennen der EPS die Funktion von Jules Verne zu überprüfen. Für die Bodenkontrolle war die Bahn ein Novum – bisher gab es Starts in die geostationäre Bahn nach Osten und Starts in polare Bahnen nach Norden, bei denen auf NASA-Empfangsstationen zurückgegriffen werden konnte. Bei der um 52° zum Äquator geneigten Aufstiegsbahn führt diese aber quer über den Atlantik. Es muss nicht die gesamte Aufstiegsbahn überwacht werden, aber der Bereich in denen die Triebwerke aktiv sind. Bisher gab es keine Empfangsstationen in diesem. Für Jules Verne wurde auf einem Schiff eine mobile Empfangsstation im Atlantik stationiert und eine ESA-Bodenstation auf den Azoren eingeweiht. Die zweite Zündung der EPS und die Abtrennung wurden von schon vorhandenen Bodenstationen in Australien und Neuseeland verfolgt.

Der Ariane 5-Start

Die Zündung des Vulcain 2 und nicht das Abheben markiert „T-Null", also die Zeitreferenz aller Ereignisse. Bis zum Zünden der Booster kann der Start noch abgebrochen werden, dies kann z. B. der Fall sein, wenn Brennkammerdruck und Temperaturen im Vulcain Triebwerk nicht innerhalb der Vorgabeparameter sind. Bisher kam dies bei der Ariane 5 nicht vor, doch ein Ariane 4 Start wurde deswegen schon einmal abgebrochen. In diesem Falle müsste wegen des verbrauchten Treibstoffs der Start an einem anderen Tag wiederholt werden. 7 s nach dem Zünden des Vulcain werden die Booster gezündet und die Ariane hebt 0,3 s später ab.

Die Bahn der Ariane 5 verläuft zuerst nach einem vorgegebenen Profil. Die EAP werden abgetrennt, wenn der Schub durch Verbrauch des Treibstoffs rapide absinkt. Der Bordcomputer misst die Beschleunigung und unterschreitet diese einen Wert von 6,14 m/s^2, so trennt er die EAP ab. Diese haben zu diesem Zeitpunkt noch nicht den ganzen Treibstoff verbraucht, wie auf den Startvideos an der kleinen Restflamme zu sehen ist. Doch der Restschub von etwa 200 kN pro Booster ist nun sehr klein, verglichen mit dem maximalen Schub von fast 7.000 kN. Nun wechselt der Computer in einen aktiven Modus. Er hat vorgegebene Sollpunkte und optimiert die Bahn zwischen diesen. Gibt es Störungen, so berechnet er auf Basis der geänderten Bedingungen eine neue Bahn, die den Vorgaben ebenfalls genügt.

Nach 209 s wurde die Nutzlastverkleidung abgesprengt. Der Zeitpunkt ist variabel und hängt von der Aufstiegsbahn ab. Kriterium ist, dass die Aufheizung der Nutzlast durch die Atmosphäre nach der Abtrennung einen Wert von 1355 W/m^2 unterschreitet. Die Höhe ist dagegen weitgehend konstant. Üblicherweise wird die Verkleidung abgeworfen, sobald die Ariane eine Höhe von mindestens 105 km erreicht hat.

535 s nach dem Start wurde die EPC abgeschaltet. Sie hat dann noch Treibstoffreserven für weitere 5 s Brennzeit. Die EPC nutzt nicht den ganzen Treibstoff, sondern wird abgeschaltet,

wenn sie eine vorgegebene Bahn erreicht hat. Danach werden die Ventile geöffnet und der austretende Treibstoff gibt der Stufe einen Schubs nach unten. So verglüht die EPC bald darauf beim Wiedereintritt. Für die Mission von Jules Verne wurde folgender Orbit dem Bordcomputer als Referenz vorgegeben:

*   erdfernster Punkt: 139,3 km
*   erdnächster Punkt: -1.303,7 km
*   Neigung zum Äquator: 51,24°
*   Lage des Perigäums: -151,161°
*   Lage des aufsteigenden Knotens: -2,203°

Da der erdnächste Punkt 1.300 km unter der Oberfläche liegt, wird die EPC verglühen, wenn die Entfernung von der Erde wieder abnimmt. Dies war sehr bald nach dem Ausbrennen der Fall, denn dann befand sie sich schon in 133 km Höhe. Die EPC zerbricht in etwa 80-60 km Höhe. Der Aufschlagspunkt liegt bei 14,7 Grad West vor der portugiesischen Küste. Beim Brennschluss hat die EPC eine Geschwindigkeit von 7314 m/s. Nun fehlten nur noch 500 m/s, um einen Orbit zu erreichen. 6 s nach Brennschluss der EPC fand die Stufentrennung statt. Es schloss sich eine kurze Freiflugphase an. 45 s später zündete die EPS ein erstes Mal.

1030 s nach T-0 war die erste Betriebsphase der EPS beendet. Sie hatte nun eine elliptische Bahn erreicht, die einen erdnächsten Punkt von 133 km und einen erdfernsten von 265 km aufwies. Nun wurden Nutzlast und Stufe von der VEB in eine langsame Rotation versetzt, um eine einseitige Überhitzung durch die Sonne zu verhindern. Diese wurde alle 1000 s unterbrochen, um die Position im Raum festzustellen, und dann wieder aufgenommen.

3730 s nach dem Start war das Gespann im erdfernsten Punkt der Bahn angekommen. Die EPS hebt nun das Perigäum durch eine kurze Beschleunigung an. Die Brenndauer beträgt 30 s. Vorher wurde das langsame Rotieren eingestellt und die Tanks erneut unter Druck gesetzt. Dieses Manöver verbraucht nur 300 kg Treibstoff und erhöht die Geschwindigkeit um lediglich 37 m/s, hebt aber den erdnächsten Punkt von 135 auf 260 km Höhe an.

3772 s nach dem Start: Nach dem Brennschluss der EPS sorgte die VEB mit ihren eigenen Treibstoffvorräten für die Ausrichtung des Transporters. Die VEB richtete Jules Verne so aus, dass die Solarpaneele von der Sonne beschienen wurden und die Antenne so ausgerichtet war, dass die TDRS-Satelliten Kontakt aufnehmen konnten. Danach wurde die Nutzlast abgetrennt.

4009 s nach dem Start führte die VEB eine Abbremsung durch, um eine Kollision mit dem ATV zu vermeiden und versetzte die EPS erneut in langsame Drehung.

8667 s nach dem Abheben zündete die EPS ein drittes Mal für 15 s und senkte den erdnächsten Punkt so weit ab, dass sie beim Durchlaufen des Perigäums über dem Südpazifik verglühte. 8937 s nach dem Start wurde die EPS passiviert, die verbliebenen 700 kg Treibstoff entlassen und die Mission war für Ariane 5 beendet.

Doch für Jules Verne begann nun erst die Mission. Die Bahn wurde mit hoher Genauigkeit eingehalten: Geplant war eine Bahn von 259,5 × 264,3 km Entfernung vom mittleren Erdradius mit 51,63 Grad Neigung. Erreicht wurde eine Bahn von 259,2 × 263,6 km Abstand und 51,61 Grad Neigung. Auch alle folgenden Transporter gelangen in eine 260 km hohe Bahn, unabhängig von der Höhe der ISS.

	Jules Verne	Johannes Kepler	Edoardo Amaldi	Albert Einstein	George Lemaître
Ariane Nummer:	VA-181 / L528	VA-200 / L544	VA-205 / L553	VA-213 / L592	VA-219 / L593
Batch:	PA	PA	PA	PB	PB
Nutzlast:	19.356 kg	20,061 kg	20.075 kg	20.252 kg	20,294 kg
Startmasse Ariane:	775 t	774,4 t	774 t	773 t	773 t
Brennzeit EAP:	132 s	134,05 s	134,05 s	134,65 s	135,1 s
Brennzeit EPC:	527 s	525,75 s	526,8 s	534,75 s	528 s
Brennzeit EPS:	530 s	535 s	535 s	535 s	535 s
Treibstoffzuladung EPS:	5,2 t	5,2 t	5,2 t	5,222 t	5,222 t

Abbildung 56: Start von Jules Verne © des Fotos: ESA

Der Weg zur ISS

Es schloss sich die Inbetriebnahme des Frachters an. Dabei gab es eine Differenz im Druck zwischen den Leitungen vom Oxidator NTO und Treibstoff MMH. Das aktivierte den Sicherheitsmodus des Bordcomputers. Er schaltete diese Kette von Leitungen und Triebwerken ab und aktivierte die Zweite von insgesamt vier Ketten.

Die erste Anhebung der Bahn wurde verschoben, um diese Anomalie zu untersuchen. Nachdem zur Elektronik, welche den Druck kontrolliert, neue Datensätze überspielt wurden, schaltete das ATC-CC alle vier Ketten ab und nahm sie nacheinander wieder in Betrieb. Nun gab es keinen Druckunterschied. Die Ursache für das Problem waren abweichende Messwerte durch einen Drucksensor, der noch nicht seine Betriebstemperatur erreicht hatte.

Am 11.3.2008 fanden die ersten beiden Zündungen der R-4D Triebwerke statt. Sie dienten nur dazu, die vier Haupttriebwerke und das Antriebssystem zu testen. Jede Zündung dauerte zwei Minuten und erhöhte die Geschwindigkeit von Jules Verne um 7 m/s. Am nächsten Tag fanden zwei weitere Zündungen statt, die weitere 6 m/s addierten. Nun hatte der Transporter eine Bahnhöhe von 303 km. Diese vorsichtige Inbetriebnahme diente dazu, sicherzugehen, dass es nach dem Abschalten der Kette kein wirkliches Problem im Antriebssystem gab.

Das nächste wichtige Ereignis war der Test des lebenswichtigen Collision Avoidance Manövers. Es kann automatisch ausgelöst werden, durch ein Kommando vom Boden aus oder durch die Astronauten auf der ISS. Das ATV-Kontrollzentrum in Toulouse sandte das Abbruchsignal, die MSU übernahm die Kontrolle, bremste das Raumfahrzeug ab und fuhr die FTC und ihre Subsysteme herunter. Alles arbeitete wie vorgesehen. Danach hatte das Kontrollzentrum einen arbeitsreichen Tag, denn es musste nun alle Systeme manuell hochfahren und prüfen.

Am 18.3.2008 erreichte Jules Verne seine Parkposition in Höhe der ISS, aber 2.000 km vor ihr. Hier musste der Transporter warten, bis die NASA ihre STS-123 Mission abgeschlossen hatte.

Am 29. März stand nun der Demonstrationstag 1 an. Ziel war es, die autonome Navigation und Steuerung zu testen, insbesondere die GPS-Empfänger. Wichtigster Punkt war die Erprobung des „Retreat" Manövers. Der Frachter navigierte zum Punkt S2, den ersten Nahbereichspunkt der ISS, 3.500 m hinter die Raumstation und blieb dort stehen. Der Kommunikationslink konnte zur ISS aufgebaut werden und das differenzielle GPS wurde erprobt. Auch das Kurs-

Abbildung 57: Annäherung des ATV an die ISS

Radar hatte keine Probleme damit, die Entfernung, Lage und relative Geschwindigkeit der ISS festzustellen. Es gab die erste Überraschung – die Reichweite von Kurs war erheblich höher, als von Russland angegeben. Nachdem Jules Verne eine Weile die Position im Punkt S2 hielt, wurde vom Boden aus das Abbruchsignal „Retreat" gesandt und Jules Verne tauchte nach unten ab und flog zurück zum Punkt S1.

Es folgte der zweite Demonstrationstag am 31.3.2008. Er diente dazu, die Annäherungssensoren und Ankopplungssteuerung zu testen und das „Escape" Abbruchmanöver zu erproben. Jules Verne bewegte sich bis zum Punkt S41, nur 11 m von Swesda entfernt. Dort blieb das Raumschiff stehen und ging dann, nachdem er das Abbruchsignal erhielt, automatisch zurück zum Punkt S1 in 30 km Entfernung. Zeitgleich beobachtete die ISS-Besatzung die Annäherung. Damit hatte auch die Generalprobe der Annäherung geklappt.

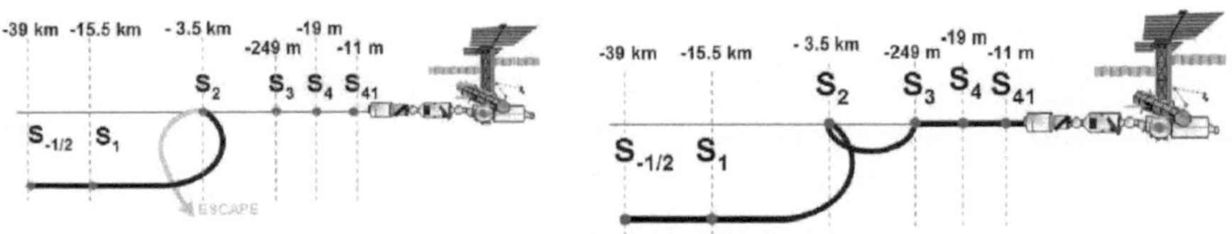

Abbildung 58: Demonstrationstag 1 und Ankopplung im Detail © der Grafik: DLR

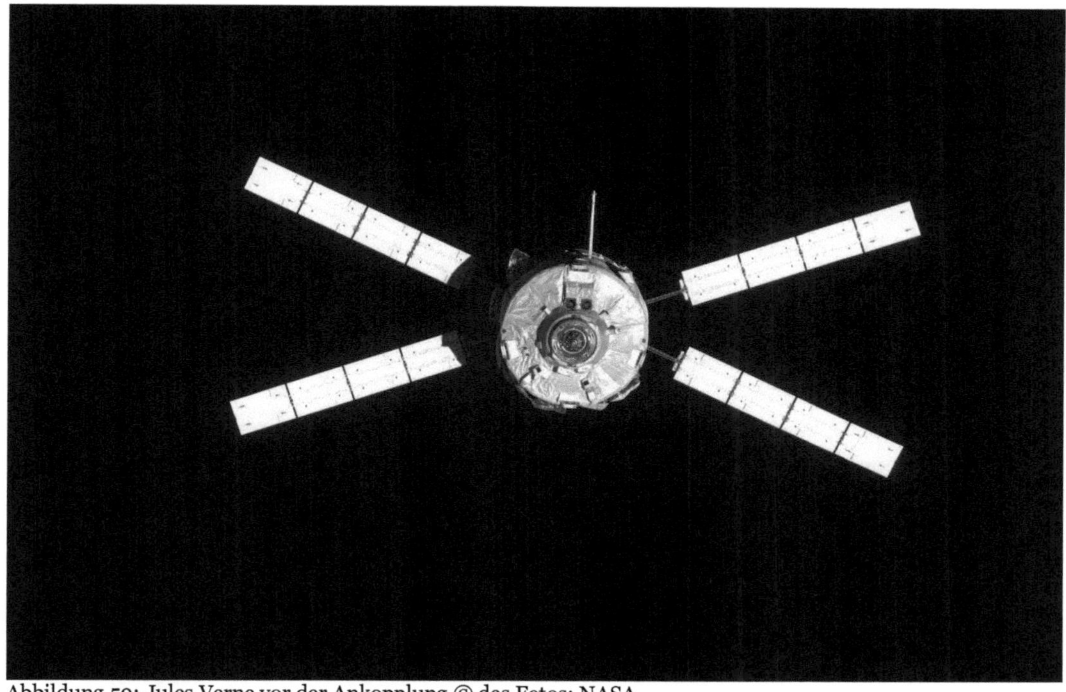

Abbildung 59: Jules Verne vor der Ankopplung © des Fotos: NASA

Ankopplung an die ISS

Am 3. April 2008 dockte Jules Verne schließlich an die ISS an. Die Annäherung begann aus einer Position 39 km hinter der Station. Die Kontrollpunkte wurden nacheinander automatisch durchlaufen, ohne das jemand eingreifen musste. Schließlich dockte der Schwerlastfrachter weich mit einer Geschwindigkeit von 7 cm/s an. Dass dies so reibungslos ging, hatte niemand erwartet. Auf russischer wie auch auf amerikanischer Seite wurde angenommen, dass diese erste automatische Kopplung Europas erst beim zweiten oder dritten Versuch klappen würde. Das Kurs-System wurde nicht benötigt.

Eine zweite gute Nachricht war, dass durch den reibungslosen Ablauf der Ankopplung und der beiden Demonstrationstage Jules Verne mit 860 kg mehr Treibstoff an die ISS ankoppelte als geplant. Die Mission wurde um einen Monat verlängert, bis Anfang September, um die Raumstation mit diesen Reserven anzuheben. Einen Tag später wurde die Luke zum Frachter kurz geöffnet, um ein Luftreinigungssystem zu installieren. Es befreite in den nächsten acht Stunden den Innenraum von eventuell schädlichen Gasen, vor allem aber von kleinen Partikeln, die sich nach dem Start gelöst haben könnten. Das eigentliche Betreten geschah einen Tag später, am 5. April. Nachdem der Transporter an die Station angedockte, wurden die meisten Systeme in einen Stand-by-Modus geschaltet, um Strom zu sparen.

Angekoppelt an die ISS konnten die Astronauten das Äußere von Jules Verne untersuchen. Es zeigte sich, dass die äußere Kapton-Folie an einigen Stellen abgelöst war. Dies ist nicht kritisch und bedeutet nur einen etwas höheren Stromverbrauch bei der Kühlung und Heizung des Transporters. Das DLR vermutete, dass dies bei der Abtrennung der Nutzlasthülle geschah.

Am 22.4.2008 wurden die ersten 22 von 270 l Wasser, die mitgeführt wurden, zur ISS gepumpt. Dem schloss sich ein Test der Güte des Wassers an. Es hatte eine sehr gute. Am 22. Juli wurde das letzte Wasser zur Swesda transferiert. Dreimal wurde während der ATV-Mission die ISS angehoben. Das erste Mal am 25.4.2008. Am 29.5.2008 gab es den ersten Test für die Müllentsorgung: 110 l benutztes Wasser, das nicht aufgearbeitet werden konnte, wurden in einen leeren Tank gepumpt. Vorher hatten die Besatzungsmitglieder das Wasser in fünf Kanistern zu je 22 l untergebracht.

Abbildung 60: Die Stammbesatzung betrachtet im ICC des ATV einige Originalmanuskripte von Jules Verne
© des Fotos: NASA

Am 9.Juni zündete das ATV-CC die 28 kleineren Düsen des ATV für 400 ms. Zweck dieses kurzen Schubs war es, das dynamische Verhalten der ISS zu testen, nachdem es durch das japanische Kibō Labor erweitert wurde und sich damit der Schwerpunkt der Station verschob.

Am 16. Juni wurde begonnen, den Treibstoff in das Swesda Modul zu pumpen. Inzwischen hatte die Besatzung eine neue Nutzung des ICC entdeckt: Sie benutzte ihn um sich dort zu waschen und zu reinigen, als Ersatz für die Hygiene-Station der ISS. Ab und an benutzen die Astronauten Jules Verne auch als Ruheraum und ein Astronaut nutzte es als Schlafraum: Der Frachtbehälter hat keine Lüfter und Pumpen. Es ist dort ruhiger als in dem Rest der ISS. Yi So-yeon, Gast auf der Station und erste südkoreanische Astronautin, führte im ICC im April ihre Nanotechnologie-Experimente durch.

Am 27. August konnte Jules Verne seine Fähigkeiten außerplanmäßig unter Beweis stellen, indem er ein Kollisionsvermeidungsmanöver durchführte, als die Reste von Kosmos 2421 der ISS gefährlich nahe kamen. Er bremste die ISS gegen die Flugrichtung ab und senkte die Bahn um knapp 2 km ab. Vorher wurde die ganze Station um 180 Grad gedreht, damit der Transporter gegen die Flugrichtung feuern könnte. Derartige Manöver sind recht selten. Es war das Erste seit 2003 und seit dem Jahr 2000 das Erste, das gegen die Bahnrichtung erfolgte. Ursache für das Ausweichen war eine Trümmerwolke von 15 Fragmenten von Kosmos 2421. Dieser Weltraumspion wurde am 25.6.2006 gestartet und zerbrach am 15. und 16. Februar 2008 in kleinere Fragmente. Der Satellit gehört zum RORSAT Programm Russlands: Aufklärungssatelliten mit Radargeräten, die schon in der Vergangenheit beim Wiedereintritt Schlagzeilen machten, als sie noch Kernreaktoren an Bord hatten.

In der letzten Augustwoche wurde der Rest der Fracht in die ISS umgeladen. Zu diesem Zeitpunkt waren noch 900 kg in den Racks verstaut. Danach wurden 816 kg Abfall (plus Behälter und Verpackungen) in die Racks verstaut und weitere 264 l Abwasser in die Tanks des Transporters gepumpt.

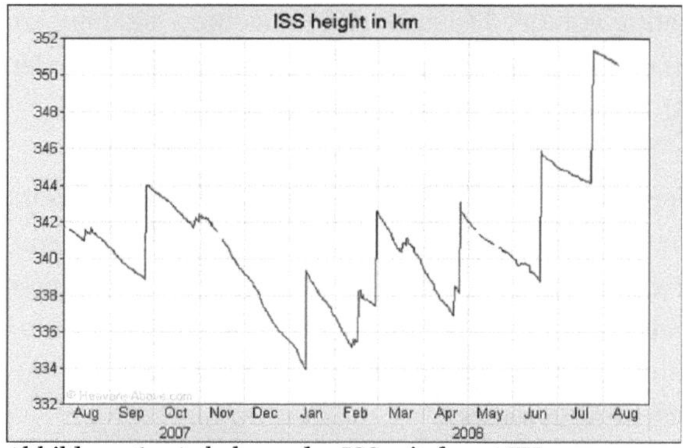

Abbildung 61: Anhebung der ISS mit dem ATV
© der Grafik: Heavens Above

Zurück zur Erde

Sergei Volkov, Kommandant der Expedition 11, führte in den letzten Tagen vor dem Abkoppeln eine Inspektion hinter den Racks durch, um nach Kondenswasser zu suchen und maß die Temperaturen der Wand. Zuletzt wurden die Lampen im Innenraum des ATV demontiert: ATV, HTV und ISS-Module benutzen den gleichen Lampentyp. Da der Hersteller sie nicht mehr produziert, werden die Lampen ausgebaut, als Reserve, wenn eine an Bord der ISS ausfällt. Insgesamt lobten die Astronauten das ATV als ein Raumgefährt, das für die Crew wenig Arbeit bedeutete. Auch die Zeit, die benötigt wurde, um sich in die Systeme einzuarbeiten, war minimal.

Am 4.9.2008 schlossen die Astronauten die Luke und bereiteten das Abkoppeln vor. Dazu wurden 16 Klammern in der Peripherie des Kopplungsadapters entfernt. Diese Klammern haben die Verbindung verstärkt. Danach wurde der Zwischenraum zwischen Frachter und Swesda entlüftet.

Am 5.9.2008 koppelte Jules Verne ab. In den letzten zwei Orbits gab es die letzten Überprüfungen. Sowohl der ISS-Systeme (Kontrolle der Lageregelung), wie auch von Jules Verne. Der Transporter wurde erneut voll aktiviert. Dazu kamen Tests der Verbindung zu den Kommunikationssatelliten. PCE und GPS-Empfänger wurden aktiviert, Notfallprogramme an die MSU überspielt. Zuletzt wurden die Strom- und Flüssigkeitsleitungen zu Swesda gekappt und die Raumstation ging in einen Driftmodus, in der die Lageregelung nicht aktiv ist.

Die Verbindung wurde durch Lösen der Verbindungsklammern getrennt und eine Feder im PDA drückte Jules Verne weg. Es bekam so eine Anfangsgeschwindigkeit von 5 cm/s. Nach fünf Minuten war der Mülltransporter weit genug von der ISS entfernt, um seinen eigenen Antriebs einzusetzen. Innerhalb von 22 Minuten erreichte er eine Distanz von 5 km. Nun wurden die automatischen Abbruchprozeduren deaktiviert.

Die nächsten Wochen dienten dazu, Jules Verne in eine Position zu bringen, auf der es beim Wiedereintritt ideale Beobachtungsbedingungen gab – sowohl von der ISS aus wie auch vom Boden. Am 29. September stand der Wiedereintritt an. Bis dahin hatten kleinere Zündungen der Triebwerke den Transporter um 17 m/s verlangsamt. Er befand sich nun in einem Orbit 25 km unterhalb und 1.725 km hinter der ISS. Diese Position garantiert, dass von der Station aus der Wiedereintritt des Raumschiffs beobachtet werden konnte.

Der Wiedereintritt wurde so gewählt, dass er nachts stattfindet, sodass Flugzeuge die glühenden Fragmente gut beobachten können. Die NASA beobachtete dies mit einer DC-8, die ESA mit einer Gulfstream. Beide Flugzeuge beobachten den Eintritt mit HDTV-Kameras und Digitalkameras. Die DC-8 war so positioniert, dass sie den Frachter in einer Höhe von 60-80 km gut beobachten kann und die Gulfstream, dass sie Höhe von 50 bis 70 km überwachte. Die erste Zündung senkte die Geschwindigkeit um 30 m/s. Jules Verne wat nun in einem Orbit mit einem Perigäum in 220 km Höhe. Dadurch wurde das Raumschiff schneller und näherte sich der ISS.

Nach zwei Orbits hatte das ATV-CC die Daten für das finale Manöver berechnet und zum Frachter übermittelt. Der Raumtransporter befand sich nun nur noch 14 km von der ISS entfernt. Jules Verne zündete erneut seine Triebwerke und reduzierte seine Geschwindigkeit um 70 m/s. Das führte zu einer Bahn, deren tiefster Punkt 10 km unterhalb der Erdoberfläche liegt. 19 Minuten später erreichte der Jules Verne eine Höhe von 120 km und die nun dichter werdende Atmosphäre heizte den Frachter so auf, dass er für IR-Kameras sichtbar wurde. In 75 km Höhe brach das Raumfahrzeug auseinander. Mit der DC-8 gelangen dabei eindrucksvolle Aufnahmen. In der Summe war Jules Vernes Mission ein voller Erfolg. Alle Manöver klappten, Jules Verne war einen Monat länger an der ISS angedockt als geplant und konnte die Station vor Weltraumschrott schützen. Bei den Manövern wurde weitaus weniger Treibstoff verbraucht als vorgesehen.

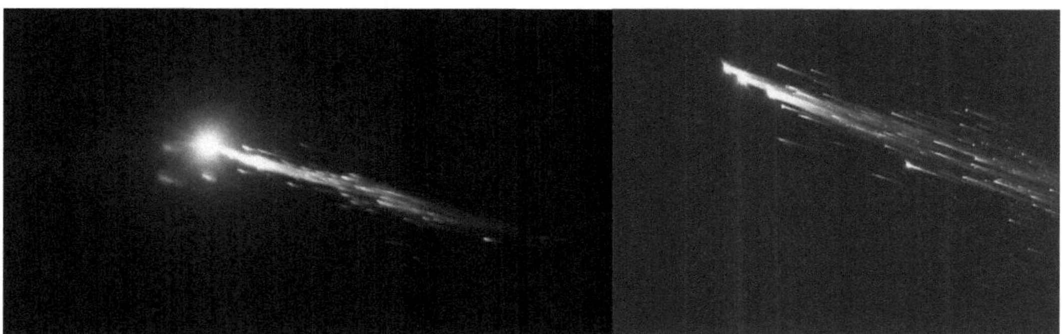

Abbildung 62: Bilder vom Wiedereintritt von Jules Verne (c) der Bilder: ESA

Jules Vernes Mission in Zahlen

Datum	Ereignis
9.3.2008	Start
18.3.2008	Erreichen der Parkposition vor der ISS
29.3.2008	Demonstrationstag 1
31.3.2008	Demonstrationstag 2
3.4.2008	Andocken an die ISS
5.4.2008	Besatzung nimmt Jules Verne in Besitz
22.4.2008	Erstes Umpumpen von Wasser
25.4.2008	Erstes Anheben der ISS um 4.5 km (v=2,65 m/s, 740 s Brenndauer)
29.5.2008	Erstes Umpumpen von Brauchwasser in Jules Verne
16.6.2008	Transfer des Treibstoffs zu Swesda
19.6.2008	Zweites Anheben der ISS um 7.04 km (v=4,02 m/s 1.205 s Brenndauer)
23.7.2008	Drittes Anheben der ISS um 7.21 km (v=4.50 m/s 1.237 s Brenndauer)
13.8.2008	Viertes Anheben der ISS um 6.5 km (v=3.7 m/s 1.140 s Brenndauer)
27.8.2008	Kollisionsvermeidungsmanöver: Orbit um 2 km abgesenkt (v=-1 m/s, 302 s Brennzeit)
4.9.2008	Schließen der Luke zur Station
5.9.2008	Abkoppeln von der ISS, Masse noch 13.470 kg
29.9.2008	Absenken des Orbits: Zündung 1 (v=30 m/s, 300 s Brenndauer): 331 × 220 km Orbit Zündung 2 (v=70 m/s, 900 s Brenndauer): 331 × -10 km Orbit
29.9.2008	Verglühen beim Wiedereintritt.
Tage im All:	220, davon 155 an der ISS
Veränderte Orbithöhe:	27,25 km
Kurskorrekturen:	14-mal die räumliche Ausrichtung der ISS verändert 5-mal den Orbit angehoben/abgesenkt.

Allgemeiner Flugablauf

Der Flugablauf der folgenden ATV unterscheidet sich von dem Ersten in der Hinsicht, dass die ISS schneller erreicht wird. Die Demonstrationsmanöver entfallen. Bei den folgenden Flügen soll die ISS in zwei bis fünf Tagen erreicht werden.

Die Ariane 5 startet das Raumfahrzeug in eine kreisförmige Umlaufbahn von 260 km Höhe. Sobald der Transporter sich von der Trägerrakete trennt, beginnt er mit dem autonomen Arbeiten. Zuerst werden Solarpaneele entfaltet, dann die Kommunikation zu einem TDRS-Satelliten aufgebaut. Die Inbetriebnahme soll 90 Minuten nach dem Abtrennen von der Ariane 5 beendet sein.

Annäherung an die ISS

Nun wird der Orbit mit zwei Zündungen der eigenen Triebwerke zuerst in einen elliptischen Orbit mit dem Apogäum auf der Höhe der ISS angehoben. Die zweite Zündung im erdfernsten Punkt der Bahn zirkularisiert diesen. Auf der Bahnhöhe der ISS beginnt die Annäherung an die Station. Die beiden GPS-Empfänger liefern dafür die Navigationsdaten. Nominell ist eine 5-Tages Strategie vorgesehen, das bedeutet das ATV bleibt 5 Tage im Zwischenorbit „Phasing Orbit". Gibt es eine Verzögerung, weil z. B. eine Progress erst den Kopplungsadapter freimachen muss, so verlängert sich die Aufenthaltsdauer im Parkorbit um das Vielfache von 5 Tagen. Diese Strategie hat mehrere Ursachen. Zum einen sollten schon vor dem Start die Rein-

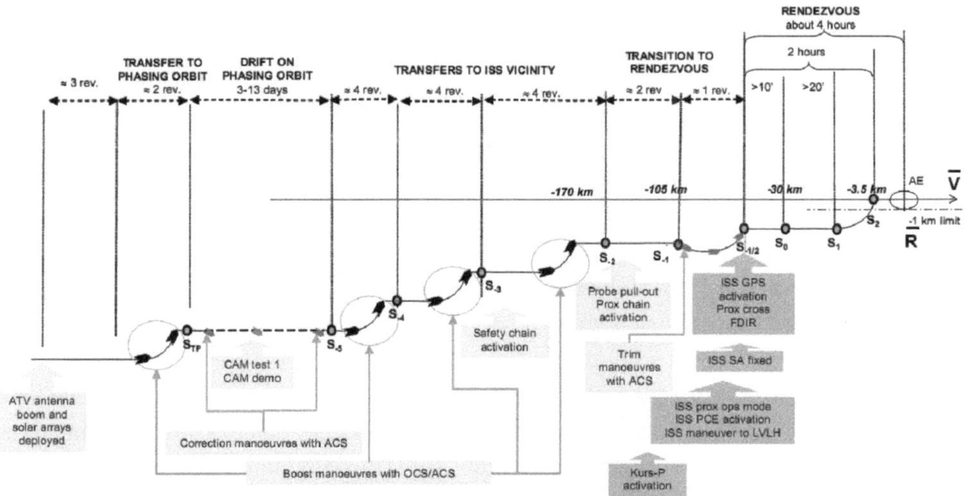

Abbildung 63: Allgemeiner Ablauf der Annäherung über drei Umläufe © der Grafik: NASA/ESA

räume möglichst kurz belegt werden, damit der nächste Start vorbereitet werden kann (ab 2011 muss Arianespace Nutzlasten für Ariane 5, Sojus und Vega gleichzeitig vorbereiten). Dann gibt es Randbedingungen beim Ankoppeln wie Lichtbedingungen und zuletzt zur Minimierung des Treibstoffverbrauchs. Die 5 Tage haben auch den Vorteil, dass das ATV-CC genügend Zeit hat, alle Systeme des ATV eingehend zu prüfen. Die Anhebung des Orbits geschieht in mehreren Etappen die zuerst normale „Hohmann Transfers" sind. Das bedeutet: Das ATV zündet zuerst seine Triebwerke kurz und beschleunigt. Durch das Beschleunigen wird aus der Kreisbahn eine elliptische Bahn, deren erdfernster Punkt nun höher liegt. Bei Albert Einstein lag die Kreisbahn zuerst in 250 km Höhe, die erste Zündung mit etwa 11 m/s hob den erdfernsten Punkt auf 295 km Höhe an. Der erdnächste Punkt blieb bei 250 km. Nach einem halben Umlauf ist das ATV im erdfernsten Punkt angekommen. Beschleunigt es nun hier erneut um den gleichen Geschwindigkeitsbetrag, so resultiert eine neue Kreisbahn, diesmal in der neuen Höhe (also in 295 km Höhe). Dies kann mehrmals wiederholt werden. Bei Albert Einstein, der 10 Tage bis zur ISS unterwegs war wurde zuerst der Orbit auf 300 km angehoben, weil er in 260 km Höhe durch die Luftreibung pro Tag 2 km tiefer sank. Einen Tag vor dem Ankoppeln wurde der Orbit auf 380 km Höhe und ein halber Tag später auf 400 km Höhe angehoben. Je größer die Differenz in der Orbithöhe ist, desto schneller kann das ATV die ISS einholen. Bei Albert Einstein war der letzte Orbit noch 10 km tiefer als die ISS. Er ist auf diesem Orbit 5,7 m/s schneller als die ISS, verkürzt also die Distanz pro Stunde um 20,52 km. Daher braut man die Distanz zuerst in einem niedrigen Orbit schnell ab und steigt sukzessive zur ISS auf. Für die 1.000 km, die ihn anfangs noch von der ISS trennen, braucht das ATV also einen Tag. Bei dem letzten Transporter, George Lemaître wurden bis zur Ankopplung folgende Treibstoffmengen verbraucht:

- 800 kg um die Bahn von 260 auf 415 kg Höhe anzuheben

- 60 kg während des fünftägigen Phasing Orbits um die korrekte Lage im Raum einzuhalten (pro weiteren Tag zusätzlich 12 kg)

- 10 kg um den Transporter nach dem Zwischenorbit wieder korrekt in die Ankopplungsposition auszurichten.

Das eigentliche Ankoppeln an die ISS ist nicht ganz so einfach wie das Ankoppeln an ein sich bewegendes Ziel auf der Erde. Der entscheidende Punkt ist, das in Umlaufbahnen Geschwindigkeit und Bahnhöhe miteinander verbunden sind. Ein ATV kann also nicht einfach eine Position hinter der ISS einnehmen und dann beschleunigen, um sie einzuholen. Wenn er beschleunigt, so wird er schneller, damit weitet sich die kreisförmige Umlaufbahn aus. Sie wird elliptisch und der erdfernste Punkt liegt dann oberhalb der ISS-Bahn. Schlimmer noch: die Umlaufdauer ist nun länger als die der ISS. Anstatt sie einzuholen, entfernt sie sich von dem Raumfahrzeug. Als zum ersten Mal das Ankoppeln bei der Gemini 3 Mission erprobt wurde, gelang es trotz mehrfacher Versuche nicht und musste dann wegen dem zu hohem Treibstoffverbrauch abgebrochen werden. Der Astronaut „Gus" Grissom hatte versucht die Zweitstufe der Titan, die das Ziel war, wie als Pilot ein Flugzeug einzuholen. Er erreichte das genaue Gegenteil. Danach setzte man Computer für die Berechnung der Annäherungsbahnen ein und tut dies bis heute. Die Verbindung von Geschwindigkeit und Orbithöhe wirkt sich auch bei Wartefristen aus. Wenn ein Transporter nicht hinter der ISS warten kann, (aus Sicherheitsgründen muss er diese Position nach einigen Tagen räumen) muss er einen höheren oder niedrigeren Orbit einschlagen. In einem niedrigeren ist er schneller als die Station und überholt sie, in einem höheren ist er langsamer und die ISS hängt ihn ab. Will er keinen zu großen Abstand zur ISS aufbauen, muss er sie umkreisen, d.h. zwischen hohem und niedrigem Orbit wechseln. Die meisten Transporter lassen sich einige Tage Zeit, um anzukoppeln. Das liegt daran, dass die ISS eine Bahnebene hat, die wenn man sie auf dem Globus projiziert eine Linie ergibt, als Sinuswelle zwischen dem 52 Breitengrad (Nord/Süd) erstreckt. Mit minimalem Zeitaufwand kann man die ISS erreichen, wenn die Bahnebene genau durch den Startort geht, was aber nur in großen zeitlichen Abständen exakt der Fall ist. Sie passiert einen Startort zweimal pro Tag in maximal 1200 km Entfernung. Je mehr Tage man als Startfenster zur Verfügung hat, desto kleiner ist der maximale Abstand. Es wird trotzdem ein Restabstand bleiben.

Die Bahnebene läuft über die Erde, weil diese sich dreht. Da man in einem anderen Orbit eine andere Umlaufszeit hat, verläuft die Bahnebene beim ersten Orbit (in 260 km) anders als die der ISS. In 260 km Höhe hat das ATV eine Umlaufszeit von 1 Stunde 29 Minuten 42 s. Wäre die ISS in 400 km Höhe, so hätte sie eine Umlaufszeit von 1 Stunde 32 Minuten und 33 s. In einem Tag (24 Stunden = 86400 s) hat die ISS also 15,559 Umläufe um die Erde absolviert, das ATV aber 16,053. Anders ausgedrückt, wenn das ATV auch 15,559 Umläufe durchlaufen hat, dann sind 83.739 s vergangen – 2661 s fehlen noch zum Tagesende. Da die Erde sich am Äquator mit 463 m/s dreht, kann ein Raumfahrzeug so innerhalb eines Tages eine Verschiebung der Bahnebene um 463 x 2661 s = 1.232 km aufholen. Je mehr Zeit man sich mit der Angleichung der Bahn lässt, desto freier ist man daher mit den Startzeitpunkten. Umgekehrt erfordert eine sehr schnelle Annäherung, wie sie nun von den Sojus TMA M+M innerhalb von wenigen Stunden durchgeführt wird, dass die Rakete beim Start den Fehler in der Bahnebene kompensiert. Das kostet Treibstoff und damit Nutzlast.

Die Annäherung an die Raumstation geht über den Transfer von einem Referenzpunkt zum nächsten. Dabei kann ein Annäherungssystem das nächste ablösen. Die Arbeitsbereiche der Annäherungssysteme überlappen sich für eine maximale Sicherheit. Auch das Abkoppeln oder ein Abbruch geht jeweils zu einem dieser definierten Referenzpunkten zurück. An jedem Referenzpunkt wartet der Raumfrachter und das ATV-Kontrollzentrum muss den Weiterflug zum nächsten Punkt freigeben. Die entfernteren Referenzpunkte liegen unterhalb und oberhalb der Bahn der ISS. Das Raumfahrzeug hat dann eine höhere oder niedrigere Geschwindigkeit. Dies führt dazu, dass der Frachter die ISS überholt (Bahn unterhalb der ISS) oder sich von ihr entfernt (Bahn oberhalb der ISS).

Punkt	Beschreibung	Wartezeit
S-1/2	39 km hinter und 5 km unterhalb der Raumstation: Dieser Punkt ist nicht stabil, da ein Raumschiff auf einer tieferen Bahn 2,8 m/s schneller als die Station ist und so die 30 km Distanz innerhalb von drei Stunden aufholen würde.	
S0	30 km hinter und 5 km unterhalb der Raumstation.	
S1	15,5 km hinter und 5 km unterhalb der Raumstation.	
S2	3,5 km hinter der ISS und 100 m höher: Δv zur ISS: 0,56 m/s	30 min
S3	249 m hinter der Station, Δv zur ISS: 0,4 m/s	36 min
S4	19 m hinter dem Swesda Modul, Δv zur ISS: 0,07 m/s	16 min
S41	11 m hinter Swesda	7 min

Der Endanflug beginnt fünf Stunden vor dem Andocken. Im letzten Erdumlauf werden die Kommandozentren in Houston, Toulouse und die ISS-Besatzung mit einbezogen.

Beim Punkt So beginnt die autonome Annäherung. Voraussetzung ist, dass der Proximity-Link, (PCL) also die Verbindung zur ISS aufgebaut werden konnte. Die Annäherung beginnt zuerst auf Basis der relativen GPS Daten. Diese Positionsdaten der ISS werden über den PCL übermittelt. Nun werden diese mit den Koordinaten, welche die eigenen GPS Empfänger liefern, kombiniert und daraus ergeben sich genaue Werte über die gegenseitige Position und Geschwindigkeit. Diese Datensätze liegen auch dem Kontrollzentrum in Toulouse vor, welches dann die Freigabe für das Weitergehen zum Punkt S2 erteilt.

Innerhalb eines Umlaufs hat der Schwerlasttransporter den Punkt S2 erreicht und geht dann erneut in Warteposition. S2 ist höher als die ISS, so holt der Transporter die Distanz nicht auf und die ISS entfernt sich langsam. Die Außenbordlichter und der Kurs-Radartransponder werden aktiviert. Ab jetzt ist die ISS-Besatzung mitbeteiligt. In dieser Warteposition werden erneut die Systeme überprüft und dann gibt die ISS-Besatzung die Endannäherung frei.

Nach weiteren 30 Minuten ist das Raumfahrzeug beim Punkt S3 angekommen. Nun kommen die Videometer und Telegoniometer zum Einsatz. In 500 m Distanz kommt er in das Blickfeld der TV-Kameras, die am Heck von Swesda angebracht sind. Die eigenen Sensoren überwachen, ob der Transporter in dem 4 Grad breiten Anflugskorridor bleibt. Verlässt er ihn, wird die Annäherung abgebrochen.

Die folgende Annäherung über 21 Minuten reduziert immer weiter die relative Geschwindigkeit zur ISS von 40 auf 7 cm/s am Punkt S4. In Punkt S4 angekommen, gibt es einen vorgesehenen Halt zur letzten Kontrolle der Rollachsensteuerung. Mit dem Videometer positioniert das ATV sich mit einer Genauigkeit von 1,5 cm gegenüber dem Kopplungsadapter von Swesda.

Nach zwei Minuten ist der Punkt S41 erreicht. Er hält dort weitere sieben Minuten, bevor das Raumfahrzeug die letzten 11 m in drei Minuten zurücklegt. Der Halt bei S41 erfolgt für den letzten Check, ob die Besatzung den Transporter in der Endannäherung sehen kann. Das ATV hat an seinem Adapter zur visuellen Kontrolle eine Zielmarkierung, ein beleuchtetes Fadenkreuz, welches genau zur Deckung mit einer Markierung auf dem Swesda Modul gebracht wird. Dies kann mit Videokameras am Swesda Modul verfolgt werden. Die Besatzung oder das Kontrollzentrum kann bis 1,5 m vor der Station, dem sogenannten „Crew Hands Off Point" eingreifen, und einen von folgenden Knöpfen drücken:

Knopf	Aktion
Retreat	Der Transporter bricht die Kopplung ab und kehrt zum nächsten Punkt zurück.
Hold	Wird nur zwischen den Punkten S3 und S4 eingesetzt, wenn ein kleines Problem vorliegt, das in absehbarer Zeit gelöst werden kann. Der Transporter nimmt eine Warteposition ein, bei der er die Distanz zur ISS hält. „Hold" wird mit „Resume" fortgesetzt.
Resume	Setzt ein unterbrochenes Kopplungsmanöver fort.
Escape	Wird beim Ausfall des FTC benutzt und von der MSU gesteuert. Das Vehikel kehrt zum S 1/2 Punkt 39 km hinter und 5 km unterhalb der Station zurück. Dort beginnt es nach einem Check die Kopplung erneut. Escape führt zu einer Schubumkehr der Triebwerke. Der Transporter entfernt sich mit einer Geschwindigkeit von 4 m/s von der ISS. So erreicht er sehr schnell eine sichere Distanz.
Abort	Löst das **C**ollision **A**voidance **M**anouever (CAM) aus. Er ist der sogenannte „Roter Alarm Knopf".

Die Crew und die Operateure im Kontrollzentrum haben eine Tabelle, in der die Situationen aufgeführt sind, wann welcher Knopf gedrückt werden soll. Bis zum Punkt S4 wird die ISS-Besatzung eine Abweichung zuerst an das Kontrollzentrum melden, da dann noch genügend Zeit ist, die Reaktion zu überlegen und abzusprechen. Wenn das Raumschiff näher als 20 m an die ISS herankommt, kann die Crew alleine entscheiden, welche Aktion die geeignetste ist. Unterhalb der Distanz von 1,5 m wird ein Kopplungsmanöver nicht mehr abgebrochen, da alle Aktionen, egal ob es sich um ein Anhalten oder Zurückziehen handelt, die Situation verschlimmern können. Bei den kleinen Relativgeschwindigkeiten (unter 10 cm/s = 0,36 km/h) ist selbst eine Kollision weniger gefährlich als eine Zündung der Triebwerke nahe der Station.

Die Beobachtung erfolgt durch eine Videokamera am Heck des Swesda Moduls. Die Kamera von Swesda wird für die letzten 500 m der Annäherung genutzt. Amerikanische TV-Kameras an anderen Positionen können den Frachter von einer Distanz von 1.000 bis 250 m vor Swesda verfolgen, dann verdeckt Swesda das Blickfeld. Die ab Februar 2010 installierte europäi-

Abbildung 64: Annäherung des ATV © der Grafik ESA/ D. Ducros

sche Beobachtungskuppe Cupola ermöglicht es, dass die Besatzung die Annäherung direkt verfolgen kann.

Der erste Kontakt der ausgefahrenen Sonde des RDS mit dem Kopplungsadapter SSWP G4000 an Bord von Swesda löst einen letzten Schubimpuls des hinteren Antriebssystems aus, sodass die Probe fest in den Kopplungsadapter einfährt und die Haken einrasten. Das Ankoppeln wird registriert mittels eines Kraft- und Momentensensors.

Die gesamte Annäherung, beginnend von 30 km Distanz, bis zum Ankoppeln dauert nominell zwei Umläufe, also rund drei Stunden, dabei sind 50-60 Minuten Wartezeit einkalkuliert. Die Steuerung sollte die Probe des RDS mit einer Genauigkeit von 10 cm in den Kopplungstrichter führen. (95% Wahrscheinlichkeit). Ziel ist sogar eine Abweichung von nur 1,5 cm (50% Wahrscheinlichkeit).

Die gesamte Ankopplung verbraucht weitere 300 kg Treibstoff, gerechnet vom S1/2-Punkt aus. Damit hat der Transporter schon 1170 kg Treibstoff verbraucht, bis er an der Station angekoppelt ist, das ist etwas mehr als die Hälfte des Treibstoffs, der für die Bahnmanöver des Transporters vorgesehen ist.

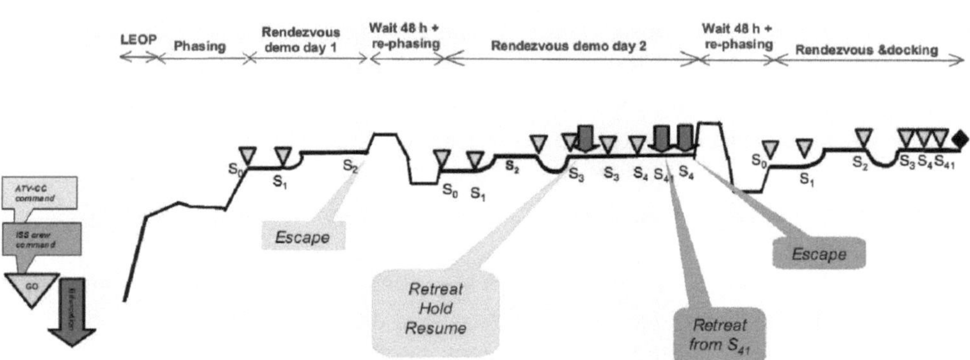

Abbildung 65: Der Endanflug an die ISS und die beiden Bereiche, die bei den Demonstrationstagen durchlaufen werden. © der Grafik: NASA/ESA

Angekoppelt an die ISS

Abbildung 66: Der Kopplungsadapter wird nach der Ankopplung an der Seite fixiert © des Bildes: NASA

Nach dem Ankoppeln folgt zuerst eine Phase, in der sich die durch die Ankopplung verursachten Schwingungen abbauen. Danach folgen Druckausgleich und Dichtheitsüberprüfung des ICC und der Verbindung. Ergeben sich keine Probleme, so öffnet die Besatzung die Luke. Sie ist abnehmbar wie ein Deckel. Sie fixiert diese an der Seite mit Bändern. Zuerst wird der ICC mit Mundschutz und Schutzbrillen betreten. Es wird die Luft geprüft. Es könnten Kunststoffe giftige oder reizende Gase freigesetzt haben. Ist sie okay, so können die Schutzbrillen und der Mundschutz abgenommen werden. Von nun an ist die Tür permanent offen und die Besatzung kann das ATV betreten, wann sie möchte.

Das Ausladen der Fracht kann sich über Wochen hinziehen, genauso wie das Umpumpen von Flüssigkeiten und das Freisetzen von Gasen. Zuletzt wird der Frachter mit Abfall beladen und das Abwasser umgepumpt. Mindestens einmal wird der Transporter die Bahn der ISS anheben, meistens aber mehrmals. Geplant sind Intervalle zwischen 10 und 45 Tagen zum Anheben der Station.

Abbildung 67: Künstlerische Darstellung des Reboosts der ISS © der Grafik: ESA/D. Ducros

Sollte es nötig sein, kann der Transporter auch abkoppeln, in einer Warteposition im Punkt S-1/2 verharren und später erneut ankoppeln. Dieser Fall kann eintreten, wenn ein Progress-Transporter entladen werden muss, die drei- bis viermal pro Jahr die ISS versorgen und ebenfalls am Heck von Swesda an die Station ankoppeln. Bis zu acht Wochen kann das Raumfahrzeug in einer Warteposition bleiben. In der Praxis kam dieser Fall nicht vor.

Zurück zur Erde

Nach sechs Monaten tritt der europäische Raumtransporter seine Rückreise an. Die Elektronik des Raumtransporters wird erneut aktiviert und auf interne Stromversorgung umgeschaltet. Zuletzt werden die Haken gelöst, welche die Verbindung fixieren.

Das Abtrennen erfolgt durch Federkraft: Federn im Dockingadapter drücken den Frachter sanft von der ISS weg. Nach einer Minute ist der Transporter weit genug von der Raumstation entfernt und das Antriebssystem wird aktiviert. Das Raumschiff bewegt sich über die Punkte S41 – S4 – S3 – S2 rückwärts zum Punkt S1. Durch das Lösen der Stromverbindungen zum Swesda Modul aktiviert das Raumfahrzeug die eigenen Navigationssysteme und startet den Bordcomputer, der das Abkopplungsprogramm durchführt. Während die Annäherung an die ISS sich über mehrere Stunden hinzieht, ist der Transporter nach dem Abkoppeln innerhalb von 15 Minuten beim Punkt So, und damit auf einer niedrigeren Bahn als die ISS.

Zwei Zündungen mit (je nach Bahnhöhe der ISS) 90 m/s bis 150 m/s Geschwindigkeitsreduktion führen ihn dann auf einen finalen Kurs in die Atmosphäre über dem Pazifik, wo er beim Wiedereintritt auseinanderbricht und verglüht. Die Brenndauer darf nicht zu lange sein, weil sonst der erdfernste Punkt ebenfalls abgesenkt wird und der Eintrittswinkel zu flach wird. Sie muss kürzer als 30 Minuten sein. Die nötige Geschwindigkeitsänderung schaffen die Triebwerke aber nicht in dieser Zeitspanne. Daher erfolgt die Rückkehr in zwei Phasen: Die erste Zündung wandelt den kreisförmigen Orbit in einen elliptischen um. Dessen erdnächster Punkt muss immer noch über 200 km Höhe liegen, um eine Beschädigung der Solarpaneele beim Durchlaufen des Perigäums zu vermeiden. In zu geringer Höhe würden sie sich durch die Luftreibung zu stark erhitzen.

Das zweite Manöver findet zwei Umläufe später statt. Nach dem ersten Deorbit-Manöver wird die Bahn vermessen und dann der genaue Zeitpunkt und die Brenndauer für die Triebwerke an den Transporter übertragen. Das zweite Manöver dauert erheblich länger und bringt das Raumschiff in eine Bahn mit einem erdnächsten Punkt unter 80 km Höhe. Die Zündung findet beim Durchlaufen des Apogäums statt. Etwa 20 Minuten nach dem Ende des zweiten Deorbitmanövers tritt der Mülltransporter in 120 km Höhe in die Atmosphäre ein und bricht beim Wiedereintritt über dem Pazifik auseinander. Dies findet etwa 15 Stunden nach dem Abkoppeln von der ISS statt. Vorher wird der Frachter ins Taumeln gebracht, um das Verglühen zu forcieren. Der Pazifik wird seit dafür gewählt, weil er das Weltmeer mit der größten freien Wasserfläche ist.

Johannes Kepler

Insgesamt verlief die erste Mission sehr glatt. So verbrauchte Jules Verne bei den Manövern weniger Treibstoff – er hatte für die Demonstrationstage zusätzliche Vorräte mitgeführt. Dies soll sich auch auf die folgenden Flüge auswirken. Für die folgenden ATV Flüge soll der eigene Treibstoffverbrauch nur noch 1.500 – 1.800 kg betragen. Nun stehen maximal 4.500 – 5.200 kg für den Reboost der Station zur Verfügung, verglichen mit 4.000 – 4.700 kg nach den Planungen. Das Kurs-Radar wies eine höhere Reichweite von 6,5 km auf. Der Transporter reagierte erheblich präziser und empfindlicher auf Kommandos.

Es zeigte sich, dass die GPS-Empfänger an Bord der Raumstation angepasst werden müssen. Das Ablösen der Folie an der Außenseite wurde durch zu kleine Entlüftungsöffnungen verursacht. Die Belastungsmessungen beim Ariane 5 Start waren nur teilweise lesbar, da die Sensoren ein erhöhtes Rauschen aufwiesen. Als weitere Störung wurde erkannt, dass die Steuertriebwerke beim Betrieb die Startracker Kameras durch Streulicht stören.

Diese kleinen Anomalien sind allerdings normal und haben keinen Einfluss auf Konstruktion und Betrieb der folgenden Raumfrachter. Es gab insgesamt 130 Vorschläge für Änderungen nach Jules Vernes Mission. 30 davon wurden in die Serienproduktion übernommen.

Das zweite Raumschiff, das erste Serienexemplar, wurde „Johannes Kepler" getauft. Es gab zwei Gründe für die Entscheidung – es jährte sich 2009 der 400. Geburtstag des Hauptwerks von Kepler „Astronomia Nova" und die Wahl passte auch gut zum internationalen Jahr der Astronomie. Da Frankreich und Deutschland die beiden finanziell am stärksten beim ATV engagierten Nationen sind, wurde zuerst ein Raumschiff nach einer französischen und deutschen Persönlichkeit benannt. Andere Vorschläge, die auch deutsche Raumfahrtpioniere wie Hermann Oberth umfassten, konnten sich nicht durchsetzen – schade, denn nach Kepler ist schon eine Raumsonde der NASA benannt, die nach Exoplaneten fahndet.

Die Fertigung von ATV-2 stoppte in einer Phase, in der noch wesentliche Teile verändert werden konnten, bis Jules Verne erfolgreich an die ISS andockte. Bei einer Produktionszeit von 27 Monaten, der Zeit für Tests und Vorbereitungen auf den Start, bedeutete dies einen Start des ATV-2 nicht vor Mitte 2010.

Johannes Kepler wird mehr Fracht zur ISS transportieren, da die Maximalnutzlast der Ariane 5 von 19.700 aus 20.050 kg angehoben wurde und die Racks für die trockene Fracht jeweils um 50 kg leichter sind. Weiterhin setzt er acht anstatt sechs Racks ein. (zwei weitere „tempo-räre Racks"). Diese Performancesteigerungen erhöhten die Nutzlast um 650 kg. Gleichzeitig ist das für Nutzlast nutzbare Volumen im Druckbehälter um 2 m³ größer. Die leichteren Booster der Ariane, bei denen an den Verbindungen zwischen den Segmenten 1.900 kg eingespart wurden, erhöhten die Nutzlast der Ariane 5. Da man nun den Treibstoffverbrauch kennt, sind nur 2.030 kg Treibstoff für Bahnkorrekturen und Deorbit vorgesehen, bei Jules Verne waren es noch 3.860 kg. Erstmals wurde auch von der Möglichkeit Gebrauch gemacht, Fracht „spät", d.h Wochen und nicht Monate vor dem Start in den beiden neu montierten Racks einzuladen.

ATV-02 „Johannes Kepler"	
Trockengewicht:	9.800 kg ohne Racks, 10.470 kg mit Racks
Startgewicht:	19.712 kg, 20.060 kg mit Adapter zur Ariane 5 ES)
Fracht zur ISS:	7.090 kg
Davon Reboost-Treibstoff:	4.536 kg (6.576,6 kg gesamt)
Davon Refüll-Treibstoff:	850,6 kg
Davon trockene Fracht:	1.604,7 kg (+1.084,3 kg für 6 Racks)
Davon Gase:	100 kg
Starttermin:	16.2.2011
Geplante Missionsdauer:	109 Tage

Primäres Missionsziel des zweiten ATV ist es die ISS nach der Fertigstellung eine höhere Bahn zu transportieren, um die Abbremsung durch die Atmosphäre und dadurch den zukünftigen Treibstoffverbrauch zu senken. Der Reboost Treibstoff alleine reicht aus, um den Orbit um 40 km anzuheben. Dazu kommt noch Treibstoff für die Triebwerke von Swesda. Geplant ist eine Anhebung der Station um 40 bis 50 km. Der genaue Wert hängt sowohl von der Masse ab (an-gedockte Raumfahrzeuge) wie auch von der Abbremsung der Station, die zwischen den Manö-vern wieder absinkt. Wie bei Jules Verne werden es mehrere Manöver sein, da die Triebwerke nicht so lange am Stück betrieben werden können, bis der ganze Treibstoff verbrannt ist.

Die Anhebung der Station nach der Fertigstellung war auch der Grund für die mehrfache Ver-schiebung des Starts. Das ATV kann diese erst nach Ablegen des letzten offiziellen Aufbauflu-ges durchführen. Da die Planung der Space Shuttle Starts sich mehrfach änderte, war der Start kurz vor der Mission STS-134 geplant. Verschiedene Faktoren führten dann nochmals zu einer Verschiebung des Starts von November 2010 auf Februar 2011. Die Startkampagne war daher noch länger als beim ersten Transporter. Seit dem 25.5.2010 war Johannes Kepler in Kourou. Das ATV ist nicht der einzige Besucher der Station. In zwei Monaten werden ein Space Shuttle, ein Progresstransporter und das HTV die Station anfliegen. Wenn einmal die kommerziellen Versorgungsflüge durch die USA aufgenommen werden, dann wird diese Flugrate normal werden. Die Anhebung der Bahn von rund 350 auf 400 km Höhe wird den jährlichen Treibstoffbedarf der ISS von 19.000 Pfund (rund 8.600 kg) auf 8.000 Pfund (3.600 kg) reduzieren. Er ist ein wichtiger Schritt in der Optimierung der Frachtmenge, nachdem nun die Space Shuttles nicht mehr zur Verfügung stehen.

Die Fracht im Druckbehälter gliedert sich wie folgt:

Typ	Gewicht
Ersatzteile	555,59 kg
Essen	519,94 kg
Missionsunterstützung	204,58 kg
Versorgungsgüter (Hygiene, Batterien, Reinigung)	181,72 kg
Anderes	54,08 kg
Kleidung	48,09 kg
Werkzeuge	26,52 kg
Public Relation	14,85 kg
Gesamt	1.605,35 kg

Johannes Kepler ist das einzige ATV, das kein Wasser zur ISS befördert.

Die ESA gibt die Missionskosten für Johannes Kepler mit 420 Millionen Euro an. Die Annäherungsphase ist verkürzt worden und dauert nun nur noch 8 bis 11 Tage. Erstmals wurde auch die Möglichkeit des „Late Cargo Access" genutzt: Der größte Teil der Fracht im Druckbehälter wurde schon im September verladen. Kurz vor dem Start am 29.1.2011 seilte sich ein Techniker durch die offene Luke in das ATV herab (das schon in Startkonfiguration war, also senkrecht aufgerichtet) und befestigte 28 weitere Säcke mit 430 kg zusätzlicher Fracht im Druckbehälter. Diesmal wird der Wiedereintritt nicht von Flugzeugen verfolgt, aber das ATV nimmt einen 4 kg schweren konischen Picosat mit einem Durchmesser von 40 cm mit, der life vom Wiedereintritt Daten zur Erde funken soll. Dieser Reentry Breakup Recorder (REBR) verfügt über Miniatursensoren, die mit dem ATV verbunden sind und Temperaturen, Druck und andere Werte aufzeichnen. Er ist mit einem Schutzschild verbunden, der die eigene Zerstörung verzögern soll. Aktiviert wird das, an der Außenhülle des ATV angebrachte System, beim Wiedereintritt in die Atmosphäre. Es zeichnet dann für 5 Minuten Daten auf. Dies endet, wenn Johannes Kepler desintegriert und so der REBR abgelöst wird. Dann baut der Minisatellit eine Funkverbindung zu einem Iridiumsatelliten auf und überträgt in einem letzten Telefonat die Daten zur Erde. Das Gerät könnte ein Vorläufer einer Blackbox für Raumfahrzeuge sein, welches lebenswichtige Daten aufzeichnet und im Falle einer Havarie Informationen über die Ursache liefern kann. Eine Bergung ist nicht vorgesehen. Eine baugleiche Kopie wurde auch im zweiten HTV eingesetzt und lieferte Daten, während dieses auseinanderbrach.

Nach einer eintägigen Verzögerung startete Johannes Kepler am 16.2.2011 zur ISS. Anders als beim Jungfernflug vor zwei Jahren gab es diesmal bei der Inbetriebnahme keinerlei Probleme, keine Alarme, keine Verzögerung. Johannes Kepler dockte schon nach neun Tagen an. Zum zweiten und letzten Mal unterstützte das KURS-Radar die Navigation ab einer Entfernung von 3.500 m. Ab 250 m übernahmen die Telegoniometer und ab 50 m waren die Videometer aktiv. Erstmals konnte ein europäischer Astronaut, Paolo Nespoli die Kopplung verfolgen. Er war mit einem Kollegen am Kontrollpult und hätte die Kopplung abbrechen können.

Die verkürzte Annäherungsdauer an die Station schlägt sich darin nieder, das weniger Treibstoff für den Flug zur ISS benötigt wird, so sind nominell 2.000 kg bei Johannes Kepler vorge-

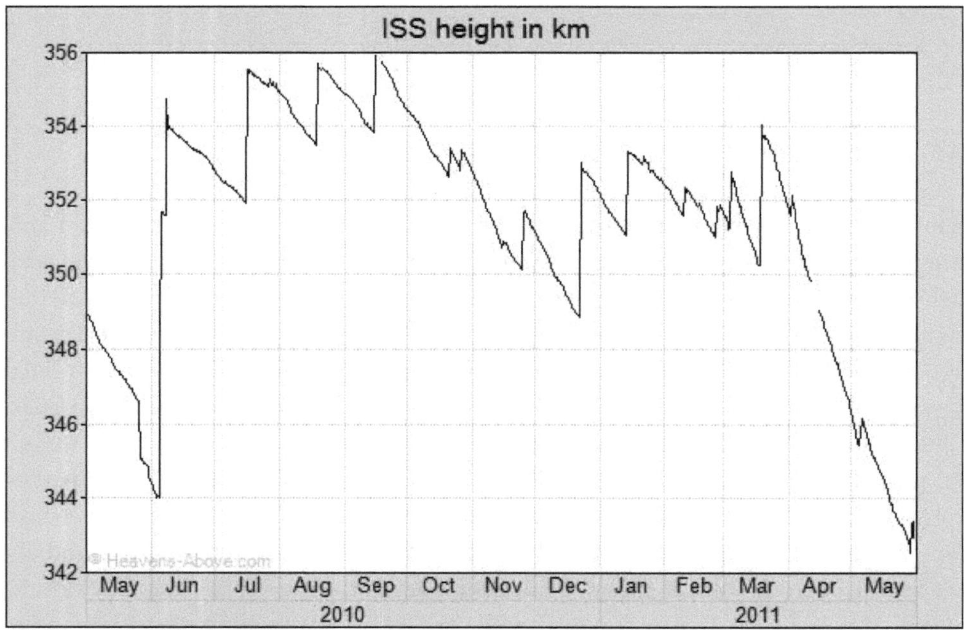

Abbildung 68: Höhe der ISS 2010/11

sehen, bei Jules Verne waren noch 2.500 kg für diese Aufgabe eingeplant. Insgesamt sind neun Anhebungen der Bahn der ISS bis zum Missionsende geplant. Die große Zahl ergibt sich daraus, dass die Triebwerke nicht so lange am Stück arbeiten können und auch die ISS in dieser Zeit noch zwei Besuche von Space Shuttles erhält. Durch die starke Abnahme der Nutzlast der Shuttles (um rund 2.500 kg, wenn die ISS um 50 km weiter von der Erde entfernt ist) muss sich die Mission des ATV nach dem Flugplan der Space Shuttles richten, was schon eine Startverschiebung von November 2010 auf Februar 2011 bewirkte. Bis zum 1.6.2011 wurde die Station nur wenig angehoben, um ein zu starkes Absinken zu vermindern. Kepler muste warten, bis die Endeavour abgedockt hatte. Dies war der vorletzte geplante Space Shuttle Flug. Der letzte wird nur noch Ersatzteile auf Paletten (sogenannte ORU's – Orbital Replacement Units) bringen, sodass die transportierte Nutzlast leichter ist. An dem Diagramm ist dies deutlich sichtbar – die Station sank in einem Monat, während man auf die Endeavour wartete, bzw. sie angekoppelt war um rund 12 km ab, ohne dass man etwas dagegen unternahm.

Nach einigen kleineren Zündungen – den Ersten schon 24 Stunden nach der Ankopplung des Shuttle erfolgten die beiden „Big Boosts" am 11+15.6.2011. Bei jedem gab es zwei Zündungen von je 35-40 Minuten Dauer, mit einer Pause zwischen den beiden Zündungen um die maximale Betriebsdauer der Triebwerke nicht zu überschreiten und sie abkühlen zu lassen. Jedes Manöver hebt die ISS um 20 km an. Zusätzlich gab es auch eine außerplanmäßige Zündung am 2.4.2011 um die ISS in eine sichere Distanz zu bringen, als sie einem Bruchstück einer Kollision zwischen Cosmos 2251 und Iridium 33 ausweichen musste. Neben den Bahnanhebungsmanövern änderte Johannes Kepler auch sechsmal die räumliche Lage der ISS.

Datum	Anhebung	Geschwindigkeit	verbrauchter Treibstoff
25.2.2011	0,86 km	0,5 m/s (3 min, 18 s)	63 kg
18.3.2011	3,70 km	2,17 m/s (14 min, 43 s)	290 kg
2.4.2011	0,85 km	0,5 m/s (3 min 18 s)	63 kg
5.5.2011	1,02 km	0,6 m/s (4 min, 3 s)	77 kg
3.6.2011	4 km	2,5 m/s (17 min)	340 kg
11.6.2011	9,2 km 10,1 km	5,2 m/s (36 min, 6 s) 5,8 m/s (40 min, 12 s)	1.456 kg
15.6.2011	10,2 km	5,84 m/s (39 Min 40 s)	796 kg
19.5.2011	6,9 km	3,96 m/s (26 min 53 s)	539 kg
Gesamt:	46,83 km	27,07 m/s (ca. 3 h)	3.623 kg

Nachdem Johannes Kepler von Ende Februar 2011 bis Anfang Juni weitgehend inaktiv an der Raumstation hing, ging danach alles recht schnell. Nicht nur wurden alle Bahnanhebungen innerhalb weniger Tage durchgeführt, sondern auch der Müll wurde nun umgeladen. Schon am 18.6.2011 wurde die Luke verschlossen und zwei Tage später stand der Wiedereintritt an. Wieder brachten zwei Zündungen das ATV zum Verglühen. Das Erste ergab eine Bahn von 381 × 220 km Höhe und danach folgte das finale Manöver, das zum Aufbrechen über dem Südpazifik führte. Als Johannes Kepler die Station verließ, hatte er noch über eine Tonne Treibstoff in den Tanks. Zwei Zündungen von 10 Minuten 9 s und 9 Minuten 14 s Dauer brachten den Frachter erst in eine elliptische Übergangsbahn und dann zum Verglühen. Dies erfolgte schon drei Stunden nach dem Ablegen. Wie das Andocken ging alles viel schneller als bei Jules Verne, der sich viel länger in der Übergangsbahn aufhielt. In 80 km Höhe ging der Funkkontakt zu Johannes Kepler verloren, als er 2.500 km östlich von Neuseeland über unbewohntem Gebiet verglühte. Die ESA ging recht großzügig mit den Treibstoffreserven um, da diese beiden Zündungen zusammen nur etwa 400 kg Treibstoff erfordern. Der Transporter also noch über 600 kg nicht genutzten Treibstoff verfügte. Ein Teil davon ist sicher nicht nutzbar, aber doch deutlich weniger als 9% der Gesamttreibstoffmenge. (Typisch sind 1-3% nicht nutzbarer Resttreibstoff).

Die Mission von Johannes Kepler war mit nur 126 Tagen Dauer die kürzeste aller ATV – allerdings immer noch länger als die jedes anderen Transporters.

Abbildung 69: Jules Verne an der ISS

Edoardo Amaldi

Gemäß der Beteiligung am Projekt mit dem drittthöchsten Beitrag bekam Italien das Recht den dritten Transporter zu benennen. Hauptanteil Italiens ist der Druckbehälter des ICC. Sie werden von Thales Alenia Space gefertigt (wie auch die MPLM und die Cygnus Druckmodule). ATV-03 wurde „Edoardo Amaldi" getauft, nach dem gleichnamigen Wissenschaftler der 1989 starb. Edoardo Amaldi war Experimentalphysiker. Er war mitbeteiligt bei der Entdeckung der langsamen Neutronen, die den Weg zum ersten Kernreaktor ebneten. Nach dem Zweiten Weltkrieg war er einer der Wissenschaftler, die auf die Gründung einer europäischen Organisation drängte, die Satelliten entwickelte – der ESRO, aus der sich später die ESA entwickelte. Er gilt als Vater der italienischen Raumfahrt. Allerdings ist Edoardo Amaldi außerhalb von Italien kaum jemanden bekannt und auch vielen Italienern unbekannt.

Es scheint eine italienische Besonderheit bei ESA Projekten zu sein, das Namensgebungsrecht so zu wählen, dass Personen gewählt werden, die im letzten Jahrhundert lebten, aber nicht gut bekannt sind. So wurde schon die Raumsonde „BepiColombo" nach Giuseppe Colombo benannt, der den Kurs von Mariner 10 zu Merkur berechnete. Sicher eine herausragende Leistung, aber nicht vergleichbar mit der anderer Raumfahrtpioniere. Dem Autor fiele als prominenter italienischer Wissenschaftler des letzten Jahrhunderts z. B. Enrico Fermi ein. Aber vielleicht ist er durch die Beteiligung an dem Bau der Atombombe und den Gang 1938 ins Exil nicht „sauber" und „italienisch" genug.

Der Start von „Edoardo Amaldi", oder Eddi, wie er meistens abgekürzt wird, fällt in das kritischste Jahr des ISS-Betriebs. 2012 gibt es keine Space Shuttle Mission mehr, aber auch die kommerziellen Versorgungssysteme hängen Jahre hinter den Planungen hinterher.

Beide Firmen – SpaceX mit der Dragon und OSC mit der Cygnus haben laufend die Jungfernflüge ihrer Kapseln verschieben müssen. Anders im Jahr zuvor gibt es auch keinen Start eines HTV. Da nun mehr Sojusflüge erfolgen, um die Besatzungsstärke aufrechtzuerhalten, gibt es auch nur drei Progressstarts. Das bedeutet, dass der Juniorpartner ESA 2012 fast 50% der Fracht liefert. Ohne das ATV wäre der Betrieb der ISS nicht aufrechtzuerhalten.

Eddi wird weniger Fracht als Johannes Kepler zur ISS bringen, obwohl er leichter ist und man weitere Befestigungsmöglichkeiten ausnutzte. Dies liegt an der Konzeption des ATV und der erfolgreichen Mission von Johannes Kepler. Die ATV sollten vor allem Treibstoff, Gase und Flüssigkeiten befördern. Sperriges Frachtgut sollte das Shuttle bringen und so kann man nicht die volle Nutzlastkapazität ausnutzen, obwohl nun noch mehr Fracht im Druckbehälter ist. Eddi ist einige Hundert Kilo leichter als Johannes Kepler und befördert die gleiche Fracht im Druckbehälter, die auch dringend benötigt wird, so Ersatzteile für das Fluids Control Pump Assembly (FCPA). Dieses Bauteil des Umweltkontrollsystems ist kritisch, es wandelt Urin in Trinkwasser um. Es arbeitet zwar problemlos, aber es gibt keine Ersatzteile, daher hat die NASA beschlossen diese kurzfristig mit dem ATV zur Station zu bringen. Er hat jedoch eine geringere Treibstoffzuladung als Johannes Kepler, das senkt die Gesamtfrachtmenge ab.

Da Johannes Kepler die Station in eine viel höhere Bahn brachte, in der sie weitaus weniger schnell absinkt, wie auch die Grafik zeigt, wird Eddi weniger Treibstoff transportieren als sein Vorgänger. Die über 3 t Reboosttreibstoff sind immer noch mehr als man benötigt, um die Bahnhöhe aufrechtzuerhalten (rund 1,8 t werden dafür benötigt).

Trotz acht zusätzlichen Befestigungsbehältern mit 1 m³ Volumen ist die Fracht im Druckmodul aber beschränkt, einfach weil das Volumen nicht ausreicht. Erstmals werden auch acht anstatt sechs regulären Racks eingesetzt. Die Astronauten werden erst die Mitte ausräumen müs-

71. Abbildung: Das dritte ATV nach dem Ablegen von der ISS

sen, bevor sie an Seitenracks können. Es gibt nach dem Beladen der „Late Cargo" keinen freien Platz mehr in der Mitte. Die Beladung erfolgte drei Wochen später (verglichen mit Johannes Kepler) am 17.2.2012. Insgesamt ermöglichen die neuen Behälter, 600 kg mehr Trockenfracht als mit Johannes Kepler zur ISS zu bringen.

Eddi wird länger an der ISS verbleiben, geplant ist eine Missionsdauer von 171 Tagen. Er soll die Bahn nochmals anheben, sodass die ISS beim Ablegen in 420 km Höhe angelangt ist. Dies reduziert den Treibstoffbedarf für die Aufrechterhaltung der Bahn weiter. Eddi benötigte 650 kg Treibstoff, um zur ISS zu gelangen. 1.200 kg wird er fürs Deorbitieren benötigen. Mit Sicherheitsreserven stehen so von 5.410 kg hinzugeladenem Treibstoff rund 3.100 kg für die Anhebung der ISS zur Verfügung. (Die Gesamtmenge an „Consumables" ist höher, da dazu auch noch Druckgas hinzugerechnet werden muss). Die Vorräte sind großzügig kalkuliert, denn als sich das Abkoppeln verzögerte, wurde noch erwogen kurzfristig ein Ausweichmanöver durchzuführen, da sich das Bruchstück einer indischen PSLV-Oberstufe gefährlich der Station näherte. Es war schließlich nicht nötig, aber Eddi hätte die Station um 0,3 m/s beschleunigt.

ATV-03 Edoardo Amaldi	
Trockenmasse	9.778 kg, 10.805 kg mit Frachtcontainern
Treibstoff für die Mission, Druckgas:	2.261 kg
Gesamtstartmasse ATV ohne Fracht: mit eigenem Treibstoff	12.039 kg
Maximale Startmasse:	20.100 kg in einen 300 km hohen 51,6° geneigten Orbit
Maximale Fracht (für eine 420 km hohe Umlaufbahn)	7.384 kg
Zugeladene Fracht:	6.595 kg
zugeladener Müll:	989 kg + 350 kg Urin
Startmasse:	19.702 kg ATV-03 20.050 kg mit Adapter zur Ariane 5 ES

Die Mission verlief im wesentlichen problemlos. Es gab einige Probleme, wie sie bei so komplexen Raumfahrtgeräten an der Tagesordnung sind, vor allem kleinere Computerprobleme. Nur zwei größere Probleme waren erwähnenswert: Am 15.8.2012 sollte Eddi die Station um 7,7 km anheben und dazu 31 Min. 16 s lang die Triebwerke betrieben. Nach knapp zwei Drittel der Zeit wurde eine zu hohe Temperatur in einem Triebwerk gemessen und das Antriebssystem vom Bordcomputer automatisch abgeschaltet. Es war keines der Triebwerke, die beim Anheben benutzt wurden. Später stellte es sich als Sensorproblem heraus. Nachdem dieses geklärt war, wurde am 22.8.2012 der Rest der Anhebung nachgeholt. Das Abkoppeln verzögerte ich um einige Tage, als man kurz vor dem Manöver entdeckte, dass die Kommandos zu der falschen „Spacecraft ID" gesendet wurden (34 anstatt 35). So wurde die Abkopplung am 25.9. abgesagt, da Eddi nicht den Empfang der Kommandos von der ISS bestätigte. Drei Tage später erfolgte es reibungslos.

Die folgende Tabelle enthält die wesentlichsten Ereignisse bei „Eddi":

Ereignis	Kommentar
Start:	21.3.2012, 12 Tage Startverschiebung
Ankopplung an die ISS:	28.3.2012
Reboostmanöver 0:	31.3.2012: Δv=1,0m/s, 1,73 km Höhengewinn 6 Min 51 s Dauer, 389,7 km Höhe erreicht.
Reboostmanöver 1:	5.4.2012: Δv=2,2 m/s, 3,86 km Höhengewinn 15 Min 4 s Dauer, 300 kg Treibstoffverbrauch
Reboostmanöver 2:	26.4.2012: Δv=2,3 m/s, 4,1 km Höhengewinn, 16 Min 8 s Dauer, 390 kg Treibstoffverbrauch
Reboostmanöver 3:	3.5.2012: Δv=3,0 m/s, 5,3 km Höhengewinn, 20 Min 21 s Dauer, 399,46 km Höhe erreicht.
Reboostmanöver 4:	27.5.21012: Δv = 0,84 m/s 1,55 km höhere Bahn, 6 Min 17 s Dauer, 400 km Höhe erreicht.
Reboostmanöver 5:	20.6.2012: Δv = 1,32 m/s 2,36 km höhere Bahn, 9 Min 20 s Dauer, 403 km Höhe erreicht.
Reboostmanöver 6:	18.7.2012: Δv = 2,85 m/s 4,98 km höhere Bahn, 19 Min 25 s Dauer, 407 km Höhe erreicht.
Reboostmanöver 7:	15.8.2012: Δv = 2,91 m/s 5,01 km höhere Bahn, 22 Min 30 s Dauer, 405 km Höhe erreicht.
Reboostmanöver 8:	22.8.2012: Δv = 5,9 m/s 10,19 km höhere Bahn, 40 Min 36 s Dauer, 416,43 km Höhe erreicht, 800 kg Treibstoffverbrauch
Reboostmanöver 9:	14.9.2012: Δv = 1,29 m/s 2,23 km höhere Bahn, 8 Min 52 s Dauer, 417,08 km Höhe erreicht, 175 kg Treibstoffverbrauch
Abkopplung von der ISS	28.9.2012: 184 Tage an der ISS
Gesamt	9924 s Dauer, 41,31 km Höhenveränderung, etwa 3.264 kg Treibstoff verbraucht.

Erneut hat ein ATV die ISS auf eine neue Rekordhöhe gebracht und damit weiter das Absinken durch die Luftreibung reduziert. Da die Station während der 180 Tage an der ISS natürlich weiter absank, ist die erzielte Höhe kleiner und beträgt „nur" 29,11 km. Wie Johannes Kepler wurde auch bei Eddi ein Re-Entry Breakup Recorder angebracht. Der Erste beim letzten ATV lieferte keine Daten. Dagegen funktionierten die nächsten bei HTV-2 und 3 angebrachten ordnungsgemäß. Zum Zeitpunkt des Ablegens wog ATV-03 noch 15,5 t inklusive des verstauten Mülls. 40% davon dürften die Wasseroberfläche als Trümmerwolke erreichen.

Zwei Zündungen im Abstand von drei Stunden von 13:57 und 15:03 Minuten Dauer senkten den Orbit ab. (Treibstoffverbrauch circa 572 kg). Zwanzig Minuten vor dem Eintritt wurde dann Eddi ins Taumeln gebracht. Das gewährleistet, dass der Transporter in möglichst viele kleine Stücke zerfällt. Um 3:30 am 3.10.2012 verglühte er über dem Pazifik. Wie sehr die Versorgung der Station durch die ATV schon Routine geworden ist, zeigt sich inzwischen daran, dass wesentliche Ereignisse nicht mehr bei den ATV-Seiten der ESA zu finden sind, sondern dem von Mitarbeitern der ESA gepflegten ATV Blog.

Abbildung 72: Ankopplung des dritten ATV von der ISS aus gesehen

Albert Einstein

Der vorletzte Raumfrachter wurde von der Schweiz benannt. Die Schweiz hat sich für Albert Einstein entschieden, was zumindest für den Autor überraschend ist. Albert Einstein ist auch Deutscher, er wurde 1879 in Ulm gebohrten. Allerdings war Einstein während seines Lebens Staatsbürger mehrerer Staaten. Er war von 1879 bis 1896 und 1914 bis 1933 deutscher Staatsbürger, von 1933 bis zu seinem Tod 1955 US-Bürger und von 1901 bis 1914 eben auch Schweizer Staatsbürger. Bedeutender ist aber sicher, dass er die Spezielle Relativitätstheorie entwickelte, als er Beamter des eidgenössischen Patentamts war. Die Schweiz ist ein kleiner Partner am ATV-Projekt. Ruag Space fertigt die Struktur der Antriebsmoduls, APCO Technologies den Mikrometeoritenschutzschild und Syderals elektronische Komponenten für die Temperaturregelung.

Albert Einstein wird aufgrund der höheren Umlaufbahn der ISS weniger Treibstoff und mehr Fracht im Druckmodul befördern als seine Vorgänger. Obwohl die ISS sich nun in über 400 km Höhe befindet, wurde der Transporter wie seine Vorgänge in einen 260 km hohen Orbit abgesetzt. Die Startmasse ist um 100 kg durch verschiedene Optimierungen der Ariane 5 angestiegen.

Frachtart	Frachtmenge ESA/NASA	Frachtmenge DLR
Fracht im Druckmodul	2.480 kg, davon 620 kg „Late Cargo".	2.697 kg, davon 1.286 kg „Late Cargo"
Gesamtzuladung Flüssigkeiten und Gase	4.105 kg, davon 3.440 kg nutzbare Flüssigkeiten	3.910 kg
Davon Reboost-Treibstoff zum Anheben der ISS oder Bahnkorrekturen	2.580 kg (Planung) 2.706 kg (tatsächlich genutzt)	2.380 kg
Davon Refüll-Treibstoff	860 kg	860 kg
Davon Druckgas	66,3 kg Sauerstoff, 33,3 kg Luft	100 kg
Davon Wasser	565 kg	570 kg
Fracht gesamt:	6.584 kg	6.607 kg

Da im ESA ATV Blog seitens der Missionsleitung von 2.489 kg Fracht im Druckmodul gesprochen wird, und diese Zahl auch die NASA nennt, scheint das DLR nicht korrekt informiert zu sein (wie der Autor bei der Buchrecherche feststellte, ist das leider kein Einzelfall).

Die Fracht im Druckmodul besteht aus insgesamt 1.400 Einzelteilen, die in 209 Säcken verpackt wurden. Darunter befindet sich ein 3D-Drucker, ein Experiment zur Bestimmung von Tröpfchen in Emulsionen in der Schwerelosigkeit für das Columbus-Labor. Für Columbus wurde auch eine neue, 80 kg schwere Wasserpumpe mitgeführt und für das NASA-Wasseraufbereitungssystem Ersatzteile für die Destillation von Urin. Dazu kommt ein neues Mikroskop für das Biolab-Rack, neue GPS-Antennen für das Kibo-Modul und neue Druckgastanks für die Station. Den Großteil bilden die Verbrauchsgüter wie Kleidung und Essen, darunter Parmesan, Erdnussbutter und Tiramisu.

Albert Einstein führt so viel Wasser mit, wie noch kein ATV vor ihm. Es sind mehr als doppelt so viel wie bei den vorherigen Transportern. Beim Refülltreibstoff hat man wie bei den Vorgängern die Tanks vollgefüllt, nur Reboottreibstoff wird wenig mitgeführt. Man wird ihn nicht mal vollständig nutzen. Bedingt durch die Konzeption muss ein ATV mit einer Mindestmenge an Treibstoff im Servicemodul starten. Die ISS sollte aber keine zu hohe Bahn erreichen, sonst brauchen die anderen Transporter mehr Treibstoff um sie zu erreichen. So wird man den Treibstoffüberschuss nutzen die Bahn beim Wiedereintritt stärker abzusenken, um einen steileren Wiedereintrittswinkel zu erreichen.

Erstmals wurden an der Ariane 5 von Albert Einstein Kameras angebracht, die den Start und den Flug von außen zeigten. Das Sterex-Experiment erlaubt durch zwei Kameras 3D-Bilder. Sie sollen auch mehr Aufschlüsse über die Vorgänge beim Start liefern und so auch bei anderen Ariane Missionen von Nutzen sein. Es sind die ersten Aufnahmen seit 2006, als schon einmal eine Kamera mitflog. Jede Kamera verfügt über 720 × 576 Pixel (PAL-Auflösung) und macht 25 Bilder pro Sekunde. Es gelangen sehr eindrucksvolle Bilder auch der ATV-Abtrennung, die sehr sanft erfolgte, verglichen mit der Abtrennung der unteren Stufen.

Albert Einsteins Mission war 134 Tage an der Station angekoppelt. Von den rund 2,4 t Treibstoff für Reboosts wurde nur ein Teil, etwa 830 kg eingesetzt. Der Rest wurde zum Teil eingesetzt um ein beim zweiten Deorbit-Burn eine sehr niedrige Bahn einzuschlagen (das Perigäum wurde auf -70 km unter Meeresspiegel verschoben, bisherige ATV senkten es nur auf Meeresspiegel ab). Das erlaubt es, das Verglühen von der ISS aus zu beobachten. Als Albert Einstein die Station verließ, war sie schon in Rekordhöhe: Er entließ sie in einer 416 × 418 km hohen Umlaufbahn. Basierend auf den letzten Daten des letzten Deorbitburns wog Albert Einstein bei diesem immer noch 15.050 kg, zieht man die 2.400 kg zu geladenen Müll und die 1.258 kg für die Racks ab, so verblieben noch 1.588 kg an Restflüssigkeiten und Gasen.

ATV-04 Albert Einstein	
Trockenmasse	9.804 kg
Treibstoff für die Mission, Druckgas:	2.235 kg

ATV-04 Albert Einstein	
Gesamtstartmasse ATV ohne Fracht: mit eigenem Treibstoff	12.039 kg
Hinzugeladene Fracht:	6.590 kg + 1.258 kg Racks / Behälter
Maximal hinzugeladener Müll:	> 2.400 kg, davon > 328 l Flüssigkeiten
Startmasse:	19.887 kg 20.252 kg mit Adapter zur Ariane 5 ES
Kosten:	450 Millionen Euro
Dauer der Startkampagne:	6 Monate

Die Ereignisse bei Albert Einstein fast folgende Tabelle zusammen:

Ereignis	Datum	Aktion
Start	5.6.2013	In eine kreisförmige 260 km hohe Umlaufbahn
Erste Orbitanhebung	11.6.2013	Anheben des Orbits von 250 km auf 295 km Höhe (11,23 und 11,34 m/s, 221 und 218 Sekunden Dauer)
Transfer in den Ankopplungsorbit	14.6.2013	Geschwindigkeitsänderung 2 x 22,65 m/s (erstes Manöver) von 294 auf 380 km Höhe und 2 x 5,65 m/s (von 380 auf 400 km Höhe)
Andocken an die ISS	15.6.2013	Bisher höchste Koppelgenauigkeit mit einer Abweichung von 11 mm nach einer Reise von 6 Millionen km.
Beginn Umladen Fracht im Druckmodul	18.6.2013	Bis zum 12.7.2013 sind die kompletten 2.489 kg Fracht entladen.
Erster Reboost	20.6.2013	405 s, 1,0 m/s Geschwindigkeitsgewinn, 130 kg Treibstoff verbraucht.
Zweiter Reboost	10.7.2013	621 s, 1,45 m/s Geschwindigkeitsgewinn, 199,2, kg Treibstoff verbraucht
Dritter Reboost	31.8.2013	185 s, 0,48 m/s Geschwindigkeitsgewinn, 68,68 kg Treibstoff verbraucht.
Vierter Reboost	15.9.2013	205 s, 0,5 m/s Geschwindigkeitsgewinn, 68,1 kg Treibstoff verbraucht.
Fünfter Reboost	4.10.2013	815 s, 1,95 m/s Geschwindigkeitsgewinn, 271 kg Treibstoff verbraucht
Sechster Reboost	24.10.2013	256,6 s 0,62 m/s Geschwindigkeitsgewinn, 86,0 kg Treibstoff verbraucht
Abkoppeln	28.10.2013	Zwei Zündungen von je 2 Min 44 s senkten den Orbit um 50 km ab (Höhe 360 km) 105,2 kg Treibstoff verbraucht.
Übergangsorbit 1	31.10.2013	Zwei Zündungen von je 3 Min 12 s senkten den Orbit um weitere 50 km ab (Höhe 310 km), 123,2 kg Treibstoff verbraucht.
Übergangsorbit 2	1.11.2013	Zwei Zündungen mit je 4 Minuten Dauer senken den Orbit auf 290 km ab, (154 kg Treibstoff verbraucht)
Deorbit	2.11.2013	Zwei Zündungen von 7 Minuten Dauer (26 m/s, 134,7 kg Treibstoffverbrauch) und 23 Minuten Dauer (88,4 m/s, 442,7 kg Treibstoffverbrauch) lassen Albert Einstein verglühen.

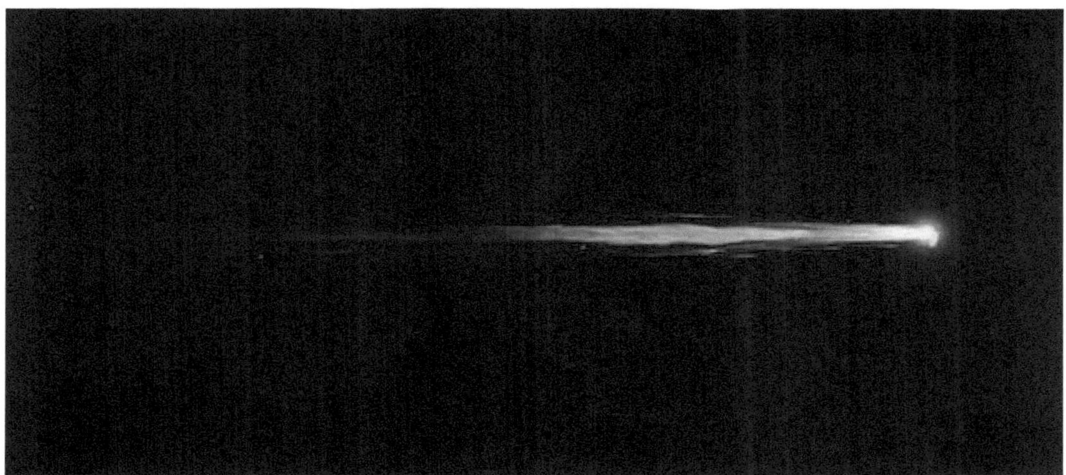

Abbildung 73: Albert Einstein vor dem Andocken © des Bildes: NASA

Abbildung 74: Das Verglühen des vierten ATV

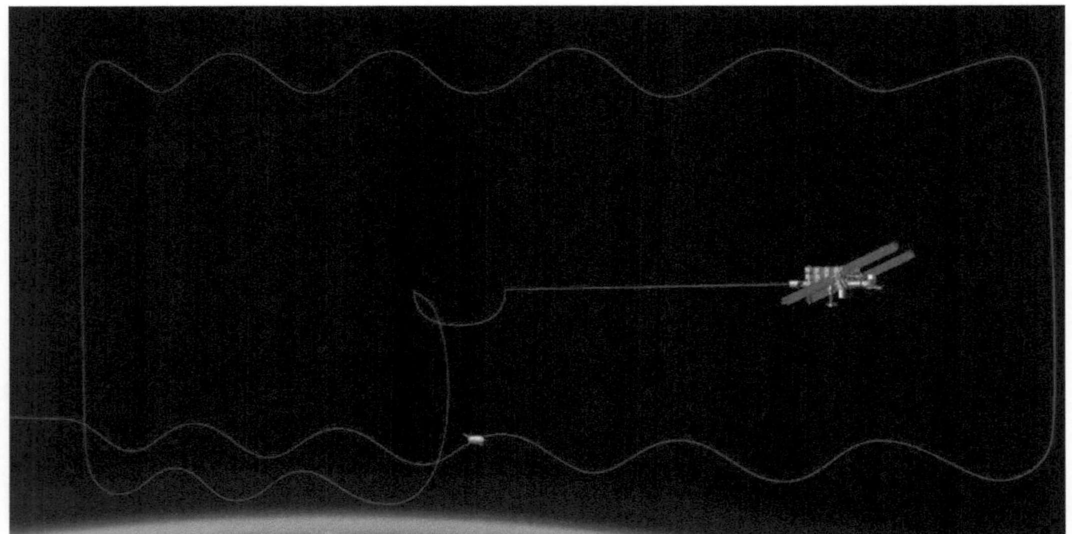

Abbildung 75: Der Breakuprekorder von Albert Einstein © des Fotos: NAA

Abbildung 76: ATV-5 Profil beim Umrunden der ISS zum Test des LIRIS Systems © der Grafik: ESA

Georges Lemaître

Das letzte ATV heißt Georges Lemaître. Der Belgier ist der Schöpfer der Urknalltheorie. Sie besagt, dass das Universum aus einer Singularität entstand und sich seitdem ausdehnt. Georges Lemaître hat ein bewegtes Leben gehabt und war zuerst Priester, bevor er Astronomie studierte. Er entdeckte in Einsteins Gleichungen der allgemeinen Relativitätstheorie, dass ein statisches Universum nicht möglich ist. Stattdessen musste es sich dauerhaft ausdehnen. Dies veröffentlichte er 1927, zwanzig Jahre später konnte Hubble diesen Tatbestand bei der Vermessung der Rotverschiebung ferner Galaxien bestätigen. Daraus konnte man folgern, dass vor etwa 13 bis 14 Milliarden Jahren (etwa das dreifache Alter der Erde) das gesamte Universum in einem Punkt konzentriert sein muss. Das ist eine schöne Namenswahl, denn wenn auch George Lemaître der Allgemeinheit nicht so gut bekannt ist wie Albert Einstein oder Jules Verne, so ist er doch allen die sich mit der Astronomie näher beschäftigen ein Begriff.

Belgiens Anteil am Transporter ist eher klein. Die Heatpipes der ATV stammen von Euro-Heat-Pipes, einer belgischen Firma. Eine belgische Tochterfirma von Thales-Alenia Space fertigt die Stromversorgung für die Videometer und Teile der Power Condition Einheit der Stromversorgung des Avionicsteils.

Der letzte Transporter ist der schwerste, auch wenn die StartmLemaîtreasse nur um 50 kg höher als bei Albert Einstein ist. Er setzt neue Rekord bei der Fracht im Druckmodul, Wasser und Gas. Dagegen hat weniger Reboosttreibstoff an Bord, weil die vorherigen Transporter schon die Station über ihre mittlere Bahnhöhe von 407 km anhoben. Wie bei allen ATV dauert die Startkampagne sehr lange. Während sie bei Kommunikationssatelliten zwei Monate dauert, lief sie bei ATV-05 über acht Monate. Am 24.10.2014 kam der Transporter im CSG an, am 5.11.2013 fanden die ersten Tests des elektrischen Systems statt. Die Befüllung erfolgte in zwei Etappen zwischen dem 20 und 28.5 und 5 bis 13 Juni. Am 26. Juni wurde Georges Lemaître auf die Ariane 5 montiert, am 11. Juli die Nutzlastverkleidung moniert. Es gab diesmal zwar keinen „späten Zugang" zur Fracht, dafür wurde diese relativ spät in den Frachter geladen – die letzten 1.234 kg erst drei Wochen vor dem Start,

Der Start erfolgte dann am 29.7.2014. Er hatte sich aufgrund verschiedener Probleme vom 30.6.014 verschoben. George Lemaître ist der erste Transporter, der von zwei ESA-Astronauten betreut wird: Alexander Gerst wird das meiste ausräumen, er ist seit Mai auf der Station und landete am 11.November. Zehn Tage später startete die Italienerin Samantha Cristoforetti zur ISS, die den meisten Müll einräumen wird.

ATV-05 Georges Lemaître	
Trockenmasse	9.778 kg
Treibstoff für die Mission, Druckgas:	3.522 kg, davon 2.238 kg nutzbarer Treibstoff für Bahnmanöver
Gesamtstartmasse ATV ohne Fracht: mit eigenem Treibstoff	13.310 kg
Hinzugeladene Fracht:	6.616 kg
Gesamtzuladung Treibstoff:	4.357 kg
Startmasse:	19.926 kg, 20.260 kg mit Adapter zur Ariane 5 ES
Dauer der Startkampagne:	8 Monate

Neben der Fracht erprobt man beim letzten ATV neue Techniken. So erhält der Transporter zusätzliche Sensoren, mit denen er automatisch ankoppeln kann. Das LIRIS-System arbeitet mit einem Laser (LIDAR) und Kameras empfindlich im Infrarot. Anders als die bisherigen Sensoren benötigt er keine Reflektoren am Ziel. Er erfasste die Infrarotstrahlung (Wärme) der Station und erkennt sie vor dem Weltraum. Das Infrarotsystem kann dazu die Station ab 30 km Entfernung erkennen. Das LIDAR-System erst ab 3,5 km Entfernung, doch es ist viel zuverlässiger im Nahbereich als das Infrarotsystem, weshalb ab einer Entfernung von 400 m auf das LIDAR-System umgeschaltet wird. Zwischen 3,5 km und 0,4 km Entfernung arbeiten beide Systeme parallel. Das Auswerten der Bilder und Daten erfolgt wie beim ATV autonom, also ohne das die Bodenkontrolle die Bilder auswertet, dies erledigt der Computer in dem Instrument. Er soll getestet werden und könnte in Missionen mit „unkooperativen" Zielen zum Einsatz kommen. Das sind Weltraummüll oder andere Satelliten. Bei einer nahen Passage am 10.8.2014, als der Transporter die Station überholte, wurden die Systeme zum getestet, ob sie die Station identifizieren und verfolgen können. Beim Ankoppeln waren sie passiv beteiligt und ihre Daten wurden aufgezeichnet. Der im Inneren befindliche Rekorder des LIRIS wurde danach demontiert und mit der Expedition 38S am 11.9.2014 zur Erde zurückgebracht,

Eine Kamera (Breakup-Camera BUC) soll das Innere des Raumtransporters filmen, wenn er beim Wiedereintritt auseinanderbricht. Sie wurde in weniger als neun Monaten von einem ESA-Engineering Team entwickelt. Die Infrarotkamera überträgt Bilder der letzten 20 s in einen hitzegeschützten Behälter (iBall, eine Kugel von 40 cm Durchmesser und 15,5 kg Masse) mit einer eigenen Antenne, der das Auseinanderbrechen überleben sollte. Die Kamera selbst verglüht wie der Rest des ATV. In 60 bis 70 km Höhe beginnt der nun freigelegte Behälter (vorher verhindert das Metall der Hülle eine Kommunikation) über Iridiumsatelliten zu senden. Das ist anfangs noch durch das umgebende Plasma beeinträchtigt, spätestens, wenn die Kapsel aber 40 km Höhe erreicht hat, sollte ein Senden über die Iridiumsatelliten möglich sein. Dies erfolgt, bis alle Daten übertragen sind, danach versinkt die Kapsel im Meer. Sie ergänzt damit ein ähnliches Experiment, das schon das Innere des HTV gefilmt hat, als dieser auseinanderbrach.

Auch diesmal ist der Reentry Recorder der NASA wieder mit an Bord. Das letzte ATV wird anders als die ersten unter einem flachen Winkel in die Atmosphäre eintreten, dies ist auch für die ISS geplant, für die man schon jetzt nach einer Strategie sucht, um sie zu deorbitieren. Der Reentry Recorder wird Daten über die Belastungen aufzeichnen und so helfen die Deorbitstrategie der ISS zu planen. Die Simulation des Wiedereintritts der ISS bedeutet nicht nur, dass der letzte Transporter nach den Planungen länger nach dem Abkoppeln in einem Übergangsorbit bleibt, er bescherte dem Kontrollzentrum auch viel Arbeit. Anders als noch vor ein paar Jahrzehnten, kann man ja nicht einfach so den Transporter verglühen lassen. Nein, weil nun durch den flachen Winkel das Auseinanderbrechen in größerer Höhe stattfand, verteilen sich die Trümmer über eine größere Fläche. Das und die ganzen Abläufe mussten untersucht und simuliert werden. Wichtig ist vor allem die Beobachtung durch Teleskope, die in Australien und Neuseeland stehen. Damit diese beste Sichtbedingungen haben, wurde der Wiedereintritt nach dem Ankoppeln auf 27.2.2015 festgelegt, drei Tage später als ursprünglich geplant. Das Abkoppeln wurde auf den 14. Februar festgelegt, vier Tage später als vor dem Start geplant. Da die Breakup-entry Kamera über eine Batterie mit begrenzter Lebensdauer hat, darf nicht zu viel Zeit zwischen Abkoppeln und Verglühen liegen. Sie wird erst vor dem Abkoppeln installiert.

Unter den Experimenten, die als Fracht mitgeführt werden, ist das wichtigste ein tiegelfreier Schmelzofen, der auf dem Prinzip der Levitation beruht. Die Probe wird mit einem elektromagnetischen Feld in Position gehalten. Er alleine wiegt 400 kg. Alexander Gerst, deutscher Astronaut an Bord der ISS, darf sich über deutsche Spezialitäten wie Käsespätzle, Linsen, Saitenwürstchen und Grießflammeri freuen. Getestet wird die neue Kleidung „Spacetex", die später zurückgebracht und dann auf mikrobiellen Befall untersucht wird. Kleidung wird an Bord der ISS nur einmal getragen, und dann als Müll entsorgt. Dazu kamen Gimmicks, die wohl vor allem die Öffentlichkeit auf das Projekt aufmerksam machen sollten, wir ein „Kunstwerk" von Katie Peterson: Sie hatte einen 4,5 Milliarden Jahre alten Meteoriten geschmolzen und in eine neue Form gegossen. Dieser war, nachdem er auf einer Kunstausstellung präsentiert und von der ESA auf Sicherheit (sic!) kontrolliert und präpariert wurde, mit dem ATV „wieder" ins All gebracht worden. (Damit er nicht die Besatzung gefährden kann, wurde

Staub mit einer Bürste und Luftdruck entfernt, der Meteorit bei 100°C im Vakuum erhitzt um flüchtige Substanzen auszutreiben und zuletzt wurde er mit Silikon überzogen, damit er keine scharfen Kanten hat)

Wieder flog eine Kamera auf der Ariane 5 mit, diesmal aber nur eine, die an der VEB montiert war und die Abtrennung von George Lemaître filmte. Mit dem Ankoppeln lies man sich wieder viel Zeit, auch weil eine Cygnus erst abkoppeln musste. Zudem gab es einige Probleme mit dem ATV. Am 8. August war der Frachter in einer Warteposition 8 km unterhalb der Station angekommen und überholte sie. Dabei gelangen spektakuläre Bilder. Dies diente zum Test des LIRIS Systems. Danach musste das ATV in einen Orbit über die ISS manövriert werden, damit der Transporter wieder hinter sie zurückfiel und in der Kopplungsposition hinter der ISS ankam. Eine erste Auswertung der Daten zeigte, dass das LIRIS-System die Daten korrekt verarbeitete. Das galt auch für die Daten, die beim Ankoppeln gewonnen wurden.

Die Ankopplung verlief wie bei allen bisherigen Flügen ohne Probleme. Eine Überraschung gab es dagegen im ESA-ATV-Blog. Dort wurde im August 2014 ein Wettbewerb ausgerufen. Wer einen Film erstellte, in dem er physikalische Effekte erklärte, bekam eine „limited-edition box-sets of ATV heritage" - alle fünf ATV Mission Patches und fünf DVD mit Material zu den Missionen. Es beteiligten sich aber nur drei Personen, darunter der ESA-Astronaut Alexander Gerst. Die ESA verlängerte daraufhin die Deadline für den Wettbewerb. Dabei war die ESA in ihren Missionsbeschreibungen sogar noch stolz auf den Blog aufgrund seiner hohen Zugriffszahlen – 250.000 im Jahr 2011. Der Grund für das Interesse der Öffentlichkeit am Blog dürfte aber die Tatsache sein, dass man nur dort aktuelle Informationen über die Transporter findet. Auf den „normalen" ESA Seiten gibt es meist während einer Mission nur drei Pressemitteilungen – zum Start, Ankoppeln und Verglühen.

Die zunehmende Routine zeigt sich auch in den wenigen Auffälligkeiten dies es bis kurz vor Missionsende gab. Das einzige Problem mit dem Frachter war eine Anomalie im Antriebssystem, die jedoch bald gelöst werden konnte. Nach 14 Wochen gab es nur vier Berichte von Fehlern in den Operationen. Zum Vergleich: bei Albert Einstein waren es sieben Probleme mit dem ATV und zwölf mit dem Betrieb und bei Edoardo Amaldi neun bzw. 19. Man kennt den Frachter immer besser und dadurch gibt es weniger Auffälligkeiten im Betrieb. Zudem kann man jedes auftretende Problem bei dem nächsten Exemplar vor dem Start untersuchen und so vermeiden.

Erstmals führte das letzte ATV ein „Predeterminated" Ausweichmanöver aus. Bisher wurden diese langfristig angesetzt, 24 Stunden vor der nächsten Annäherung. Bedingt durch die Unkenntnis der genauen Bahn, die sich durch äußere Einflüsse auch ändern kann, sind relativ große Sicherheitsabstände nötig. 2012 beschloss man die Manöver kurzfristiger durchzuführen, nur 6 Stunden vor der Begegnung. Damit es trotzdem sicher ist, ist die Geschwindigkeitsänderung genau vorgegeben und das ATV-Kontrollzentrum muss nur die Kommandos zum ATV schicken. Für das ATV ist es das erste kurzfristig durchgeführte Manöver. Man wich einem Trümmerstück der Kollision von Kosmos 2251 mit Iridium 33 aus. Es ist nicht das erste Mal – schon Johannes Kepler musste die Station vor einer Kollision mit einem Bruchstück aus derselben Trümmerwolke bewahren. Schon zwei Wochen später musste man erneut die Station anheben. Diesmal war die Bedrohung ein Bruchstück eines chinesischen Yaogan Satelliten.

Wer sich schon immer fragte, warum sechs Astronauten an Bord der ISS nur durchschnittlich 40 Stunden pro Woche Zeit für die eigentliche experimentelle Arbeit haben, konnte einen Eindruck bekommen, wie die heute strikten Vorschriften viel Zeit verbrauchen. Am 17.1.2015 bemerkte die Besatzung der Raumstation einen „schlechten Geruch" im ATV. Obwohl sowohl die Besatzung, wie auch die Bodenkontrolle zu 99% sicher waren, das die Ursache ein Abfallbehälter und kein Defekt des ATV war, verschloss die Besatzung nach den Vorschriften die Tür zum ATV und warteten auf Anweisungen. Nach „nur" drei Tagen wurde am 20.1.2015 beschlossen, eine Inspektion durchzuführen und den stinkenden Abfallsack am 21.1.2015 zu entfernen. Dadurch wurde ein weiterer Wassertransfer, der am 21.1.2015 vorgesehen war, verschoben.

Am 28.1.2015 gab es eine weitere Premiere – erstmals senkte ein ATV die Höhe der Station ab. Bisher haben sie die Transporter angehoben, alle zusammen um fast 200 km. Die Absenkung war nötig, damit der Phasenwinkel der ISS (die Beleuchtung durch die Sonne) optimal für die Ankopplung einer bald startenden Progress ist. Einen Großteil des Absinkens hatte schon die Luftreibung durchgeführt (Seit Mitte November sank die Umlaufbahn um 10 km ab). Doch ein Rest blieb noch. Da die Sonne einem niedrigen Aktivitätsminimum zustrebt, reduziert sich die Abbremsung vergleichen mit den vergangenen Jahren. Die Partner haben sich entschlossen, in dieser Phase die Bahnhöhe in einem Intervall zu halten und jeweils nach oben oder unten vor einer Ankopplung zu korrigieren. Ein dauerndes Anheben würde die ISS zwar in eine höhere Umlaufbahn bringen, in der die Reibung noch geringer ist, aber auch die Nutzlast der Transporter absenken. Eine erdnähere Bahn bietet zudem einen etwas höheren Schutz gegen Weltraummüll und ionisierende Strahlung.

Dafür musste die ISS zuerst um 180 Grad gedreht werden, dies geschieht mit den Systemen der ISS, in der Regel sind dies Gyroskope, die geneigt werden und dann einen Impuls abgeben, der entgegengesetzt der Neigung ist und so die Station drehen. Bisher hatte Lemaître keine größere Bahnanhebung durchgeführt, sondern nur das normale Absinken um 1 bis 2 km/Monat ausgeglichen.

Am 3.2.2015 leuchteten dann im ATV-Kontrollzentrum zahlreiche rote Lichter auf: Eine von vier Stromversorgungsketten war ausgefallen. Aus dem Ausfall der Kette ergeben sich dann sekundäre Alarme bei den angeschlossenen Subsystemen, die bei noch drei aktiven Ketten (eine reicht zum Betrieb) arbeiten können, aber den Ausfall bemerkten. Die Alarme bedeuteten nicht wie bei Apollo 13, dass ein System nicht mehr verfügbar ist, sondern das es ein ungewöhnliches Ereignis bemerkt hat und nun darüber berichtet (wie z.B. Eine Spannungs- oder Stromschwankung aufgrund des Ausfalls einer der Stromleitungen. Es gelang nicht, innerhalb von zwei Tagen die Ursache zu spezifizieren. So ging man zwei Wege. Das eine war das Durchforsten der Dokumentation und der Testläufe, in denen man auch diese Ausfälle simuliert hatte, um die Ursache zu finden und die richtigen Maßnahmen zu treffen. Die Dokumentation stammt noch von 2005 bis 2007. Das Zweite war die Vorbereitung, die nun folgenden Manöver, vor allem das zeitkritische Abdocken, mit nur drei Ketten durchzuführen – technisch kein Problem, aber aufwendiger bei den Sicherheitsüberprüfungen. Verschieben wollte man die Abkopplung nicht, da es schon viel Arbeit gab, als diese von Anfang Februar auf Mitte Februar verschoben wurde.

Schließlich fand man die Ursache: Eine Batterie konnte nicht mehr an die Stromversorgung angeschlossen werden, wahrscheinlich ist eine Sicherung durchgebrannt. Solange Lemaître mit der Station verbunden war und von ihr Strom bekam, war dies ohne Auswirkung. Doch was würde danach geschehen? Nun begannen Diskussionen über den Wiedereintritt. Mit drei Stromversorgungsketten kann der normale Wiedereintritt durchgeführt werden. Das ging aus der Dokumentation hervor. Der geplante flache Eintritt mit einer viel längeren Freiflugphase (bei jedem Orbit ist der Transporter rund 35 bis 40 Minuten ohne Stromversorgung durch die Solarpaneele) war aber niemals mit nur drei Ketten simuliert worden. Viel Zeit zu klären, ob es auch mit Dreien gehen würde, hatte man aber nicht, spätestens am 15.2 musste das ATV den Dockingport für die Progress 58P freizumachen. Das Management entschloss sich aufgrund der Fakten nichts zu riskieren und den flachen Wiedereintritt nicht durchzuführen und so einen normalen Wiedereintritt am 15.2, also neun bis dreizehn Tage vor dem flachen Wiedereintritt durchzuführen. Die NASA verzichtete daraufhin auf die Installation ihres Experiments REBR-W, da der Wiedereintritt nicht die Bedingungen des späteren ISS Eintritts erfüllt und so nicht die Daten liefert, die man sich von dem Experiment erhofft.

Am 14.ten Februar fand das Abdocken dann statt, diesmal mit vielen ungenutzten Ressourcen, so wurden nur 1.667 kg Treibstoff für das Ankoppeln und Anheben genutzt, somit bleiben rund 1.800 kg übrig, viel zu viel für den Deorbitburn. Sie waren für die Manöver nach dem Abkoppeln und das langsame Absenken des Orbits vorgesehen.

Beim Wiedereintritt versagte dann der ESA-Rekorder, der das Auseinanderbrechen filmen sollte. Die Bodenstationen empfingen eine Nachricht von der Sendeeinheit, die anzeigte, das fast 6.000 Aufnahmen gemacht wurden, sowie Daten über Temperatur und Magnetfeld. Die folgenden Nachrichten sollten dann die Aufnahmen selbst übertragen, doch es kam keine weitere Meldung. Da die Daten der ersten Nachricht keinerlei Auffälligkeiten zeigten, (die Temperaturen lagen z.B. im Normalbereich) ist offen, was passiert ist.

George Lemaître war länger als seine beiden Vorgänger an der Station. Da er der letzte europäische Transporter war, eilte es nicht. Im Gegenteil: Wie wichtig er war, zeigte sich am 28.10.2014, als eine Antares kurz nach dem Start Schub verlor und auf die Startrampe zurückfiel. Mit ihr ging eine Cygnus verloren und damit Versorgungsgüter, mit denen man rechnete. Mit an Bord war auch ein weiteres Instrument (I-BALL) der JAXA, das in George Lemaître installiert werden sollte und neben den schon beim Start angebrachten Experimenten weitere Daten über den Wiedereintritt gewinnen sollte.

Frachtart	Frachtmenge
Fracht im Druckmodul	2.695 kg
Gesamtzuladung Flüssigkeiten und Gase	3.921 kg
Davon Reboost-Treibstoff zum Anheben der ISS oder Bahnkorrekturen	2.118 kg
Davon Refüll-Treibstoff	860 kg
Davon Druckgas	67 kg Sauerstoff, 33 kg Luft
Davon Wasser	843 kg
Fracht gesamt:	6.616 kg
Müllzuladung:	2.147 kg fester Müll, 353 l Abwasser 2.500 kg gesamt

Ereignis	Datum	Aktion
Start	29.7.2014	In eine kreisförmige 260 km hohe Umlaufbahn
Erste Orbitanhebung	2.8.2014	Zwei Manöver mit 67 s Dauer und 3,52 m/s Geschwindigkeitsänderung
Zweite Orbitanhebung	5.8.2014	Geschwindigkeitsänderung in zwei Manövern mit 352 s Dauer und 8,22 m/s Geschwindigkeitsänderung, Orbit um 5 km angehoben auf 350 km Höhe
LIRIS Test	8.8.2014	Zwei Manöver mit 13,4 m/s Geschwindigkeitsänderung. Position 15 km unter der ISS
Transfer in den Ankopplungsorbit	10.8.2014	Geschwindigkeitsänderung 9,875 m/s
Umkreisen der ISS	11.8.2014	Drei Manöver mit 14,97 m/s Geschwindigkeitsänderung
Andocken an die ISS	12.8.2014	Mit nur 5 mm Abweichung.
Erster Reboost (Test)	14.8.2014	495 s, 1,1 m/s Geschwindigkeitsgewinn, 151 kg Treibstoff verbraucht.
Zweiter Reboost	27.8.2014	179 s, 0,43 m Geschwindigkeitsgewinn, 58,7 kg Treibstoff verbraucht.
Sauerstoffabgabe	9.9.2014	20 kg entlassen, bisher 1105 kg Fracht entladen
Dritter Reboost	14.9.2014	224 s, 0,55 m/s Geschwindigkeitsgewinn, 74 kg Treibstoff verbraucht.
Sauerstoffabgabe	19.9.2014	18,2 kg entlassen, bisher 1.120 kg Fracht entladen, 73 kg Müll aufgenommen, bisher 1.243 kg Treibstoff verbraucht, 1.682 kg bleiben für Bahnveränderungen.
Refülling	1/2.10.2014	Nach Tests der Dichtigkeit des Refüllsystems wurde der Treibstoff umgepumpt.
Vierter Reboost	8.10.2014	1,22 m/s Geschwindigkeitsgewinn, 166 kg Treibstoff verbraucht.
Ausweichmanöver 1	27.10.2014	Geschwindigkeitserhöhung um 0,5 m/s um Kosmos 2251 auszuweichen.
Erster Wassertransfer	28.10.2014	Transfer von 88 l (füllen von 4 x 22-l-Kanistern im russischen Segment).
Letzte Sauerstoffabgabe	31.10.2014	Die 100 kg wurden vollständig entlassen.
Ausweichmanöver 2	12.11.2014	Geschwindigkeitserhöhung um 0,5 m/s um Yaogan Bruchstück auszuweichen.
Alarm	19.1.2014	Stinkender Abfallbehälter zwingt zur Schließung der ATV-Luke.
Orbit Decreasing	28.1.2014	Abbremsung um 0,68 m/s (-1,2 km), 289 s Dauer, 91 kg Treibstoff verbraucht.
Alarm	3.2.2015	Ausfall einer der vier Stromversorgungsketten.
Abkoppeln	14.2.2015	In einen Orbit von 385,9 x 403,5 km, Umlaufdauer 1h 32 Min, 28 s
Übergangsorbit 1	15.2.3014	Δv 51,7 m/s, Dauer 826 s, 265 kg Treibstoff verbraucht, Periapse: 240 km
Übergangsorbit 2	15.2.3014	Δv 89,6 m/s, Dauer 1398 s, 265 kg Treibstoff verbraucht.
Deorbit	15.2.2015	ESA-Experiment liefert keine Daten über den Zerfall.

Abbildung 77: George Lemaître vor dem Ankoppeln

Abbildung 78: ... und angekoppelt

Abbildung 79: ESA-Astronaut Alexander Gerst betritt den voll gefüllten Transporter

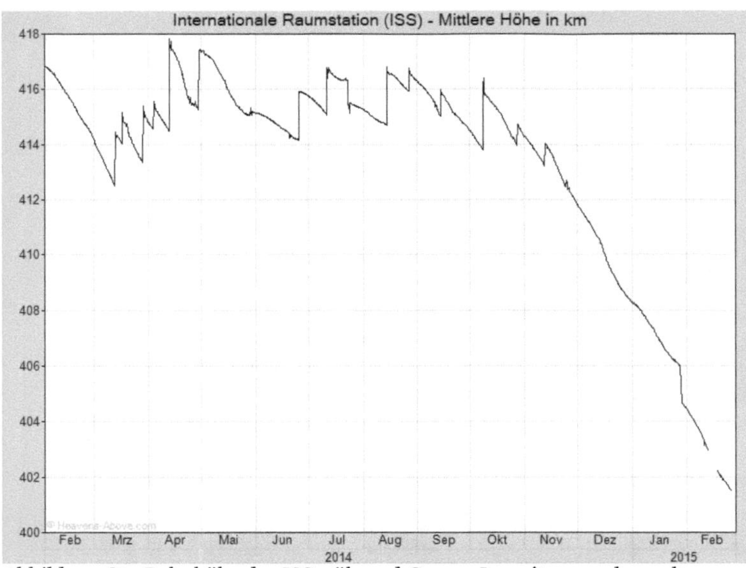

Abbildung 80: Bahnhöhe der ISS während George Lemaître angekoppelt war

Gesamtbilanz

Nach fünf Transportern kann man eine Gesamtbilanz ziehen. Das gesamte Projekt hat fast 3 Milliarden Euro gekostet. Dafür transportierten die fünf Transporter 31.447 kg Fracht zur ISS, pro Transporter im Mittel also 6,2 t. Das man nicht die Maximalfracht ausnutzte lag daran, dass niemals alle Kontingente benötigt wurden. Am stärksten wirkte sich aus, das die Fracht im Druckmodul voluminöser war als beim Design vorgesehen. Johannes Kepler hätte die Maximalnutzlast ausschöpfen können, wenn er auch Wasser transportiert hätte. In der Tendenz nahm die Fracht im Druckmodul zu, der Reboost Treibstoff ab. Die letzten beiden Transporter verließen die Station mit Reboost-Treibstoff der nicht benötigt wurde.

Das gesamte Programm verlief ohne größere Probleme. Es gab einige kurzzeitige Ausfälle, die jedoch bis auf einen Ausfall nur temporär waren und auf falschen Sensorwerten beruhten. Der

Abbildung 81: Künstlerische Darstellung des Auseinanderbrechens beim Durchlaufen der dichteren Atmosphäre
© der Grafik: ESA / D. Ducros

einzige gravierende Ausfall ereignete sich erst 12 Tage vor Programmende als die Batterie einer Stromversorgungskette von ATV-5 ausfiel. Dadurch entfiel die Simulation des flachen Wiedereintritts, ein Experiment, an dem 18 Monate Planung der ESA, NASA und 80 anderer Organisationen hingen.

Die ATV waren teure Transporter. Das liegt primär an der Konzeption als „eierlegende Wollmilchsau". Das ATV kann als einziges Gefährt alle Frachtarten transportieren, autonom ankoppeln die Station anheben und die Vorräte automatisch ergänzen. Die anderen westlichen Gefährte beschränken sich zumeist auf Fracht unter Druck, wofür man eigentlich nur eine stabile Aluminiumhülle braucht. Sie koppeln auch nicht automatisch an, sondern müssen nur bis in den Nahbereich der Station gebracht werden. Das drückt sich vor allem in den Entwicklungskosten aus, die mit 1.350 Millionen Euro recht hoch waren. Die Flugkosten waren dagegen mit 350, 420 und 2 x 450 Millionen Euro (die Mission von Jules Verne ist in den Entwicklungskosten mitenthalten) nicht höher pro Tonne Fracht als bei anderen westlichen Transportern. Zusammen gab die ESA 3.020 Millionen Euro für die fünf ATV aus.

Trotzdem sind die ATV im Einsatz nicht teurer als die Cygnus, die rein privat entwickelt wurde. Für den Transport von 20 t Fracht zahlt die NASA Orbital 1,9 Milliarden Dollar, das wären bei 31 t rund 2,2 Milliarden Euro. Dazu kommen 388 Millionen Dollar, welche im Rahmen des COTS-Programms für die Entwicklung gezahlt wurden. Zusammen ist man so bei der gleichen Frachtmenge wie bei den ATV auch bei 2,5 Milliarden Euro. (Wenn man berücksichtigt, das bei der US-Seite die Verpackung zur Fracht mitgezählt wird, so sind es sogar 2,8 Milliarden Euro). Aufgrund der Tatsache, dass ein großer Transporter billiger als zwei bis drei kleinere ist, ist das ATV im Betrieb nicht teurer als die Cygnus, aber die Entwicklungskosten waren dreimal so hoch. Um so unverständlicher ist es diese Investitionen nicht zu nutzen und das Programm auslaufen zu lasen. Doch diese Entscheidung ist politischer und nicht wirtschaftlicher Natur. Ohne das ATV wäre:

- Der Betrieb der ISS von 2008 bis 2013 nicht möglich gewesen.
- Die ISS wäre in einem niedrigen Orbit verblieben, mit einem sehr hohen Treibstoffbedarf, wahrscheinlich hätte sie nicht mit den Progress in diesem Orbit gehalten werden können.

Zusammenfassung der Fracht aller ATV Angaben vor dem Start und bei ATV-05 Mission getrennt durch „/"				
	George Lemaître	**Albert Einstein**	**Edoardo Amaldi**	**Johannes Kepler**	**Jules Verne**
Startdatum:	29.7.2014	5.6.2013	23.3.2012	16.2.2011	9.3.2008
Treibstoff für die Mission:	2.238 kg	2.235 kg	2.261 kg	2.030 kg	3.598 kg
Reboost Treibstoff:	2.118 kg	2.580 kg	3.150 kg / 3.354 kg	4.535 kg / 4.754 kg	2.260 kg / 2.375 kg
Wasser:	855 kg	565 kg / 570 kg	285 kg	0 kg	267 kg / 285 kg
Gase:	100 kg	100 kg	100 kg	100 kg	22 kg / 20 kg
Refülltreibstoff:	860 kg	860 kg	860 kg	851 kg	860 kg
Gesamt: Flüssigkeiten und Gase:	3,933 kg	4.105 kg	4.395 kg / 4.591 kg	5.486 kg / 6.705 kg	3.407 kg / 3.540 kg
Normale Frachtzuladung:	2,695 kg	1.960 kg / 1.380 kg	1.665 kg / 1.608 kg	1.170 kg	1.150 kg
+ Late Cargo access:	0 kg	620 kg / 1.109 kg	535 kg / 592 kg	435 kg	0 kg
Gesamt trockene Fracht:	2.695 kg	2.480 kg / 2.489 kg	2.200 kg	1.605 kg	1.150 kg
Gesamtnutzlast:	6,555 kg	6.590 kg	6.595 kg	7.091 kg / 7.100 kg	4.557 kg / 4.575 kg
Abtransportierter Müll:	2.500 kg	2.400 kg	1.339 kg	1.200 kg	1.090 kg
Tage im All	201	151	196	126	205
Bahnanhebungen:	5	6	9	5	6
Startmasse ATV	19.896 kg	19.877 kg	19.726 kg	19.712 kg	19.011 kg
Trockenmasse ATV	9.857 kg	9.804 kg	9.778 kg	10.470 kg	9.784 kg
Startmasse ohne Fracht	12.039 kg	12.039 kg	12.093 kg	12.500 kg	13.382 kg

Das ATV-Kontrollzentrum

Für die Steuerung des Raumfahrzeugs wurde ein eigenes Kontrollzentrum „ATV-CC" errichtet. Am 14. April 2003 unterzeichneten CNES und ESA einen Vertrag. Die CNES baut das Kontrollzentrum auf und betreut es im Auftrag der ESA. Etwa 30 Personen sind in Toulouse mit der Missionsüberwachung des Transporters beschäftigt. Beim ersten Start waren es mit den Unterstützungs-Teams von Astrium 60 Ingenieure und Missionsspezialisten. Zum einen um Unterstützung bei Unregelmäßigkeiten zu haben, zum anderen, weil zusätzliche Manöver vorgesehen waren. So viele Personen werden auch während der anderen kritischen Manöver vor Ort sein, wenn der Transporter angedockt ist, reicht dann die Stammbesatzung für die Betreuung. Das Kontrollzentrum übernimmt das Raumfahrzeug, sobald es sich von der Oberstufe getrennt hat. Bei einer nominalen Mission besteht die Hauptaufgabe darin, das ATV zu verfolgen und die Bordwerte zu überwachen, schließlich soll der Frachter weitgehend autonom arbeiten. Nur bei Unregelmäßigkeiten greifen die Kontrolleure ein. Weiterhin wurde im ATV-CC die Software für die Überwachung und Steuerung des Raumtransporters entwickelt und überarbeitet.

Abbildung 82: Das ATV Kontrollzentrum während der Ankopplung © des Fotos: ESA

Alle Maßnahmen werden abgestimmt mit den beiden ISS-Hauptkontrollzentren in Moskau und Houston und dem europäischen Kontrollzentrum für Columbus in Oberpfaffenhofen. Letzteres ist der zentrale Vermittlungsknoten für das ATV-Kontrollzentrum. Die gesamte Kommunikation des ATV-CC verläuft über das Columbus Kontrollzentrum. Es assistiert auch, weil es innerhalb Europas über die größte Kompetenz in der bemannten Raumfahrt verfügt.

Die Mannschaft teilt sich auf in vier Teams in drei Kontrollräumen:

- Dem ESA-Management Team, das verantwortlich ist für die Mission als Ganzes, und entscheidet, was in Situationen zu tun ist, die vom Soll abweichen.
- Dem Flugkontroll-Team, welches das Raumfahrzeug steuert.
- Dem Flugdynamik-Team, welches die Bahn und räumliche Ausrichtung des Transporters verfolgt und die Manöver berechnet, um diese zu ändern.
- Dem Ingenieurteam, welches technische Unterstützung für die Subsysteme des ATV bietet, wenn es unregelmäßige Messwerte gibt.

Das ATV-Kontrollzentrum ist allein verantwortlich für die Steuerung des Schwerlasttransporters vom Boden aus. Anfragen oder Einwände der anderen Kontrollzentren werden an das ATV-Kontrollzentrum weitergeleitet. So können nicht verschiedene Kontrollzentren sich widersprechende Kommandos übermitteln.

Die einzige Ausnahme sind diejenigen, die den Transporter selbst sehen können: Im Endanflug kann die ISS-Besatzung durch die HLTC (**H**igh **L**evel **Tele**commands) die Kopplung abbrechen, aber nicht das Vehikel steuern. Nachdem es an die ISS angedockt ist, wird es von der Besatzung durch Computerkontrollsysteme der ISS und die Bedienkonsole im ICC gesteuert, in Absprache mit dem ATV-CC. Dies betrifft das Umfüllen von Treibstoff und Wasser, aber auch das Anheben der Station mit den Triebwerken. Nach dem Abkoppeln von der Raumstation übernimmt das Kontrollzentrum erneut die Kontrolle über den Raumtransporter. Treibstofftransfers werden, da das Refüllsystem von der Progress übernommen wurde, vom Moskauer Kontrollsystem initiiert und beendet, das ATV-CC überwacht diesen Vorgang nur, d.h. liest die Telemetrie mit.

Das ATV-CC war auch zwischen den Missionen in Betrieb. Hier wurden Übungen mit den Astronauten abgehalten, alternative Missionen und Abläufe durchgespielt. Am Schluss war es fünf Jahre ohne Unterbrechung aktiv. Die einzige längere Pause gab es zwischen ATV-01 und 02.

Nur der Anfang einer Karriere?

Das ATV ist der vielseitigste und leistungsfähigste Zubringer zur ISS. Die ESA hat schon frühzeitig mehrere Studien in Auftrag gegeben, um eine weitere Verwendung des Raumtransporters und Szenarien zu untersuchen, wie Europa den Frachter als Basis für weitergehende Programme einsetzen könnte. Die Ergebnisse zweier Untersuchungen wurden veröffentlicht. Die erste Studie, die schon im Frühjahr 2004 in Auftrag gegeben wurde, untersuchte folgende drei Szenarien:

Cargo Return Vehicle

Das ATV kann bisher keine Fracht zur Erde zurückzubringen. Die Studie untersuchte, ob es nicht möglich ist, den Frachtraum durch eine Wiedereintrittskapsel zu ersetzen. Es könnte das Konzept des ARD (**A**thmospheric **R**eentry **D**emonstrator) genutzt werden, der beim dritten Testflug der Ariane 5 im Jahr 1998 erprobt wurde. Der ARD war eine Rückkehrkapsel in der Form eines Apollo-Raumschiffs von 2,80 m Durchmesser, bei der Europa erstmals die Wiedereintrittstechnologie erprobte.

Die Untersuchung zeigte, dass eine Rückkehrkapsel technisch machbar wäre und dies führte zu einer zweiten, weitergehenden Studie, welche das Konzept näher untersuchte. Eine Rückkehrkapsel könnte über eine Tonne Fracht und Experimente zur Erde zurückbringen. Das Gefährt soll am US-Segment der ISS anzudocken, um ganze Standard Racks zu bergen. Das Raumschiff bekam die Bezeichnung **Ca**rgo **R**eturn Vehicle (CARV). Die Ankopplung an einem CBM wäre jedoch eine starke Änderung der Konzeption des Transporters. So könnte das automatische Annäherungssystem nicht verwendet werden oder es müsste stark modifiziert werden. Weitere Installationen am Kopplungspunkt wären notwendig. Es ist jedoch nicht unmöglich, schließlich sollte auch die Orion im US-Segment automatisch ankoppeln.

Nach dem Ausmustern der Shuttles besteht ein größerer Bedarf für den Rücktransport von Fracht. Die Kapsel wäre identisch zu der des Crew Transfer Vehicle. Sie wäre rund 4-5 t schwerer als der heutige Frachtraum. Das CARV würde daher nur 3 t zur ISS transportieren und 1-1,5 t zurück zur Erde. Das CARV könnte nach EADS Angaben in vier Jahren entwickelt werden. Der Winkel des Kegelstumpfes würde 20° betragen. Daraus resultiert bei gleicher Höhe ein größeres Innenvolumen als bei der Apollokapsel. Die Form ähnelt daher der Dragon. Das ist bedingt dadurch, dass beide an einem CBM andocken und das Kegelende so einen großen

Durchmesser aufweist. Will man Racks senkrecht transportieren so kommt man auf die Form eines stumpfen Kegels, sonst erreicht man die geforderte Höhe nicht.

Crew Transfer Vehicle

Das zweite Szenario untersuchte die Möglichkeit, das CARV für den Mannschaftstransport zu nutzen. Dies erfordert weitaus mehr Veränderungen an der Trägerrakete und der Kapsel, um den Sicherheitsanforderungen für einen bemannten Flug zu genügen.

In einer ersten Phase könnte dieses **Crew Transfer Vehicle** (CTV) als Rettungsboot für die Besatzung genutzt werden. Es würde mit einer normalen Ariane 5 gestartet werden, da es beim Start noch unbemannt ist. Damit würde Europa mit diesem CTV einen eigenen Zugang zur bemannten Raumfahrt bekommen. Die Ariane 5 wurde ursprünglich für bemannte Flüge entwickelt. Ihre Grundkonzeption war auf maximale Sicherheit ausgelegt. Allerdings wird sie seit zwei Dekaden nur für Satellitentransporte eingesetzt. Es wäre ein Review des Trägers notwendig. „Man rated" bedeutet neben einer hohen Zuverlässigkeit vor allem eine Fehlfunktion rechtzeitig zu erkennen, um die Mannschaft in Sicherheit zu bringen, wie auch die Möglichkeit, dies jederzeit durchführen zu können. In dieser Hinsicht ist die Ariane sicherer als das Space Shuttle, bei dem dies während der ersten 130 s nicht möglich ist. Es müsste ein Fluchtturm zur Abtrennung der Kapsel entwickelt werden.

Diese Vision erscheint zwar verlockend, aber bisher war das Engagement Europas in der bemannten Raumfahrt nicht vergleichbar mit dem der USA oder Russlands. Das CTV würde erheblich mehr Mittel erfordern, als die ESA bisher für ihr ISS-Engagement aufwendet.

Das CTV benötigt wegen der schweren Rückkehrkapsel die Ariane 5 ECB, die etwa 23 t zur ISS transportiert. Bei drei anstatt fünf Mann Besatzung würde auch eine Ariane 5 ES ausreichen.

Es würde kein Reboost-Treibstoff oder Wasser transportiert werden, jedoch stehen etwa 6,7 m³ Volumen in der Kapsel zur Verfügung. Nach Angaben von Astrium ist dies ausreichend für die Mitnahme von 1.600 kg Fracht. Die Kapsel in Form eines Kegelstumpfes, mit einem flachen Hitzeschutzschild, soll stabiler durch die Atmosphäre fliegen und geringere Belastungen verursachen, als die Kapseln, welche die NASA im Apollo-Programm verwendet hat.

Die Entwicklungskosten für das CTV werden von Astrium auf 2-3 Milliarden Euro beziffert, da neben der Entwicklung auch umfangreiche Änderungen an der Ariane 5 und den Bodenanlagen in Kourou durchgeführt werden müssen, um Rakete und Startabläufe „man rated" zu bekommen. So wäre eine zweite Startrampe notwendig mit einem neuen Startturm. Bisher steht an dem Launchpad nur ein Mast mit Verbindungsleitungen zur Rakete. Es wäre ein Startturm mit einem „White Room" notwendig, damit die Besatzung die Kapsel besteigen und bei einem Notfall schnell verlassen kann. Ein Umbau der alten Startrampe würde diese über Jahre blockieren. Auch ist davon auszugehen, dass bemannte Missionen eine weitaus längere Vorbereitungszeit erfordern. Mit nur einer Startrampe wären solange keine kommerziellen Starts möglich.

Erforderlich wäre ein eigenes Lebenserhaltungssystem. Das ATV hat kein aktives Lebenserhaltungssystem für die Besatzung. Das wird deutlich höhere Investitionen erfordern.

Crew Transfer Vehicle	
Gewicht:	20.000 – 23.000 kg
Davon Rückkehrkapsel:	13.100 kg
Frachtkapazität:	6,7 m³ 1.600 – 2.780 kg
Kapsel:	4,00 m Höhe 3,30 m Durchmesser: 25,8 m³ Volumen
Aufteilung:	10 m³ Wohnvolumen 9,1 m³ Raumschiffsubsysteme 6,7 m³ Frachtkapazität

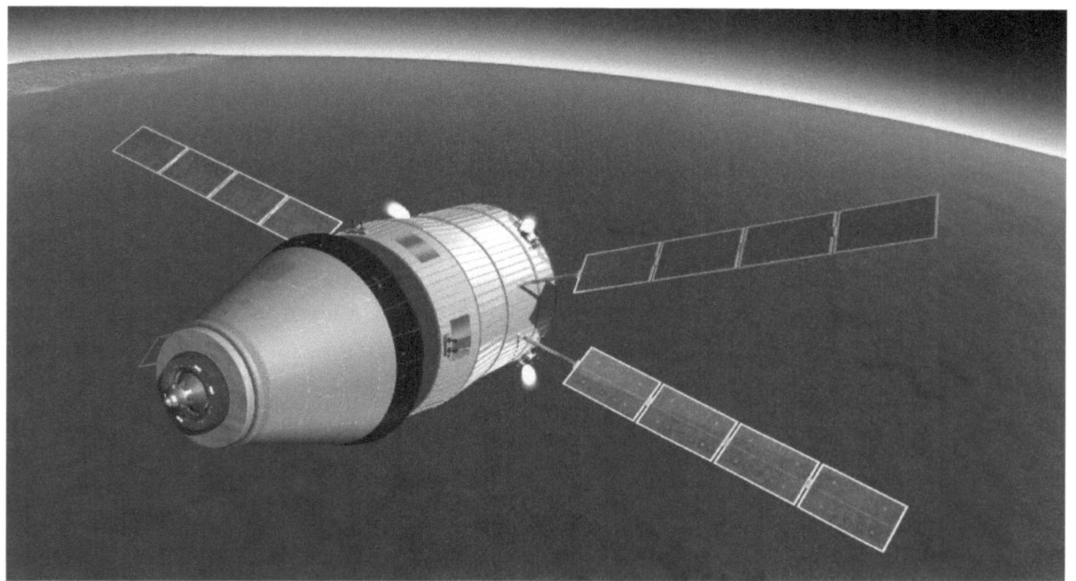

Abbildung 83: ARV Studie © der Grafik: ESA

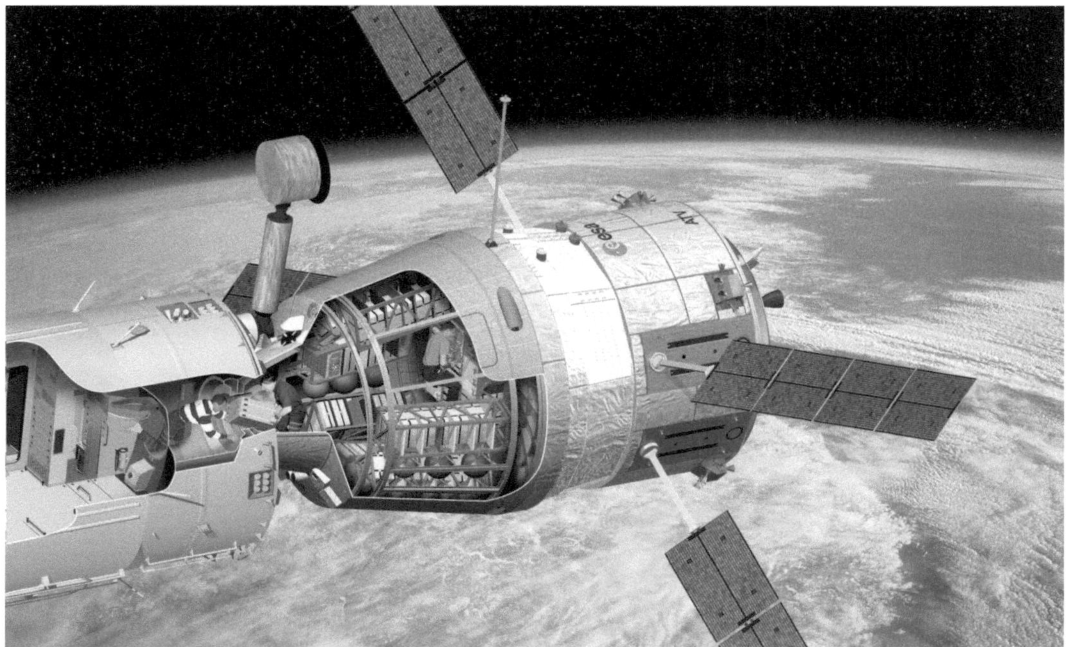

Abbildung 84: CARV Studie © der Grafik ESA / D. Ducros

Weitere ATV Projektstudien

Neben der Untersuchung einer Rückkehrkapsel hat die ESA auch andere Szenarien untersucht, wie man das ATV weiter nutzen könnte. Sie haben den Vorteil, dass sie vergleichsweise billig sind, verglichen mit dem Umbau des Druckbehälters zu einer Rückkehrkapsel.

Unpressurised Logistics Carrier

Das ATV hat ein hohes Leergewicht, vor allem bestimmt durch das Druckmodul. Es macht die Hälfte der Trockenmasse aus. Ein Ansatz, die Nutzlast zu maximieren, ist daher, auf die Fracht zu verzichten, die in einem Druckmodul befördert werden muss, und den ICC durch einen Träger für Paletten ohne Druckausgleich zu ersetzen. Der russische Docking-Adapter bleibt bestehen, so ändert sich nichts am Missionsablauf und den Dockingsystemen. Anstatt dem ICC wird dann ein L-förmiger Träger montiert.

Anstatt eines Druckmoduls könnten zwei Express Paletten transportiert werden (siehe S. 51). Alternativ ist es möglich, die im Shuttle Programm verwendeten ICC Paletten einzusetzen. Der Transport von Paletten wurde schon bei der Entwicklung des ATV als Alternative diskutiert. Sie führte zu dem modularen Konzept und die früheren Designentwürfe könnten erneut aufgegriffen werden. Die Nutzlast dieses „Unpressurized Logistics Carriers" läge bei 9 t, also 1,5 t höher als beim ATV.

Da es allerdings nach dem Ausscheiden der Shuttles keine Möglichkeit gibt, diese Paletten heil zur Erde zurückzubringen und es mit dem HTV ein zweites System für den Transport von Paletten schon existiert, wurde diese Option nicht weiter verfolgt.

Die drei folgenden Szenarien wurden auch von der ESA untersucht, doch ihre Umsetzung ist eher unwahrscheinlich. Sie werden zunehmend exotischer und erfordern immer höhere Investitionen in die Umbauten.

Small Payload Return

Dieses Szenario beschränkt den Rücktransport von der Raumstation auf wirklich wichtige Dinge, wie z. B. Werkstoffproben. Das Gewicht der zur Erde beförderten Fracht ist dann auf 150 kg pro Transporter beschränkt. Diese wird in einer kleinen Kapsel untergebracht, die sich am Boden des Druckmoduls befindet. Sie wird von den Astronauten befüllt und durch einen Schacht in dem Equipment Modul ausgestoßen. Dies geschieht, wenn das Raumschiff sich auf seiner Rückkehrbahn befindet. Ein ähnliches System erprobte Russland schon an Bord der Progress-Transporter. Die meisten Kapseln konnten aber nicht wiedergefunden werden, da die Positionen der Landeorte mit sehr großem Fehler behaftet waren. 150 kg Fracht sind angesichts der Größe des ATV nicht viel, aber es ist die dreifache Menge, die eine Sojus-Kapsel zur Erde bringt.

Für den ESA-Anteil würde die Menge von 150 kg knapp ausreichen. Das Konzept hat dafür andere Vorteile – die Änderungen am ATV wären minimal. Der Raum für einen Schacht steht heute schon zur Verfügung, da sich alle Systeme auf einem Kreisring befinden und die Mitte des Servicemoduls frei ist. Ein Tunnel für die Kapsel ist ohne größere Umbauten realisierbar. Die Befüllung kann durch eine kleine Luftschleuse erfolgen. Anders als bei dem CARV sinkt bei dieser kleinen Kapsel kaum die Nutzlast des Transporters. Die Kapsel hätte einen Durch-

Abbildung 85: Small Payload Return Szenario © der Grafik: ESA / D. Ducros

messer von 0,8 m und ein Volumen von 0,5 m³. Da mit der Dragon seit 2011 ein viel leistungsfähiger Transporter zur Verfügung steht, ist auch dieses Szenario hinfällig.

The Safe-Haven/Free Flying Lab

Das ATV für eine Betriebsdauer von sechs Monaten ausgelegt und verfügt über eine leistungsfähige Stromversorgung. Der Frachter kann relativ einfach soweit umbaut werden, dass er von der Station abdocken kann und unabhängig Experimente durchführen kann. Dieses unbemannte frei fliegende Labor bietet bessere Mikrogravitationsbedingungen als die ISS, da die Bewegungen der Astronauten, aber auch die Lüfter und Pumpen und die periodisch gezündeten Lageregelungsdüsen wegfallen. Denkbar wäre sowohl eine Benutzung mit und ohne Besatzung, z. B. mit automatisch betriebenen Experimenten oder einem Roboterarm. Einen derartigen Manipulator hat das DLR seit 2004 auf der ISS installiert. Der ROKVISS getaufte Arm wird durch einen Computer gesteuert. Dieses Szenario wird von der ESA als „Free Flying Lab“ bezeichnet. Dafür müsste die Stromversorgung ausgebaut werden und Rackanschlüsse müssten mit Strom versorgt werden. Die Experimente könnten schon beim Start eingebaut sein oder von der ISS transferiert werden. Dann müsste man sich wegen der Größe der Luke auf Teile eines Racks beschränken. Ob in diesem frei fliegenden Labor jemand arbeitet, ließ die ESA offen. Wenn der Transporter nur kurz alleine fliegt, (für einige Stunden) so sind auch bei Anwesenheit einer Besatzung keine größeren Umbauten nötig. Dies ist aber unökonomisch. Längere Aufenthalte machen ein Lebenserhaltungssystem und sanitäre Einrichtungen notwendig.

Eine Minimallösung, nicht mit dem Ziel Autonomie, aber unter Berücksichtigung, dass nach Ausmustern der Space Shuttles die Dockingadapter an der ISS knapp werden, wäre der Einbau eines Tunnels mit einem zweiten Docking-Adapter an der Rückseite des Servicemoduls. Dieser modifizierter Transporter bietet folgende Vorteile:

*   Mehr Platz für die Astronauten: Das Raumschiff muss nicht abdocken, wenn ein Progresstransporter ankoppeln will.
*   Nutzung als „sicherer Hafen“ im Falle der Evakuierung der ISS.
*   Ein zusätzlicher Kopplungsadapter für Progress und Sojus Raumschiffe.

Bei einer Havarie gibt es so mehr Optionen. Derzeit muss für jeden Astronauten ein Sojus-Sitzplatz zur schnellen Evakuierung zur Verfügung stellen. Bei einer Notsituation, z. B. einem Leck, könnte die gesamte Besatzung ins ATV mit dem angekoppelten Sojus Raumschiff flüchten und dann ablegen. Die Besatzung hat im ICC genügend Raum und eine Stromversorgung, könnte dort also eine gewisse Zeit im Orbit bleiben und müsste nicht sofort zur Erde zurückkehren. Das Lebenserhaltungssystem einer dort angekoppelten Sojus könnte auch sechs Personen über eine kurze Zeit versorgen, bis vom Boden aus eine Rettungsmission startet. Erst dann würden drei Astronauten in die schon angekoppelte Sojus umsteigen und den Kopplungsadapter freimachen. An diesem würde dann die Rettungsmission ankoppeln. Aufgrund der Auslegung der russischen Adapter in einen „männlichen" Teil mit hervorstehender Sonde und einem „weiblichen" Teil mit kegelförmiger Vertiefung kann am eigentlichen Kopplungsadapter an der Vorderseite des ICC kein Sojus-Raumschiff ankoppeln.

Da von 2010 an alle Besatzungen sowieso nur in Sojus-Kapseln transportiert werden, ist der Nutzen des Transporters als „sicherer Hafen" beschränkt. Das Szenario ging 2004 noch von einem Regeltransport der Besatzung mit dem Space Shuttle aus und ein so umgebauter ATV

Abbildung 86: Das ATV umgerüstet mit einem zweiten Kopplungsadapter für eine Sojus
© der Grafik: ESA / D. Ducros

Abbildung 87: Größenvergleich CTV, Apollo und Progress © der Grafik: ESA / D. Ducros

Transporter hätte pro Jahr einen Sojus-Start für Rettungsraumschiffe eingespart, da für jedes Besatzungsmitglied eine Rettungsmöglichkeit vorhanden sein muss, die Sojus Raumschiffe aber maximal eine Lebensdauer von 180 Tagen haben. Während der Zeit, in der ein europäischer Frachter an der ISS angekoppelt ist, wäre dann kein zusätzlicher Start einer Sojus als Rettungsboot notwendig gewesen.

Es gäbe noch den Nutzen für den Fall, dass die Station beschädigt ist, das Problem aber in überschaubarer Zeit gelöst werden kann. Derartige Situationen sind aber selten. Bei der Beschädigung nur eines Modules gäbe es immer die Möglichkeit, die Luken zu schließen und es so von der Station zu trennen. Eine Evakuierung wäre nicht nötig. Eine gravierende Havarie dürfte aber nicht in wenigen Tagen behebbar sein.

Mini Space Station

Aus mehreren derart modifizierten Raumtransportern wäre es möglich, eine kleine Raumstation zu bauen. Dazu würden die Druckbehälter der modifizierten ATV mit zwei Kopplungsadaptern aneinander docken als „Stapel" zusammen eine Raumstation bilden. Wie beim „Free Heaven" Szenario führt ein Tunnel durch das Servicemodul zu einem Kopplungsadapter am Heck. Am letzten Adapter könnte ein Sojus-Raumschiff andocken und die Besatzung bringen. Das Wohnvolumen beträgt 48 m³ pro ATV. Zwei ATV stellen immerhin so viel Platz zur Verfügung, wie sie eine Saljut 1-6 Station bot.

Abbildung 88: Mini Space Station Szenario © der Grafik ESA / D. Ducros

Für die Nutzung als Raumstation wären umfangreiche Änderungen notwendig, wie der Einbau eines Lebenserhaltungssystems, Hygieneeinrichtungen und eine leistungsfähigere Stromversorgung. Experimente sind dagegen einfach zu integrieren, da das Vehikel die Standard Payload Racks der ISS einsetzt.

Dieses Szenario ist nicht attraktiv. Denn verglichen mit seiner Startmasse bietet ein Raumtransporter wenig Raum. Er ist für den Frachttransport ausgelegt und alleine die Treibstoffe machen ein Drittel der Startmasse aus. Ein russisches Modul wie Swesda, Nauka oder Sarja wiegt genauso viel wie ein voll beladener Schwerlastfrachter, verfügt aber über doppelt so viel Volumen und mehr Kopplungsmechanismen. Einfacher wäre es sicher, das Columbus Modul nochmals nachzubauen und mit zwei russischen Docking Mechanismen zu bestücken, einen für einen Frachter und einen für eine Sojus-Kapsel, um die Besatzung zu befördern.

Zudem ist die Stromversorgung des ATV nicht ausgelegt für größere Verbraucher, wie etwa ein Labor. Die nötigen Umbauarbeiten, um genügend Platz für zwei Astronauten zu schaffen, inklusive Lebenserhaltungssystem und Ressourcen-Wiederaufbereitung, sind so umfangreich, dass sie sicher Europas finanziellen Rahmen sprengen dürften. Dazu kämen dann auch noch die Investitionen in das CTV für einen unabhängigen Mannschaftstransport oder man müsste, wie es die Abbildung suggeriert, Sojuskapseln einsetzen.

Abbildung 89: Das ARV auf einer Ariane 5
© der Grafik: ESA / D. Ducros

Evaluation Transport Vehicle

Die letzte Studie untersuchte, ob aus dem ATV ein Raumschlepper gebaut werden kann, der Fracht zum Mond oder zum Mars transportiert. Allerdings gibt es kein bemanntes Forschungsprogramm für diese beiden Himmelskörper.

Insgesamt wären dann auch umfangreiche Änderungen notwendig, da der Geschwindigkeitsbedarf viel höher ist, als bei den Transporten von und zur ISS. Das reduziert die von der Trägerrakete transportierte Masse beträchtlich. Das Raumschiff in der heutigen Form kann hier nur als Basis für einen zukünftigen Raumschlepper angesehen werden.

Dies ist mehr eine Idee, welche Möglichkeiten das ATV noch in sich birgt, als ein konkretes Projekt. Vom Frachter nutzbar wäre hier die Technologie, da bei Mond und Mars ein Gefährt, das automatisch an ein anderes ankoppeln kann, alleine durch die langen Signallaufzeiten enorme Vorteile verspricht. Bedingt durch die höhere Energie, die aufgebracht werden muss, um diese Himmelskörper zu erreichen, wäre ein ATV aber viel zu schwer. Wie das Servicemodul für die Orion aber zeigt, ist das ATV universell genug, um in diese Rolle zu schlüpfen.

Die Nutzung zum Deorbitieren der ISS

Am 3. Juli 2007 berichtete die Zeitschrift „Flight international" von Überlegungen der NASA, die ISS mit dem ATV gezielt zum Absturz zu bringen, wenn diese nicht mehr betrieben werden kann. Derzeit ist der europäische Transporter das einzige Versorgungsschiff, welches dies theoretisch durchführen könnte. Diese Frage stellt sich erst in der Zukunft. Die ISS wiegt im Endausbau über 400 t. Um eine so schwere Station zu deorbitieren würde selbst bei maximaler Beladung mit Treibstoff ein Frachter nicht reichen. Es sind mindestens zwei ATV nötig, oder Progress-Transporter müssten vorher die Treibstofftanks von Sarja füllen.

Der Autor hält dieses Szenario für unwahrscheinlich. Zum einen wird die NASA dieses kritische Manöver nicht von einem „Juniorpartner" abhängig machen. Schon jetzt rechnet sie mit 2 Milliarden Dollar an Aufwendungen, um die ISS zu deorbitieren – zwei ATV würden gerade einmal die Hälfte dieser Summe kosten. Zum Zweiten ist auch der Frachter in der vorliegenden Form nicht geeignet, um die ISS **sicher** zu deorbitieren.

Das „sichere" Deorbitieren besteht darin, den Orbit mit einer kurzen Zündung so zu verändern, dass der erdnächste Punkt in einer Höhe liegt, wo die Luftreibung schon so hoch ist, dass das Gefährt verglüht. Das geht um so besser, je niedriger der erdnächste Punkt ist. Bei Jules Verne lag z. B. der erdnächste Punkt der Abstiegsbahn noch unterhalb der Erdoberfläche. Für das Verglühen würde es ausreichen, sich bis auf rund 60 bis 80 km der Erde zu nähern. Die Zündung muss so erfolgen, dass der Punkt, wo der Wiedereintritt erfolgt, in unbewohntem Gebiet liegt. Gewählt wird dafür meist der Südpazifik. Die ATV 2+3 zielen z. B. auf einen Punkt 80 km über der Erdoberfläche. Albert Einstein hatte wieder eine Bahn, die bis zur Wasseroberfläche geführt hätte (wenn der Transporter den Eintritt überstanden hätte).

Auf der anderen Seite muss der Ausgangsorbit stabil sein, um ein unkontrolliertes Absinken und der Eintritt in die Atmosphäre zu verhindern. Dazu darf der erdfernste Punkt nicht auch absinken. Sonst wird die Station beim Herabsinken durch die in niedriger Höhe rasch zunehmende Luftreibung schnell weiter absinken und es ist nicht vorhersagbar, wo sie in die Atmosphäre eintritt. Daher sollte der Impuls kurz sein. Dann wird nur der erdnächste Punkt verändert. Wird das Triebwerk lange betrieben, so arbeitet es, während die Station schon sinkt, und senkt damit die Bahn als Ganzes ab, nicht nur einen Punkt. Bei der Mir war dies noch kein Problem – sie wog rund 100 t und wurde mit einer Progress deorbitert. Jedes der beiden Triebwerke der Progress hatte einen Schub von 4 kN. Typischerweise muss die Station um 100 m/s abgebremst werden, damit der Orbit soweit erniedrigt wird, dass sie verglüht. Brennen beide KTDU-80 Triebwerke der Progress über 1.240 s, so konnten sie die Geschwindigkeit von Mir um 100 m/s verändern. Das ist eine Zeitdauer, die deutlich kürzer als die Umlaufszeit von 5.400 s ist.

Bei der ISS liegen die Fakten anders. Sie ist viermal schwerer und das ATV hat nur einen Schub von 2 kN, wenn alle vier Triebwerke arbeiten. Um die ISS um 100 m/s abzubremsen, müsste ein ATV seine Triebwerke 21.400 s (vier Umläufe) lang brennen lassen und dabei rund 13.800 kg Treibstoff verbrennen. Während dieser Zeit würde die Station immer weiter absinken. Wenn sie etwa 180 km Höhe erreicht hat, wird sie aufgrund der großen Solarzellenflächen so schnell abgebremst, dass der Wiedereintritt nicht mehr steuerbar ist, damit aber auch, wo die Station niedergeht.

Diese Zahlen machen klar, dass man mehr als einen Transporter benötigt, da einer alleine gar nicht die notwendigen Treibstoffmengen zur Station bringen kann und zum anderen eine neue Strategie eingeschlagen werden muss oder ein viel schubstärkeres Gefährt zum Einsatz kommen muss. Das könnte die Orion sein. Um zum Mond zu fliegen, braucht man mehr Treibstoff als um die ISS zu deorbitieren. Auch braucht man einen entsprechend leistungsfähigen Antrieb. Die Orion wird das AJ-10 einsetzen (26,7 kN Schub). Es ist schubkräftig genug, um die ISS in weniger als 1.600 s zu deorbitieren. Da die ESA das Servicemodul für die ersten beiden Orion-Testflüge entwickelt, könnte dieses eingesetzt werden.

Projektgeschichte ARV / CTV

Von den im letzten Abschnitt vorgestellten Ausbaumöglichkeiten, die schon während der Entwicklung untersucht wurden, wurden das unbemannte Rückkehrvehikel und der Ausbau dessen zu einem bemannten Transporter weiter verfolgt. Am 14.3.2008 gaben EADS und das DLR in einer gemeinsamen Verlautbarung bekannt, das Sie bis 2013 das Cargo Return Vehicle entwickeln wollen. Dieses wurde inzwischen in ARV umbenannt (**A**dvanced **R**e-entry **V**ehicle). Das DLR sah zu diesem Zeitpunkt gute Chancen für eine politische Unterstützung bei den anderen ESA Staaten. So schlug Deutschland das Projekt bei der ESA-Ministerratskonferenz im November 2008 in Den Haag vor. Frankreich und Italien sollen Interesse bekundet haben, womit die drei Staaten mit dem größten Anteil am ESA-Budget beteiligt gewesen wären. Deutschland würde den Löwenanteil an der Entwicklung tragen.

Die Entwicklung des ARV sollte durch die Vorarbeiten an dem ATV und ARD relativ preiswert sein. Genannt wurden Kosten zwischen 300 Millionen und 1 Milliarde Euro. Am wahrscheinlichsten galten 800 Millionen Euro und vier Jahre Entwicklungszeit für das ARV.

In einer zweiten Phase sollte dann bis 2017/18 das Crew Transfer Vehicle angegangen werden. Eine Entscheidung müsste im Jahr 2012 fallen. Dieses würde deutlich teurer werden, mit Investitionen in der Größe von mindestens 1 Milliarde Euro, wahrscheinlich eher 2-3 Milliarden.

Es kam in Den Haag aber anders als vom DLR gedacht. Der deutsche Vorstoß blieb ein nationaler Alleingang. Das Einzige, was beschlossen wurde, war eine Phase-A Studie des ARV mit einem Umfang von 25 Millionen Euro. Schon im Vorfeld wurde der Entwurf vom DLR drastisch gekürzt und nur 90 anstatt 450 Millionen Euro beantragt. Es gab aber auch für diese kleinere Summe keinen Konsens. So bezahlt Deutschland zu 90% die Phase-A Studie für das ARV (21 der 25 Millionen Euro). Er wurde am 29.7.2009 an Astrium vergeben und lief über 18 Monate. Eine Phase-A Studie, ist eine Möglichkeitsstudie, an deren Ende eine Konzeption steht. Festgestellt wird also, ob das Projekt machbar ist und das Konzept wird grob erstellt. Ziel des DLR war es, bei der nächsten Ministerratskonferenz 2011 mehr Nationen für das Projekt zu gewinnen. Entscheidet sich dann Europa für das ARV, so könnte es bis 2016/17 seinen Jungfernflug absolvieren. Sollte sich die ESA bis 2016/17 für eine Weiterentwicklung zu einem bemannten Raumschiff entschließen, stände dieses nach Angaben von Astrium bis 2022 zur Verfügung.

Im Februar 2010 verkündete der neue gewählte US-Präsident Obama einen Politikwechsel: Bisher war geplant, die ISS nur bis 2016 zu betrieben, da die für ihren Betrieb nötigen Finanzmittel für das Constellationprogramm, die Neuauflage von Apollo, benötigt wurden. Dieses wurde eingestellt und der Betrieb der ISS ist damit bis zum Jahr 2020 gesichert. Damit gibt es auch den Bedarf an weiteren ATV für die verlängerte Betriebszeit. Dadurch kam das ARV wieder in der Diskussion, denn die ESA steht vor einem Problem. Die ESA hat nur fünf ATV bestellt. Da sich der Einsatz um mehrere Jahre verzögerte und in der Vergangenheit die Länder nur von einem Betrieb der Station bis 2016 ausgingen, schien 5 Transporter ausreichend zu sein. Nun kann die ESA aber nicht einfach weitere ATV bestellen, da elektronische Teile inzwischen nicht mehr hergestellt werden – schließlich sind rund 13 Jahre seit Entwicklungsbeginn vergangen. Es gäbe noch genügend Ersatzteile für zwei weitere ATV (ATV-06 und -07). Danach müsste man Teile der Avionik ersetzen und eine kostenintensive Neuqualifikation durchführen.

Im Oktober 2010 kündigte die ESA an, nach weiteren 150 Millionen Euro für die nächste Projektphase (Phase-B) des ARV zu fragen. Eine Entscheidung über die eigentliche Entwicklung und den Bau des Prototypen (Phase C+D) würde beim nächsten Ministerratstreffen 2012 fallen. Bis 2017 könnte dann das ARV zur Verfügung stehen.

Obwohl zahlreiche Systeme des ATV übernommen werden könnten, wären doch umfangreiche Änderungen notwendig. Das ergab die von EADS Astrium durchgeführte Phase-A Studie, deren Ergebnisse inzwischen vorliegen.

In der neu zu entwickelnden Kapsel, die mit einem neuen Kopplungsadapter ausgestattet werden soll, können bis zu 2.000 kg zur ISS und bis zu 1.500 kg zurück zur Erde gebracht werden. Ein neuer Kopplungsadapter kann sowohl am russischen Segment, wie auch am US-Segment andocken. Es zeigte sich, dass die Steuerungssoftware soweit modifiziert werden kann, dass dies möglich ist. Damit kann das ARV nun auch ganze Racks transportieren, sowohl zur Station wie auch zurück.

Das Servicemodul wird eine leistungsfähigere Stromversorgung benötigen, da die Kapsel mehr Strom für ein aktives Kühlungssystem benötigt. Die Avionik, die auf einem 1991 entwickelten Prozessor beruht, soll durch ein neues System, das „State-of-the-Art" ist, ersetzt werden. Es sind neue, größere Solarpaneele, ein umkonstruiertes Lageregelungs- und Steuersystem, neue Rendezvoussensoren und ein Kühlsystem nötig. Die Entwicklung des ARV würde daher nicht preiswert sein.

Trotzdem kündigte Simonetta Di Pippo, verantwortlich für die Abteilung für bemannte Missionen an, für das ARV einzutreten, anstatt weitere ATV zu bestellen, um den Verpflichtungen bei der Versorgung der Raumstation nachzukommen. Das ARV würde aber nicht vor 2017 zur Verfügung stehen. Die Landung wäre in der Nähe der Azoren oder Kanarischen Inseln geplant.

Ein von Ingenieuren vorgeschlagener neuer Ansatz, der sowohl Fracht ohne Druckausgleich, wie auch Fracht in einer Druckkapsel oder sogar Astronauten zur ISS befördern könnte, wurde von der ESA abgelehnt. Ziel dessen war es, so viele Systeme des ATV wiederzuverwenden, wie möglich. Das flexibelste Konzept war das eines Spacecraft-Busses, der verschiedene Nutzlasten befördern kann. In der ARV-Konfiguration würde er eine Rückkehrkapsel transportieren, die an den US-Teil andockt (mit einem CBM-Adapter). Die Kapsel würde zur ISS Standard-Racks bringen und Proben in Standard-Verpackungssäcken rückführen, wie sie jetzt auch das ATV einsetzt. Das Volumen für Nutzlast zur ISS beträgt 8 m³, zurück zur Erde maximal 6 m³. 500 Watt stehen für die Stromversorgung der Nutzlast zur Verfügung.

Es folgt eine Sektion ohne Druckausgleich. In ihr könnten sich Tanks mit Reboosttreibstoff, ORU's oder eine Palette, die mit dem Canadaram2 entnommen wird oder Sekundärnutzlasten, die mit den Orbit gebracht werden, sitzen. Dieser Teil könnte maximal 3.000 kg zur ISS bringen oder 3.000 kg Müll entsorgen. Pro Element stehen 2,9 m³ Volumen zur Verfügung. 200 Watt Strom können an die Sektion geliefert werden.

Es schließt sich dann das Servicemodul auf Basis des ATV an. Er beinhaltet wie bisher Antrieb, Avionik und Stromversorgung. Er ist nun aber unabhängig vom Rest. So kann er ohne Kapsel und Treibstoffsektion bis zu 13.000 kg schwere Module zur ISS bringen. Als Versorger hat dieser Transporter eine Nutzlast von 5.000 kg bei einer Startmasse von 20 t. Die Länge von 9,70 m und der maximale Durchmesser von 4,40 m entsprechen dem des ATV.

Während der Diskussionen über das ARV verschob sich die Umsetzung immer weiter. Mitte 2011 wurde schon 2018 für den Erstflug genannt und die Kosten stiegen an und wurden nun auf 1,4 Milliarden Euro beziffert. Beide Faktoren arbeiten gegen das ARV, da es zu spät kommt und zu teuer wird. Es wurde wertvolle Zeit verloren. Beim ESA-Konzil 2012 stand das ARV nicht mehr auf der Tagesordnung. Denn nun gab es schon eine neue Idee:

Anstatt CARV: Orion Servicemodul

Am 19.1.2013 gaben ESA und NASA bekannt, dass die ESA für die ausstehenden drei Jahre des Betriebs der ISS von 2018 bis 2020 zusammen mit der NASA ein Servicemodul für die Orion entwickeln wird. Seit 2011 gab es Spekulationen, ob es dazu kommen würde. Die Vorbehalte waren vor allem in den USA groß. Schließlich ist es das erste Mal, dass ein zentrales Element eines bemannten Gefährts nicht in den USA gebaut wird.

Das Servicemodul wird aber nicht von der ESA allein entwickelt. Es ist eine Gemeinschaftsproduktion, bei der auch Lockheed-Martin, Hersteller der Orionkapsel beteiligt ist. Es werden vier Module gebaut werden. Zwei sind nur für Testzwecke vorgesehen, die anderen beiden werden bei den Missionen EM-1 (geplanter Start: 2018) und EM-2 (geplanter Start: Zwischen 2019 und 2021) eingesetzt werden. EM-1 ist ein unbemannter Testflug, der antriebslos um den Mond herumführt. EM-2 könnte ein bemannter Flug sein. Er führt in eine Mondumlaufbahn und von dieser wieder zurück zur Erde. Das nährte Spekulationen, ob an Bord von EM-2 vielleicht auch ein europäischer Astronaut sein könnte.

Derzeit ist noch sehr wenig über das neue Servicemodul bekannt. Der Durchmesser des ATV bleibt, es hat also einen Durchmesser von 4,50 m. Es ist jedoch mit 2,70 m Länge (ohne die Düsen der Triebwerke) kürzer. Es wird ein neues Haupttriebwerk besitzen. NASA und ESA einigten sich auf die Übernahme des AJ10-26, das ist das OMS-Triebwerk des Space Shuttles. Alternativ wäre auch ein Einsatz des europäischen Aestus Triebwerk möglich gewesen. Beide haben fast denselben Schub, arbeiten mit denselben Treibstoffen und haben eine ähnliche Leistung.

Abbildung 90: Die Orion mit ESA-Servicemodul

Das Servicemodul hat die vier Solarzellenausleger des ATV, die früheren Entwürfe für die Orion verwendeten kreisrunde Arrays von ATK. Um den höheren Strombedarf von 11 kW zu decken, sind sie aber nicht nur größer, sondern mit reinen Galliumarsenidzellen belegt, die einen Wirkungsgrad von 30% anstatt der 17% der ATV-Arrays haben.

Neu ist auch das Wärmeregulationssystem. Es besteht, wie bei der ISS, auf einem aktiven Wärmekreislauf bei dem ein Kühlmittel umgewälzt wird. Das ATV setzte dagegen wie zahlreiche Satelliten Heatpipes ein. Sie dürften aber mit der Abwärme überfordert sein.

Die Aufgabe des Servicemoduls ist nicht die gleiche wie die des ATV-Busses, aber auch nicht völlig verschieden. Wie beim ATV ist das Servicemodul für den Antrieb und die Bereitstellung von Energie zuständig. Als neue Funktion kommt noch die Versorgung der Besatzung mit Sauerstoff, Stickstoff und Wasser hinzu.

2014 wurde bei der ESA-Ministerratskonferenz über die zweite Tranche der Finanzierung beschlossen. Schon vorher am 17.11.2014 wurde mit Airbus ein Vertrag über den Abschluss der Entwicklung mit einem Umfang über 390 Millionen Euro beschlossen. Bis 2015 soll das Critical Design Review stehen, das ist der Abschluss der eigentlichen Entwicklung. Das Servicemodul hinkt damit dem Zeitplan hinterher, aber auch die NASA musste aufgrund anderer Verzögerungen schon den zweiten Flug der Orion auf 2018 verschieben. Inzwischen ist auch Boeing als US-Part für das nun ESM (European Service Modul) verantwortlich, während Lockheed-Martin weiterhin die Kapsel baut.

Parameter	Wert
Länge	3,70 m mit Düsen, 2,70 m ohne
Durchmesser:	4,50 m
Stromversorgung:	11 kW, 18,80 m Spannweite
Schub:	AJ-10, 26,7 kN
Trockenmasse:	3.500 kg
Treibstoffzuladung:	8.600 kg
Kosten:	450 Millionen Euro

Kriegsschauplatz ISS und ATV

An dieser Stelle ein kleiner Rückblick auf die Geschichte der Beteiligung an der ISS und wie dies sich auf die ATV auswirkte.

Der Beschluss der ESA die ATV einzustellen, obwohl die verfügbaren Bauteile noch für zwei weitere Transporter und damit auch die Verlängerung der europäischen Beteiligung an der ISS bis 2020 (eventuell darüber hinaus, da ein Jahr ISS Betrieb mit 150 Millionen Euro von der NASA berechnet wird. Für diese Summe bekommt sie im CRS-Programm 2,3 t Fracht transportiert, die Fracht zweier ATV wäre also äquivalent für sechs Jahre Betrieb) erfolgte nicht einstimmig. In der ESA hat sich in den letzten Jahren eine Interessenverschiebung angedeutet. Frankreich will seit 2011 die Ariane 6 entwickeln und im Gegenzug die ISS-Beteiligung reduzieren. Deutschland will die Ariane 5 ME und die ISS-Beteiligung aufrechterhalten.

Das führte dazu, dass 2011-2014 Italien und Frankreich ihre ISS-Beteiligung deutlich kürzten (Frankreich: -80 Millionen Euro, Italien: - 128 Millionen Euro, dazu noch Spanien, -20 Millionen Euro). Deutschland musste (trotz Beteiligung von England als neuem Partner mit +20 Millionen Euro) seinen Anteil auf 537 Millionen Euro erhöhen, was 51% der Gesamtkosten von 1075 Millionen Euro für die Jahre 2012 bis 2014 entspricht (ein Minus von 18%). Vorher waren es 41%. Obwohl Frankreich seine Beteiligung reduziert (ein Vertragsverstoß gegen das Memorandum von Toulouse über die ISS-Beteiligung, nach der man entweder gemeinsam den Betrieb weiterführt (das wurde so beschlossen) oder gemeinsam aussteigt) drängte die CNES auf die Beteiligung an der Orion, mit der Begründung nur der Nachbau eines Transporters wäre „zu wenig Herausforderung".

DLR Chef Wörner kritisierte diese Haltung beim Start von ATV-05: „Man baut ja auch nicht nur ein paar Raketen und hört dann gleich wieder auf. Leider wird die ESA von einigen Mitgliedsländern jedoch einzig als Forschungs- und Entwicklungsagentur verstanden.".

Besserung ist nicht in Sicht: der neue Chef der CNES und ehemalige Arianespace-CEO LeGall kündigte schon an, dass die CNES ab 2020 aus dem ISS-Programm ganz aussteigen werde, um die Mittel für die Entwicklung der Ariane 6 zu haben. Als Kuhhandel würde man sich noch bis 2024 beteiligen, wenn Deutschland bei der Ariane 6 einsteigt (mit welcher Summe ist allerdings offen). Doch auch so gibt es genügend Zoff rund um die ISS.

Die Ukrainekrise im Frühjahr/Sommer zeigte auch jenseits der ESA dass der politische Wille hinter der ISS am bröckeln ist. Geplant als Symbol internationaler Zusammenarbeit im Weltraum, ohne Berücksichtigung politischer Differenzen ist sie nun zum Spielball der Politik geworden. Damals kündigten einige Politiker den Ausstieg aus der ISS nach 2020 an, ein galbes Jahr später verlängerte Roskosmos die Beteiligung bis 2024.

Schon bald nach der Unterzeichnung der Verträge in den neunziger Jahren kriselte es, als klar wurde, dass Russland mit seinen Anteil in Verzug ist, obwohl das Land technisch am weitesten war (zwei Module waren für die Mir-2 geplant und schon im Bau). Die NASA leistete Zuzahlungen um das Swesda Modul in den Orbit bekommen. Das Sarja Modul hat sie ganz bezahlt. Das letzte russische Modul Nauka, das eigentlich 2009 gestartet werden sollte wartet Anfang 2015 immer noch auf einen Starttermin.

Die Situation wurde besser, als nach dem Columbiaverlust die NASA auf Astronautentransporte seitens Russland angewiesen war. Diese Transporte waren und sind sehr lukrativ. Russland baute ihre Sojus so um, dass nur ein Kosmonaut sie steuern muss (das dürfen nur Kosmonauten, keine Astronauten). Russland, Japan und die ESA versorgten die Station von 2010 bis 2014, weil nach dem Ausmustern der Space Shuttles es zuerst eine Lücke gab und dann die Transporte (CRS-Programm) sich um mehr als zwei Jahre verzögerten.

2011 wurde dann der ISS Betrieb einvernehmlich von allen Partnern von 2016 auf 2020 verlängert. Die USA als Triebfeder hatten das Constellationprogramm eingestellt und damit gab es in der NASA wieder die 3 Milliarden Dollar welche die ISS jedes Jahr verschlingt. Seitdem gibt es mehr und mehr Probleme. Die ESA will anstatt neuer Transporter eine Beteiligung an der Orion. Das wirft Probleme für die NASA auf, der nun 7 t Fracht pro Jahr fehlen. Das sind drei bis vier weitere CRS-Transporter. Das bedeutet zusätzliche Kosten für die NASA und eine noch höhere Arbeitsbelastung der Besatzung. Zudem wird die Terminplanung schwieriger, da nun pro Jahr rund 7 bis 9 Transporter an einem CBM-Port im US-Segment ankoppeln müssen.

Russland hat seit langem Pläne für ein neues bemanntes Raumschiff, das auch zu Mondflügen fähig ist. Die Sojus soll dann ausgemustert werden. Da die USA im Rahmen des CCDev Programms ein eigenes Raumschiff (derzeit werden sogar zwei bis drei Firmen gefördert) entwickelt, wäre das kein Problem. Doch Russland will die frei gewordenen Plätze wieder für den Touristentransport nutzen. Im Oktober gab die Firma „Space Adventures", welche die „Sitze" im Auftrag von Roskosmos vermarktet, bekannt das die Sopranistin Sarah Brightman 2015 für

52 Millionen Dollar zur ISS fliegen wird. Dies ist der erste Flug nach fünf Jahren Pause, weil vorher alle Sitze von den Berufsastronauten belegt wurden. Möglich war er nur, weil man die Aufenthaltsdauer der Stammbesetzung von 180 auf 360 Tagen erhöht hatte.

Der NASA sind diese Touristenflüge nicht recht. Zum einen, weil damit ein Partner Geld verdient, die ISS aber von 14 Nationen finanziert wird. Schwer ist es zu vermitteln, warum der US-Steuerzahler jedes Jahr rund 3 Milliarden Dollar für die ISS aufwenden muss, bei der sich dann zwei bis drei US-Astronauten aufhalten, wenn ein Tourist für ein Sechzigstel dieses Betrags ins All fliegt. Auch die Besatzungen empfanden die Touristen als wenig hilfreich. Sie haben zwar ein Basistrainung durchlaufen, sind aber in die wissenschaftlichen Programme nicht eingebunden und können auch an Bord nichts reparieren oder instand halten.

Mit der Ukrainekrise drohten hochrangige russische Politiker offen mit einem Ausstieg aus dem ISS-Programm nach 2020. Auch wenn diese Drohungen sicher mehr Säbelrasseln als ernst gemeint sind, ist doch über die letzten Jahre deutlich geworden, dass sich die Interessen verschoben haben. Andere Äußerungen russischer Politiker während der Ukrainekrise haben schon in den USA zu einem Programm zur Entwicklung eines US-Triebwerks als Ersatz für das in der Atlas V eingesetzte russische RD-180 geführt. Bei der ISS scheint die NASA dagegen von einem „ewigen" Betrieb auszugehen.

Der Ausstieg Russlands wäre sehr problematisch. Nachdem es ab 2015 keine ATV mehr gibt, sind die russischen Transporter die Einzigen, welche Treibstoff zur Station bringen. Auch Gase können derzeit nicht von den anderen Transportern befördert werden. Doch wäre dies ein lösbares Problem. Derzeit braucht die Station wenig Treibstoff. Zum einen, weil die ATV die ISS in eine hohe Umlaufbahn brachten, zum anderen, weil die Sonnenaktivität gering ist. Gerade dann, wen die ATV aber außer Dienst gestellt werden, wird sie zyklusmäßig ansteigen. Ohne russische Progresstransporter kann die Station weder ihre Bahnhöhe halten noch Weltraummüll ausweichen.

Die 420 t schwere Station zu deorbitieren wird auch kein leichtes Unterfangen sein. Dazu braucht man sehr viel Treibstoff (deutlich über 10 t) und ein schubstarkes Triebwerk. Diese Bedingungen erfüllt derzeit kein Versorger. Planungen für das Deorbitieren gibt es trotzdem bei keiner Raumfahrtagentur. Für die NASA problematisch ist, dass ein Gefährt am russischen Teil ankoppeln müsste, damit der Schubvektor durch den Schwerpunkt geht (sonst würde man die Station nur ins Trudeln bringen).

2014 gab dann das Weiße Haus bekannt, dass man die Station bis 2024 betrieben würde, und die NASA sich auch auf einen Betrieb bis 2028 einstellen kann. Im selben Jahr konnte bei der ESA-Ministerratkonferenz eine Einigung in den Streitpunkten Ariane 6 und ISS erreicht. Deutschland beteiligt sich an der Ariane 6 und Italien erhöht seine ISS-Beteiligung auf den alten Stand. Noch offen ist aber ob auch die ESA nach 2020 dabei ist. Russland erklärte 2015 seine Absicht ebenfalls bis 2024 dabei zu sein. Danach will Roskosmos seine Module aber abkoppeln.

Die russischen Module beinhalten einige wichtige Installationen für das Lebenserhaltungssystem und die Rückgewinnung von Wasser. Daneben sind dort zwei Schlafkabinen. Dies ist jedoch nicht kritisch. Bedeutsamer ist nur dort Triebwerke und Treibstofftanks sind. Ohne die russischen Module müssten die angekoppelten Transporter die Station anheben, was durch den veränderten Schubvektor von den bisherigen Kopplungsmöglichkeiten aus schwer wird. Sinnvoll erscheint dem Autor das Abkoppeln des russischen Teils nicht. Denn zum einen sind die beiden größeren Module die ältesten der ISS und zum zweiten fehlt Russland das Geld für eine eigene Raumstation.

Die Absicht der USA die Station möglichst lange in Betrieb zu lassen ist logisch, denn das CC-Dev Programm wird erste bemannte Flüge erst ab 2018 ermöglichen. Je länger die Station in Betrieb ist, desto eher lohnen sich die Investitionen in das Programm. Dragon und CST-100 könnten jeweils sieben Astronauten zur ISS bringen. Auf die Sojusflüge kann man daher verzichten. Auf der anderen Seite altern auch die anderen Module und Pläne für den Ersatz von Modulen oder gar neue gibt es nicht, genauso wie offen ist wie sie zur ISS kommen sollen — das Space Shuttle der sie bis in den Nahbereich brachte steht ja im Museum.

Die ISS sollte für internationale Zusammenarbeit stehen. Wie bei dieser Kurzzusammenfassung deutlich wurde, ist dies aber nicht der Fall. Vielmehr reflektiert sie die nationalen Interessen und die politischen Konflikte. Warum auch sollte das All ein politikfreies Vakuum sein?

Nachwort

An dieser Stelle ein persönliches Schlusswort zum ATV und Europas Beteiligung an der ISS. Diese ist ein Spiegelbild der Interessen der beiden Hauptfinanziers der ESA – Frankreich und Deutschland. Diese weichen in vielen Punkten ab und die Differenzen gehen zurück bis in die siebziger Jahre.

Frankreich war immer an einer eigenständigen Raumfahrt interessiert. Frankreich ist nicht nur die Triebfeder hinter der Entwicklung der Ariane, sondern betrieb schon immer ein eigenständiges Weltraumprogramm parallel zu den ESA-Aktivitäten. Frankreich war die erste europäische Nation mit eigenen Erdbeobachtungssatelliten und einem militärischen Aufklärungssystem. Auch in der bemannten Raumfahrt wollte Frankreich eigenständig sein. So favorisierte Frankreich den Raumgleiter Hermes. Deutschland beteiligte sich erst nach mehrjährigen Bitten bei diesem europäischen Prestigeprojekt.

Deutschland betrieb schon immer eine Politik, die gerne NASA-Offerten im Bereich der bemannten Raumfahrt aufgriff. So war es für Deutschland wichtig, einen Astronauten im All zu haben, egal ob als Gast eines Space Shuttles oder in einer eigenen Mission. So trug Deutschland den Hauptanteil an der Finanzierung des Spacelabs und Columbus. Deutschland war auch der einzige ESA-Mitgliedsstaat, der zwei nationale Spacelab-Missionen durchführte.

So verwundert es nicht, dass ATV und Columbus von unterschiedlichen Nationen unterstützt wurden, als es 1995 darum ging, endgültig die Beteiligung an der ISS „festzuklopfen".

Deutschland war an Columbus interessiert. Der deutsche Anteil an Columbus beträgt 41%. Doch die anderen Mitgliedsstaaten waren nicht so begeistert, vor allem nach den rechtlichen Auseinandersetzungen, die es in den achtziger Jahren gab, als die NASA alle an Bord der Raumstation gemachten Entdeckungen patentieren lassen wollte, selbst wenn sie im europäischen Labor entstanden und das DoD militärische Forschung an Bord von Freedom durchführen wollte. Zudem hatte die NASA seit 1984 erfolglos an der Station geplant, ohne das Sie gebaut wurde. Der Kompromiss mit den anderen Mitgliedsstaaten lag in einem verkleinerten und preiswerten Columbus Labor, das die MPLM-Struktur übernahm.

Beim ATV zeigte sich Frankreichs Interesse an einem eigenen Zugang zum All, verbunden mit den engen Beziehungen zu Russland. Zudem ist das Land bestrebt, bei allen Projekten die wichtigen Technologien selbst zu entwickeln. Japan zeigt mit dem HTV, dass ein vergleichbarer Transporter auch deutlich preiswerter entwickelt und produziert werden kann, wenn er nicht völlig autonom ist. Doch damit verfügt Frankreich über die Technologie für automatische Kopplungen. Pläne für eine autonome Raumstation hatte die CNES schon in den achtziger Jahren. So verwundert es nicht, dass sich entsprechende Pläne auch bei den ATV Evolution Szenarien wiederfinden. Wie bei Ariane dürfen dann für die Produktion andere Länder einspringen. So steigt bei der Produktion des Transporters Deutschlands Anteil an. Wäre Hermes nicht als Frankreichs wichtigstes Projekt in der bemannten Raumfahrt begraben worden, weil er zu teuer und zu schwer wurde, so wäre der Frachter weniger ambitioniert ausgefallen.

Deutschland hat seine bemannten Träume nicht aufgegeben und preschte daher 2008 mit dem Vorschlag vor, das ATV zu einem bemannten Raumfahrzeug (ARV, CTV) auszubauen. Es ist kein Wunder, dass dieser Vorschlag bei den anderen Mitgliedsstaaten keinen Anklang fand. Die Position der anderen Länder ist auch verständlich. Warum sollte Europa, das nur zu 8,3% an der ISS beteiligt ist, die Last tragen, ein eigenes bemanntes Transportsystem mit seinem hohen Kostenrisiko zu entwickeln? Mit Transportaufträgen aus den USA braucht Europa nicht rechnen, das zeigt das CCDev-Programm. Ein solches System macht nur Sinn, wenn Europa eine eigene Raumstation betreibt und dafür einen Zugang braucht.

Vor allem kam der Entschluss zu spät. Der Beschluss, die Space Shuttles auszumustern, erging im September 2004, er war bei der Ministerratkonferenz 2005 bekannt. Eine bei dieser Konferenz beschlossene Entwicklung des CTV wäre verfügbar gewesen, als die Shuttles 2011 in Rente gingen. Doch 2008 erst mal über das ARV zu beschließen und 2011 dann über das CTV, das dann vielleicht 2022 einsatzbereit ist, ist definitiv zu spät!

Auch Italiens Position bei der ISS-Beteiligung ist schwer nachvollziehbar. Auf der einen Seite muss das europäische Labormodul verkleinert werden, weil es zu teuer wird. Auf der anderen Seite finanziert Italien die MPLM im Alleingang, im Austausch gegen Mitbenutzung der NASA-Installationen auf der ISS. Eine größere Beteiligung an einem nicht verkleinerten europäischen Labor hätte sowohl der ESA wie auch Italien genutzt (dort wird die Struktur gefertigt). Als die Shuttles ausgemustert wurden, musste Italien seine drei Tickets für Space Shuttle Missionen abschreiben und trat die Ansprüche für ISS-Ressourcen an die ESA ab.

Diese Probleme, innerhalb von Europa selbst über den Kurs einig zu werden, werden überschattet von der Planung über den ISS-Betrieb. Russland hat schon sehr früh seine Beteiligung reduziert. Die USA planten 2001 ebenfalls eine Reduktion des Engagements. Diese Pläne wären wohl umgesetzt worden, wäre nicht die Columbia verloren gegangen, was den amerikanischen „Jetzt erst recht" Geist ansprach. Danach sollte die Station nach der Fertigstellung bis 2016 betrieben werden um Gelder für die Rückkehr zum Mond, das Constellation-Programm freizumachen. Aufgrund dessen reduzierte Europa die ATV-Bestellungen auf fünf, die für diese Frist ausreichend waren. Inzwischen wurde Constellation eingestellt und ein Betrieb der ISS ist bis 2020 beschlossen. Russland und die USA werden bis 2024 an der Station festhalten, die USA sogar bis 2028.

Gemessen an dem Anteil (an der Nutzung) von rund 8% hat Europa viel in die ISS investiert. Auf der anderen Seite ist der reale Anteil Europas an der ISS auch deutlich höher als die nominellen 8%. Von den acht größeren Druckmodulen stammen drei aus Europa. Auch nutzt die ESA derzeit weitaus mehr Racks, als ihr zustehen, auch weil die NASA selbst nicht genügend Mittel für die Forschung auf der ISS zur Verfügung stellt.

Mit dem ATV hat Europa zwar den leistungsfähigsten und vielseitigsten Transporter entwickelt, doch wofür? Europas Versorgungsanteil an der ISS hätte auch mit einem einfacheren Gefährt wie dem HTV oder der Cygnus zur ISS befördert werden können. Der Autor kann daher nicht die Argumente des DLR-Projektleiters für das ATV Volker Schmid teilen, der auf die Frage nach den Entwicklungskosten des Transporters in Höhe von 1.050 Millionen Euro antwortete, dass Europa diese Summe sowieso investieren muss. Festgelegt ist der Versorgungsanteil. Ob die ESA diese mit einem komplexen Gefährt oder einem einfachen System transportiert, ist nicht vorgeschrieben. Dafür spricht auch, dass der finanzielle Wert von der NASA auf 150 Millionen Euro pro Jahr beziffert wird. Das bedeutet, würde man die Station nicht versorgen müsste die ESA 150 Millionen Euro pro Jahr zahlen. Das sind für 2008 bis 2017, den Zeitraum, den die ATV abdecken, 1500 Millionen Euro, gekostet haben die Transporter aber das doppelte.

Die Auslegung des ATV macht nur Sinn, wenn seine Fähigkeiten zum automatischen Koppeln und seine Vielseitigkeit sinnvoll genutzt werden. Dies geschieht zurzeit nicht. Mit dem Servicemodul für die Orion macht man nun wieder etwas Neues, wieder etwas Teures. Und wer ist die Triebfeder bei dem Servicemodul? Frankreich, wer den sonst!

So kostet nach ersten Planungen das Servicemodul mindestens 655 Millionen Euro. Für die drei Jahre ISS-Betrieb hätte die ESA bei Kompensationszahlungen dagegen nur 450 Millionen Euro bezahlen müssen. Interessanterweise verlangt die NASA für drei Jahre ISS Betrieb zwei ATV. Diese können 14 t Fracht transportieren und entsprechen einer Kompensationszahlung von 450 Millionen Euro. Die ESA muss für den Bau und Start zweier ATV aber mindestens das

Doppelte zahlen und die NASA zahlt bei ihren eigenen CRS-Services (auf dem Pressindex von 2008) für 14 t Fracht beim billigeren Anbieter SpaceX 1.120 Millionen Dollar, das entspricht 1.000 Millionen Euro, in etwa die gleiche Summe wie die ESA ausgeben muss.

Aus finanzieller Sucht wäre es klüger, die ATV nachzubauen. Das Servicemodul ist kein reines ESA-Projekt, sondern ein gemeinsames. So wird der Antrieb von den USA kommen. Ob auch die zukünftigen Servicemodule aus Europa kommen, wird sich zeigen. Es wäre ein Novum, das die NASA sich bei einem solchen Kernelement von einem anderen Partner abhängig macht. Es gab zwar schon früher eine europäische Beteiligung in der bemannten Raumfahrt, wie das Spacelab. Doch dieses war eine Nutzlast für das Space Shuttle. Dagegen ist das Servicemodul eine integrierte Komponente der Orion. Der Abschluss der Phase A, die für Ende 2013 geplant war, verzögerte sich schon, weil das Modul 0,5 t Übergewicht aufweist.

Da nun Italien und Frankreich die Ariane 6 bauen wollen, kürzt die ESA an anderer Stelle. Bis 2020 wollen Frankreich und Italien noch den ISS-Betrieb mitfinanzieren, der von Deutschland zur Hälfte finanziert wird. Danach will die CNES ihre 270 Millionen Euro für die ISS-Beteiligung lieber einsparen, zumal die Entwicklung der Ariane 6 auf 4 Milliarden Euro geschätzt wird. Es ist logisch, danach das Engagement ganz einzustellen. 2009 hat die ESA sechs neue Astronauten rekrutiert. Der Deutsche Alexander Gerst startete als Erster dieser Gruppe im Mai 2014 zur ISS. Da der ESA ein Start alle ein bis zwei Jahre zusteht, kann man leicht errechnen das bis 2020 alle einmal dran sind. Hinsichtlich des deutschen Engagements von knapp 50% ist das ein unvorteilhafter Deal. So wird auch der Engländer Timothy Peake zur ISS fliegen. England beteiligt sich im einstelligen Prozentbereich an der ISS. Deutschland hat von seiner größeren Finanzierung nichts.

Man kann an dem Nutzen der ISS zweifeln. Denn der Forschung nutzt sie wenig. Natürlich wird dort geforscht, doch die Ergebnisse sind verglichen mit dem Finanzaufwand doch bescheiden. Rechnet man die Gesamtaufwendungen aller Länder zusammen, so kommt man auf eine Summe von 4-5 Milliarden Dollar pro Jahr. Nur als Vergleich, das sind zwei große Flagschiff-Missionen wie der Mars Rover Curiosity. Solche Missionen leistet sich die NASA nur einmal pro Jahrzehnt oder das Budget von sieben mittelgroßen Raumsonden oder 15 bis 20 Satelliten wie dem deutschen Satelliten TerraSAR-X. Die Station bringt nicht einmal etwas im Hinblick auf das seit Jahrzehnten propagierte Langzeitziel: einer bemannten Marsmission. Denn so wie die ISS betrieben wird, kann man dort nicht verfahren.

Weder hat man bei einer Marsexpedition die Möglichkeit so viele Fracht zum Mars zu transportieren, das scheidet aufgrund der Kosten aus. Noch wird die Besatzung auf eine Marsmission vorbereitet. Noch immer stammen die Langzeitrekorde (Aufenthaltsdauer am Stück) von Saljut 7 und Mir. Der Rekordhalter ist Waleri Polikow der den Rekord von 437 Tagen 1994/95 aufstellte. Eine Marsmission dauert aus himmelsmechanischen Gründen mindestens 33 Monate, also rund 1000 Tage. Es gibt keine Pläne auf der ISS die Aufenthaltsdauer anzuheben oder Apparaturen zu testen, mit denen man den Muskelabbau und Knochenschwund verringern kann. Zentrifugen wurden dafür vorgeschlagen. Wie die NASA schon erkannte, als das Constellation Programm aufgelegt wurde: die ISS nützt für neue Expeditionen ins All nichts, sondern sie verhindert diese, indem sie die Mittel frisst, die diese Unternehmen erfordern.

Daher wäre der vernünftigste Beitrag der ESA, wenn man 2020 noch dabei ist, ein Deorbitgefährt. Ein solches könnte aus dem Orion-Servicemodul entwickelt werden, denn anders als das ATV hat das Servicemodul ein schubkräftiges Triebwerk und große Treibstoffvorräte: Es muss die Orion in einen Mondorbit bringen und dann zurück zur Erde, dafür braucht man in etwa gleich viel Treibstoff, wie für die Deorbitierung der ISS, die zwar erheblich schwerer ist, aber deren Geschwindigkeit auch nur gering geändert werden muss. Es wäre auch sinnvoll, denn je länger die Station betrieben wird, desto wahrscheinlicher sind nicht nur Defekte, sondern auch, dass man sie wegen der Kosten nicht mehr betreiben will. Bisher hat man das Problem der Deorbitierung einer Station, für deren Aufbau man immerhin mehr als zehn Jahre brauchte, komplett ignoriert.

ATV 2.0

Als Abschluss eine kleine Vision, die nicht kommen wird, aber in der man, wie ich meine, die mit dem ATV entwickelte Rendezvoustechnologie wirtschaftlich sinnvoll einsetzt. Ein ATV zerfällt in zwei Teile: Den Druckbehälter ICC und das Servicemodul. Das Servicemodul ist der Hauptkostenfaktor. Der Druckbehälter für die Cygnus (ebenfalls gefertigt von Thales-Alenia Space) kostet 20 Millionen Euro pro Stück. Der ICC wird teurer sein, er ist größer und es kommen noch das russische Kopplungssystem, die Lagertanks für Gas, Treibstoff und Wasser, das Umpumpsystem und die Annäherungssensoren dazu. Doch das Servicemodul macht den größten Teil der Herstellungskosten aus. Heute verglüht es zusammen mit dem ICC. Doch muss das sein? Die Tanks des ATV fassen 6,8 t Treibstoff, etwa 2 t braucht er für seine Mission. Werden die restlichen 4,8 t nicht für den Reboost der ISS genutzt, dann könnte man damit mindestens drei Missionen durchführen, man müsste nur nach dem Deorbit Burn schnell den ICC abtrennen, und sofort den Orbit wieder anheben. Mit allen vier Triebwerken und einem ohne Servicemodul erheblich leichteren Gefährt wäre das machbar. Was bliebe wäre ein Servicemodul mit 4 t Treibstoff (nach der ersten Mission) im Orbit.

Doch wofür das Servicemodul einsetzen? Nun um einen weiteren ICC – mit zwei Dockingadaptern, vorne und hinten – aus einem niedrigeren Orbit abzuholen. Er könnte mit einer Ariane 5 gestartet werden. Er wäre wahrscheinlich länger, weil nun das Servicemodul wegfällt und man mehr Fracht transportieren kann. An den hinteren Adapter koppelt das Servicemodul an, wobei es die gleichen Techniken nutzen kann, wie auch bei der Ankopplung an die ISS. Selbstverständlich benötigt dafür auch das Servicemodul einen Kopplungsadapter. Elektrische Leitungen kann man heute schon durch den Adapter ziehen, oder man integriert in den ICC eine eigene Stromversorgung und überträgt die Daten der an der Front sitzenden Videometer und Telegoniemeter zum Servicemodul per Funk, z.B. Über WLAN. Das erscheint als die einfachere Lösung. Die Triebwerke vom vorderen Teil des ICC müssten auf das Avionikmodul transferiert werden.

Der Sinn der Trennung ist, das der zweite Start kein teures Servicemodul mehr transportiert, sondern einen billigen Druckbehälter, der noch dazu mehr Fracht transportieren kann, da man 5 t Masse für das Servicemodul einspart. Die MPLM, die ja im Prinzip nur Druckbehälter mit Kopplungsstutzen waren, ließen bei 4,8 t Masse die Zuladung von über 9 t Fracht zu. Der ICC ist durch die Wassertanks, Lufttanks, Treibstofftanks sowie die Vorrichtungen für die Betankung, Elektronik, Kopplungssysteme etc. schwerer als die MPLM, aber wenn ein verlängerter ICC 7-8 t wiegt, 11-12 t Fracht und 0,86 t Treibstoff im Refüllsystem transportiert, dann ist das ein Vielfaches der Kapazität jedes anderen Frachters, zu einem Bruchteil der Kosten.

Mit den 7 t Treibstoff die es beim ersten Start hatte, sollte ein Servicemodul zwei zusätzliche Missionen durchführen können. Die 860 kg Treibstoff im ICC würden nun in das Servicemodul um dessen Treibstoffbedarf zu senken und noch mehr Missionen durchzuführen.

Die folgende Simulation geht von folgenden Annahmen aus:

- Nutzlast der Ariane 5 in einen 400 km hohen kreisförmigen Orbit: 19.500 kg

- Treibstoffbedarf für das Ankoppeln und Abkoppeln und Wartezeiten: 500 kg bei 20 t Masse

- Abbremsung beim Deorbit von einer Kreisbahn in 400 km Höhe in einen 80 x 400 km Orbit und sofortiges Anheben der Bahn. Der Treibstoffverbrauch errechnet sich nach der Himmelsmechanik.

- Die Trockenmasse des Servicemoduls wurde zu 5.320 kg angenommen.

- Der erste Druckbehälter (mit dem Servicemodul gestartet) wiegt 7.960 kg, davon 2.810 kg Fracht.

- Die folgenden jeweils 19.500 kg, davon 10.640kg Fracht und 860 kg Refülltreibstoff), zusammen 11.500 kg Nettonutzlast. Sie werden in eine 400 km hohe Kreisbahn gestartet und wiegen daher weniger als die ATV, da die Ariane 5 eine höhere Bahn erreichen muss.

Basierend auf diesen Daten habe ich folgende Tabelle errechnet:

Start	Treibstoff im Ser-vicemodul	Verbrauch bis zur Ankopplung	Verbrauch zur Deorbitierung	Verbrauch zur Bahnanhebung	Summe Treibstoff-verbrauch
1	6.820 kg	1.200 kg	500 kg	300 kg	1.140 kg
2	5.860 kg	1.821 kg	519 kg	262 kg	1.741 kg
3	3.939 kg	1.717 kg	469 kg	214 kg	1.540 kg
4	2.399 kg	1.624 kg	426 kg	171 kg	1.362 kg
5	1.037 kg	1.544 kg	387 kg	-	1.071 kg

Wie sich zeigt, reicht der Treibstoff fast für fünf Missionen aus. Die fehlenden rund 40 kg kann man durch leichte Anpassungen der Bahn oder etwas vollere Tanks zu Missionsbeginn gewinnen.

Der erste Start lässt nur 1.900 kg Fracht zu (von den 2.810 kg gehen die 860 kg für das Auftanken des Servicemoduls ab), die folgenden dann jeweils über 10.600 kg. Vier Folgestarts wären so möglich. Die durchschnittlich beförderte Fracht bei fünf Starts läge so bei 9.000 kg also rund 2.000 kg höher, als der Höchstwert, den Johannes Kepler transportierte.

Neben der höheren Nutzlast hat dies auch den Vorteil der Kostenersparnis, da selbst ein Druckbehälter mit zwei Adaptern billiger als ein kompletter ATV-Transporter wäre.

Auch die beim letzten ATV getesteten LIRIS-Sensoren könnten eingesetzt werden, denn der ICC ist ohne Stabilisierung ein „unkooperatives Ziel". Kurzum: Die ATV-Technologie wäre sinnvoll eingesetzt und man würde sogar noch Geld sparen.

Das Konzept ist leicht auf ein neu konstruiertes ATV 2.0 übertragbar. In diesem wäre ein Servicemodul praktisch ewig wiederverwendbar, weil der ICC nun den gesamten bei der Mission verbrauchten Treibstoff mitführt. In diesem gäbe es das Servicemodul als eigenes System nur für den Antrieb und die Kopplung und ein Druckmodul mit Fracht, aber auch Treibstoff für das Servicemodul. Ohne das Druckmodul kann man das dann leichtere Servicemodul (kleinere Tanks) mit einer Sojus starten. Der Druckbehälter hätte dann größere Tanks, die den kompletten Treibstoff fassen, den man für die Mission braucht. Nach der Ankopplung würde er ins Servicemodul umgepumpt werden. Das bedeutet: Jeder Start von Fracht würde so viel Treibstoff mitführen, wie man für die Mission braucht. Das Servicemodul könnte für sehr viele Missionen genutzt werden. Als Verbesserung würde man leistungsstärkere Triebwerke einsetzen, z.B. die RD-861, die in der Vega eingesetzt werden mit 2,5 kN Schub. Sie erlauben es den Orbit schnell abzusenken und schnell anzuheben, ohne das das Servicemodul viel Höhe verliert und so mehr Treibstoff verbraucht, um die spätere Kopplungshöhe wieder zu erreichen. Es würde zwischen einem etwas höheren Orbit als die ISS (Warteposition zwischen zwei Missionen, verringert das Absinken durch die Luftreibung) und einem etwas niedrigeren Orbit (Abholen des nächsten Druckbehälters) wechseln und so den Treibstoffverbrauch minimieren. Von den 19,5 t die eine Ariane 5 in einen 400 km hohen Orbit transportieren kann würden dann 2,5 t auf den Missionstreibstoff, 8 t auf den umgebauten Druckbehälter entfallen. 9 t wären Fracht für die ISS. Wenn man die Kosten einer solchen ATV-Mission zu 60% des kompletten ATV ansetzt (Start- und Missionskosten bleiben gleich, doch das teure Servicemodul fällt weg), dann würden sich die Versorgungskosten für die ISS halbieren. Ich halte dies für innovativer als ein Orion-Servicemodul.

Abkürzungsverzeichnis

ADA: Active Docking Assembly: Der Docking-Adapter mit herausragender Probe. Das ATV, aber auch die Sojus und Progress verwenden ADA.

AL: Attached Laboratory: Bezeichnung für das Columbus Raumlabor im frühen Projektstadium.

Apogäum: Erdfernster Punkt einer Umlaufbahn.

ARD: Athmospheric Reentry Demonstrator: Eine 2.716 kg schwere Raumkapsel (ein 70% Modell der Apollo Kapsel), das beim dritten Ariane-5 Start nach 101 Minuten wieder eintrat und Flugkontrollalgorithmen und Kommunikationsstrategien durch Vermeidung des Blackouts erprobte.

ARV: Advanced Re-entry Vehicle: Projektbezeichnung für eine Variante des ATV mit einer Rückkehrkapsel, die heil zu Erde zurückkehrt.

ASI: Agenzia Spaziale Italiana. Die italienische Raumfahrtagentur. Die ASI unterhält enge Beziehungen zur NASA, innerhalb der ESA ist ihr Hauptprojekt die Entwicklung der Vega-Rakete.

ATV: Automated Transfer Vehicle: Die technische Bezeichnung des Raumtransporters. Jeder einzelne wird einen eigenen poetischen Namen erhalten. Die ersten beiden wurden auf „Jules Verne" und „Johannes Kepler" getauft.

ATV-CC: Das ATV-Kontrollzentrum: Von diesem Gebäude in Toulouse wird das ATV gesteuert und die Mission betreut.

Bartervertrag: Ein Bartervertrag ist ein Tauschgeschäft. Beim Betrieb der ISS fließen keine Geldmittel zwischen den beteiligten Nationen, stattdessen werden Leistungen ausgetauscht – zumindest was den westlichen Teil der Station angeht. Russland lässt sich dagegen Astronautentransporte auch von der NASA bezahlen.

CAM: Collision Avoidance Manouevre: Aktion, welche die Bordcomputer deaktiviert und das ATV schnell von der ISS wegbringt. Dies wird von der MSU mit eigener, besonders sorgfältig entwickelter Software durchgeführt.

CARV: Cargo Return Vehicle: Bezeichnung für eine ATV-Konfiguration mit Rückkehrkapsel während der ESA ATV Evolution Studie. Später wurde es in ARV umbenannt.

CBM: **C**ommon Bethering **M**echanism: Bezeichnung für die Kopplungsadapter, welche die Labormodule im westlichen Teil der ISS verbinden.

CPU: Central Processing Unit: Abkürzung für den Hauptprozessor eines Computers. Ältere Rechner haben oft auch andere Prozessoren für andere Aufgaben an Bord wie die FPU (Floating Processing Unit) für schnelle Gleitpunktberechnungen.

CRV: Crew Return Vehicle: Geplantes „Rettungsboot" für die ISS. Das CRV wäre ein aerodynamischer Gleitkörper für Kurzzeitmissionen und wäre im Falle der Evakuierung der ISS zum Einsatz gekommen.

CSG: Centre Spatial Guyanais: Der europäische Weltraumbahnhof in Französisch-Guyana, nahe am Äquator. Von hier aus wird die Ariane 5 mit dem ATV gestartet.

CTV: Crew Transfer Vehicle: Vorgeschlagene ATV Erweiterung des ARV mit einer Rückkehrkapsel für 3-5 Astronauten.

EAB: Equipped Avionics Bay: Den Bereich des Servicemoduls des ATV, der die Elektronik, Temperaturregelung und Stromversorgung enthält.

EAP: Ètage aux Acceration á Poudre: Die seitlich an der Ariane 5 angebrachten Booster. Sie liefern für 2 Minuten 90% des Schubs der Ariane.

EEP: Equipped External Bay: Der Teil des ICC, der in 20 Tanks den Treibstoff für Swesda, Wasser und zwei Gase enthält. Er ist mit dem RFS verbunden.

ELC: Express Logistic Carrier. Paletten, die an der Außenseite der ISS angebracht und mit dem Bordstrom- und Datennetz verbunden werden. Sie nehmen sowohl Experimente wie auch Ersatzteile (in Form von ORU's) auf.

EPB: Equipped Propulsion Bay: Der Bereich des Servicemoduls mit dem Antrieb und den Tanks für den Treibstoff.

EPC: Etage Principal Cryotechnique: Die Zentralstufe der Ariane 5, gefüllt mit flüssigem Sauerstoff und Wasserstoff. Sie liefert den Großteil der Geschwindigkeit, um einen niedrigen Erdorbit zu erreichen. EPC wird auch synonym als Abkürzung für Etage à Propergols Cryotechniques benutzt.

EPS: Etages à Propergols Sockables: Die Oberstufe der Ariane 5. Sie bringt das letzte Quäntchen an Energie auf, um den Orbit zu erreichen. EPS wird synonym auch als Abkürzung für Etage Propulsif Supérieur benutzt.

ES: Evolution Storables: Typenbezeichnung der Ariane 5 Version für das ATV. Evolution kennzeichnet die verbesserte Ariane 5 Variante und Storables steht für die Verwendung des EPS Stufe.

ESA: European Space Agency: Die europäische Raumfahrtagentur. Die ESA hat das ATV entwickelt und startet es mit der von der ESA entwickelten Ariane 5.

ESC-A: Etage Supérieur Cryotechnique A: Oberstufe der Ariane 5, welche für die Transporte in den geostationären Orbit eingesetzt wird. Die Ariane 5 für das ATV nutzt stattdessen die EPS-Oberstufe.

ESTEC: European Space Research and Technology Centre in Noordwijk, Holland: Zentrum der ESA für die Satellitenentwicklung und Tests. Dort findet für ESA Missionen die technische Planung und Koordination mit der Industrie statt.

ESP: External Stowage Platforms: An der ITS angebrachte Paletten ohne Datenleitung und Stromversorgung für Ersatzteile (Batterien, Antennen, Gyros etc.).

FTC: Fault Tolerant Computer: Das Computersystem des ATV. Es ist mit seiner Architektur von 4 Bordcomputern, so ausgelegt, dass bis zu zwei Rechner ausfallen dürfen.

HTV: H-II Transfer Vehicle: Das japanische Gegenstück zum ATV. Der HTV wiegt leer 10.5 t und kann bis zu 6 t Fracht zur ISS transportieren.

HLTC: High Level Telecommands: Eine Reihe von einfachen Kommandos, mit denen die ISS Besatzung und das ATV-CC eine Ankopplung anhalten oder abbrechen kann.

ICC: Integrated Cargo Carrier: Der Teil des ATV, der mit einer normalen Atmosphäre unter Druck steht. In ihm befinden sich in Racks Ausrüstung, Nahrung und Gegenstände für die Besatzung, welche diese zur ISS transferiert und später Müll dort deponiert.

ISS: International Space Station: Die Internationale Raumstation wird im Endausbau über 420 t schwer sein, Arbeits- und Wohnplätze für 6 Astronauten bieten und ist nach dem Apollo Programm das teuerste Unternehmen in der bemannten Raumfahrt.

JAXA: Japan Aerospace Exploration Agency: Die japanische Raumfahrtagentur. Die JAXA ist mit dem Kibō Labor zu 12.2% an der ISS beteiligt und steuert das HTV zur Versorgung bei.

LH2: flüssiger Wasserstoff mit einer Temperatur von -253 °C. Seine Dichte beträgt 0,069 g/cm³. Wasserstoff liefert bei der Verbrennung mit Sauerstoff oder Fluor sehr viel Energie und damit die höchsten bekannten spezifischen Impulse.

LOX: flüssiger Sauerstoff mit einer Temperatur von -183 °C. Seine Dichte beträgt 1,27 g/cm². Flüssiger Sauerstoff ist ein sehr verbreiteter Oxidator in der Raketentechnik. LOX wird mit flüssigem Wasserstoff oder Kerosin verbrannt.

MLI: Multi Layer Isolation: Die Isolation des ATV bestehend aus 20 Lagen Mylar und Aluminiumfolie.

MMH: Monomethylhydrazin: Ein sehr oft verwendeter Raketentreibstoff. Er wird oft mit Stickstofftetroxid oder Salpetersäure als Treibstoffmischung verwendet. MMH ist zwischen -52 und +87°C flüssig und hat eine Dichte von 0,88 g/cm³. Von praktischem Vorteil gegenüber anderen Hydrazin-Verbindungen (Hydrazin und UDMH) ist, dass bei dem Mischungsverhältnis von 1,64 zu 1 beide Flüssigkeiten gleiches Volumen benötigen – das lässt die Verwendung identischer Tanks zu. Das ATV verwendet aus diesem Grund MMH als Treibstoff für den Antrieb.

MPLM: Multi Purpose Logistics Module: Ein Druckmodul, dass zum Transport von Fracht mit dem Space Shuttle dient. Jedes MPLM kann über 9 t Fracht zur ISS transportieren.

MSU: Monitoring and Safety Units: Eigene Bordrechner mit eigener Software. Sie führen das CAM aus. Sie haben einen eigenen Zugang zu den Steuerdüsen und Einwegbatterien, um dieses selbst bei einem vollständigen Ausfall des Stromversorgungssystems oder des Steuerungssystems durchzuführen.

NASA: National Aeronautics and Space Agency: Die Raumfahrtbehörde der USA.

NTO: amerikanische Abkürzung für Stickstofftetroxid: NTO ist ein lagerfähiger Oxidator, der zusammen mit Hydrazinen selbst entzündliche Gemische bildet. Beide Eigenschaften sind ideal für Antriebssysteme, die über Monate und Jahre hinweg betrieben werden müssen. NTO hat eine Dichte von 1,45 g/cm³ und ist zwischen -11 und 21 °C flüssig. Das ATV nutzt NTO als Oxidator.

OBC: OnBoard Computer: Die Abkürzung für den Rechner der Ariane 5.

PCE: Proximity Communication Equipment: Eine S-Band-Verbindung zwischen dem ATV und der ISS. Die ISS hat dazu S-Band Sender und Empfänger am Swesda Modul und das ATV Sender und Empfänger an einem Ausleger. Über dieses kann das ATV von der ISS aus gesteuert werden, darüber werden aber auch GPS Daten übertragen.

PDA: Passive Docking Assembly. Die konusförmigen „weiblichen" Docking-Adapter. An Bord der ISS haben Sarja, Swesda und Pirs Adapter vom Typ PDA.

Perigäum: Erdnächster Punkt einer Umlaufsbahn.

PLC: Proximity Link Carrier: Der S-Band-Kanal zwischen dem ATV und der ISS, über den die GPS-Daten ausgetauscht werden.

RECS: Russian Equipment Control System: Die elektrischen Verbindungen und Leitungen für Flüssigkeiten im RDS und ihre Steuerung.

RCC: Reinforced Carbon-Carbon: Ein hochtemperaturfestes Material, welches beim Space Shuttle an den Punkten der Nasenspitze und Flügelvorderkanten angebracht wird, bei denen die höchsten Temperaturen auftreten. RCC Paneele sind belastbar bis zu einer Temperatur von 1700°C, haben einen geringen Wärmeausdehnungskoeffizienten, sind aber auch sehr spröde. Ein von einem Schaumstück in das RCC-Panel Nr.9 geschlagene Loch führte zum Verglühen der Raumfähre Columbia beim Wiedereintritt.

RDS: Russian Docking System: Der Progress Docking Adapter, der für das ATV verwendet wird.

RFS: ReFuelling System: Bezeichnung für das Versorgungssystem, mit dem die Treibstoffe des ATV in das Swesda Modul umgepumpt werden.

RECS: Russian Equipment Control System: System zur Kontrolle der Systeme des Dockingadapters inklusive der Steuerung der Betankung der ISS mit dem Treibstoff.

SDM: Separation and Distance Module: Ein Adapter zwischen der Ariane 5 und dem ATV. Er hat auf der einen Seite den genormten Anschluss an die VEB und auf der anderen Seite hält er das ATV mit Klammern fest. Öffnen der Klammern durch Durchtrennen eines Spannbandes setzt das ATV frei.

Spezifischer Impuls: ein Maß für den nutzbaren Energiegehalt eines Treibstoffs und die Effizienz eines Antriebs. Im SI-System wird dazu die Ausströmungsgeschwindigkeit der Gase genommen, wenn sie die Düse verlassen. In den USA wird der Wert durch die Erdbeschleunigung geteilt und man erhält eine Zeit als Dimension.

TDRS(S): Tracking and Data Relay Satellite (System): Ein System aus geostationären Satelliten, welches sowohl die Daten der ISS, wie auch des ATV zu den Kontrollzentren übermittelt sowie Kommandos an die ISS und das ATV weiterleitet.

UDMH: Unsymmetrisches Dimethylhydrazin: Ein Hydrazinderivat, welches wie MMH zusammen mit NTO als Treibstoffkombination eingesetzt wird. Das ATV transportiert UDMH für die Lagertanks im Swesda Modul.

VEB: Vehicle Equipment Bay: Die VEB ist zum einen struktureller Bestandteil der Ariane 5 – sie überträgt die Kräfte von der Nutzlast und Nutzlasthülle auf die EPC. Zum anderen befindet sich hier die gesamte Elektronik, Telemetrie und Bordstromversorgung der Ariane 5.

Links

Progress Cargo Ship
http://www.russianspaceweb.com/progress.html

From ATV to ATV Evolution
http://www.astron.nl/p/news/LO/ATV-Vortrag.ppt

JAXA plans recoverable HTV
http://www.flightglobal.com/articles/2006/11/14/210586/jaxa-plans-recoverable-htv.html

HTV Overview
http://ISS.jaxa.jp/en/htv/overview/

HTV Website
http://www.jaxa.jp/projects/rockets/htv/index_e.html

Orbital Cygnus Seiten:
http://www.orbital.com/CargoResupplyServices/index.shtml

SpaceX Dragon Website
http://www.spacex.com/dragon.php

NASA Orion Website:
http://www.nasa.gov/mission_pages/constellation/orion/index.html

Developpement de L'ATV
http://www.capcomespace.net/dossiers/ISS/europe/ATV/developpement.htm

ESA ATV Seiten
http://www.esa.int/esaMI/ATV/index.html

ESA Jules Verne ATV Seiten
http://www.esa.int/SPECIALS/ATV/index.html

DLR ATV Seiten

http://www.dlr.de/iss/de/desktopdefault.aspx/tabid-4609/7588_read-11385/

DLR ISS Seiten

http://www.dlr.de/iss/de/desktopdefault.aspx/tabid-1409/2069_read-3534/

Astrium: Fault Tolerant Computer

http://cs.astrium.eads.net/ftc/overview.html

Das ATV läuft wie ein Uhrwerk. DLR Interview mit Projektleiter Volker Schmidt

http://www.dlr.de/DesktopDefault.aspx/tabid-1/86_read-12129/

EADS Launchkits

http://www.astrium.eads.net/press-center/launch-kits

International Space Station

http://www.nasa.gov/mission_pages/station/main/index.html

ISS Assembly Schedule 2001

http://www.spaceref.com/ISS/schedules/10.30.00.as.html

Together in Orbit: The Origins of International Cooperation in the Space Station

http://history.nasa.gov/monograph11.pdf

J. Feustel-Büchl: The International Space Station is real!
ESA Bulletin 107 S. 10-20

http://www.esa.int/esapub/bulletin/bullet107/bul107_1.pdf

Crew Return Vehicle

http://www.esa.int/esaHS/ESARZS0VMOC_iss_0.html

EADS Space Transportation, David Iranzo-Greus:
Ariane 5 – A European Launcher for Space Exploration

http://www.astron.nl/p/news/LO/Iranzo_Ariane5_LOFARworkshop.ppt

Datenblatt RIT-XT
http://cs.astrium.eads.net/sp/SpacecraftPropulsion/Rita/RIT-22.html

NASA History Division
http://history.nasa.gov/series95.html

Eckhard D.Graf „The Crew Return Vehicle" On Station 5
http://www.esa.int/esapub/onstation/os5.pdf

Partners Discuss Flying Space Station Through 2028
http://www.spacenews.com/civil/100311-iss-partners-looking-out-2028.html

ESA Bulletin (Verschiedene Ausgaben)
http://www.esa.int/esaMI/ESA_Publications/index.html

ATV Propulsion:
http://cs.astrium.eads.net/sp/SpacecraftPropulsion/ATV_Bipropellant_Thruster.htm

ATV-02 Infokit
http://download.esa.int/docs/ATV/ATV2_Info_kit_Jan2011.pdf

ATV-03 Infokit
http://download.esa.int/docs/ATV/Information_kit_ATV-3_GERMAN_FINAL_LR.pdf

ESA's Orion Service Module Overweight, Delaying PDR
http://www.aviationweek.com/Article.aspx?id=/article-xml/awx_06_17_2013_p0-588984.xml

Astrium Receives $17M To Study Evolution of European Space Cargo Hauler
http://www.spacenews.com/article/astrium-receives-17m-study-evolution-european-space-cargo-hauler

Europe To Consider Radically Streamlined Supplier Base for Next-generation Ariane 6 Launcher
http://www.spacenews.com/article/civil-space/38968europe-to-consider-radically-streamlined-supplier-base-for-next-generation

Higher Altitude Improves Station's Fuel Economy
http://www.nasa.gov/mission_pages/station/expeditions/expedition26/iss_altitude.html

Orbital Sciences agrees to dismiss lawsuit against ULA
http://www.spaceflightnow.com/news/n1403/20ulaorbital/#.Uyvo-_lRJzo

ESA Bulletins Nr. 138, 145, 147 und 149

Flug Revue:
„Superlative der Luft und Raumfahrt IV – die Internationale Raumstation ISS"
Vereinigte Motorverlage, 2002

Jesco von Puttkamer:
„Der zweite Tag der neuen Welt" Umschau 1985
„Rückkehr zur Zukunft", Umschau 1989
„Der Mensch im Weltraum, eine Notwendigkeit", Umschau 1991
„Von Apollo zur ISS. Eine Geschichte der Raumfahrt", Herbig 2001

Matthias Gründer
„SOS im All", Schwarzkopf & Schwarzkopf 2001
„Lexikon der bemannten Raumfahrt", Schwarzkopf & Schwarzkopf 2002

Bernd Leitenberger
„Europäische Trägerraketen 2 – Ariane 5 + Vega", Books on Demand, 2010

Allgemeine Informationsquellen:
SpaceNews (www.spacenews.com)
Spceflight Now (http://spaceflightnow.com)
ATV Blog (http://blogs.esa.int/atv)